"十三五"国家重点出版物出版规划项目

材料科学研究与工程技术系列

体积成形原理与方法

Principle and Method of Bulk Forming

- 陈 刚 韩 飞 主 编
- 于 洋 贾彬彬 副主编

哈尔滨工业大学出版社

内 容 简 介

本书介绍金属塑性体积成形的基本规律,论述各种体积成形技术的成形原理与工艺方法,阐述锻造工艺规程的制订及成形件质量控制等问题。

全书共 7 章,分别是体积成形概论、锻造用材料及热规范、自由锻造工艺、模锻工艺、精密体积成形技术、高合金钢锻造、有色合金锻造,其中给出了齿轮自由锻工艺实例,各章后面列出了思考题和习题。

本书可作为高等院校材料成型及控制工程专业的本科生教材,也可作为体积成形技术研究人员的参考书。

图书在版编目(CIP)数据

体积成形原理与方法/陈刚,韩飞主编.—哈尔滨:
哈尔滨工业大学出版社,2020.8
ISBN 978-7-5603-8972-1

Ⅰ.①体… Ⅱ.①陈… ②韩… Ⅲ.①金属材料—成
形 Ⅳ.①TG39

中国版本图书馆 CIP 数据核字(2020)第 137759 号

材料科学与工程
图书工作室

策划编辑	许雅莹 李 鹏
责任编辑	张 颖 李青晏
封面设计	高永利
出版发行	哈尔滨工业大学出版社
社 址	哈尔滨市南岗区复华四道街 10 号 邮编 150006
传 真	0451—86414749
网 址	http://hitpress.hit.edu.cn
印 刷	黑龙江艺德印刷有限责任公司
开 本	787mm×1092mm 1/16 印张 14.5 字数 338 千字
版 次	2020 年 8 月第 1 版 2020 年 8 月第 1 次印刷
书 号	ISBN 978-7-5603-8972-1
定 价	33.00 元

(如因印装质量问题影响阅读,我社负责调换)

前　言

按照成形的特点,金属塑性成形工艺分为体积成形和板料成形两大类。前者典型的加工方法有锻造、挤压、拉拔、轧制等;后者则有冲裁、拉深、弯曲、胀形和翻边等。挤压、拉拔、轧制主要用于冶金行业生产金属原材料,锻造和板料成形主要用于机械制造工业生产毛坯或零件。

"体积成形原理与方法"是材料成型及控制工程专业的主要专业课,研究金属材料体积成形原理、方法和质量控制技术。近十几年来,体积成形技术发展很快,各种新材料不断涌现,新的体积成形技术日趋成熟,本书力求反映这些先进的成形技术。本书在介绍金属塑性体积成形基本规律的基础上,论述各种体积成形技术的成形原理与工艺方法,阐述锻造工艺规程的制订及成形件质量控制等问题。

本书的内容包括体积成形概论、锻造用材料及热规范、自由锻造工艺、模锻工艺、精密体积成形技术、高合金钢锻造、有色合金锻造。

本书注重实用性。书中所举的齿轮自由锻工艺实例取自于工程实践。

书中各章后均列出思考题和习题,供教学使用。

本书第1、2、3章由陈刚编写;第4、5章由韩飞编写;第6章由于洋编写;第7章由贾彬彬编写;全书由陈刚统稿,崔令江对全书进行了校核。编者在编写本书时参考并引用了有关资料和文献,在此表示衷心感谢。

本书可作为高等院校材料成型及控制工程专业的本科生教材,也可以供从事体积成形技术的研究人员参考。

由于时间仓促和作者水平有限,书中难免存在不足之处,请读者指正,以便进行修订。

编　者

2020.5

目　　录

第1章 体积成形概论

1.1 体积成形的特点及应用

体积成形是指通过工（模）具对金属块料、棒料、厚板或厚壁管在高温下或室温下进行塑性成形加工的方法。在体积成形过程中坯料不但发生形状变化，还伴随着显著的塑性流动。金属零件的体积成形方法分为自由锻、胎模锻、模锻和特种体积成形等。

金属体积成形具有许多显著的特点，主要表现如下：

（1）力学性能好。金属经塑性变形后，所成形的零件具有完整的流线，因而具有优良的力学性能。

（2）材料利用率高。体积成形是通过金属的塑性变形与流动获得所需要的形状与尺寸，而不需要进行大量的切削加工，故成形中的废料较少，材料的利用率较高。

（3）生产率高。金属体积成形主要是利用模具进行生产，故其生产率较高。金属体积成形的材料利用率和生产率较高，均使其生产成本大大降低。

（4）产品尺寸稳定，互换性好。因为金属体积成形主要是利用模具进行生产，而模具的精度变化很小，故体积成形生产时零件的尺寸稳定性很好，互换性好。

（5）能生产形状复杂的零件。利用体积成形可以生产形状复杂的零件，如曲轴、连杆等。这些零件用切削加工的方法制造很困难或者成本非常高。

（6）操作简单，便于机械化和自动化生产。体积成形是利用模具加工，故而操作简单，对操作工人的要求低，易于生产的机械化和自动化。在目前大工业生产中，很多体积成形生产都是采用机械化或自动化生产线。

由于上述特点，金属体积成形被广泛应用在机械、汽车、航空、航天、造船、兵器、铁路、能源设施等各个领域。

1.2 体积成形基本规律

金属在外力作用下产生塑性变形，掌握其基本规律和基本假设对合理安排成形工艺及其参数具有重要意义。

1.2.1 最小阻力定律

金属塑性成形问题实质上是金属的塑性流动问题。塑性成形时影响金属流动的因素十分复杂，要定量描述非线性流动规律非常困难，可以应用最小阻力定律定性地分析金属质点的流动方向。金属受外力作用发生塑性变形时，如果金属颗粒在几个方向上都可以移动，那么金属颗粒就沿着阻力最小的方向移动，这就称为最小阻力定律。在锻造工艺中用最小阻力定律可以更好地设计工艺流程，判断金属在锻造过程中可能发生的变形规律，预测可能会出现的质量问题。

如图 1.1 所示，(a)、(b)、(c)分别为圆形、方形和矩形断面毛坯镦粗成形时各质点的流动方向，(d)图是方形断面毛坯镦粗后的断面变化过程。

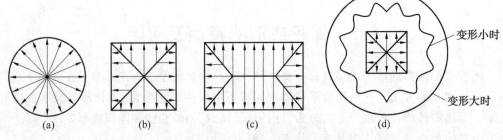

图 1.1 最小阻力定律示意图

1.2.2 体积不变假设

金属弹性变形时，体积变化与形状变化比例相当，必须考虑体积变化对变形的影响。但在塑性变形时，由于金属材料连续而且致密，体积变化很微小，与形状变化相比可以忽略，因此假设体积不变，即塑性变形时，变形前金属的体积等于变形后的体积。

采用真实应变表达塑性变形时，体积不变假设可表达为

$$\varepsilon_1 + \varepsilon_2 + \varepsilon_3 = 0 \tag{1.1}$$

1.2.3 应力与应变的关系

假设塑性成形过程中变形主要是塑性变形，而弹性变形可以忽略不计，则应力与应变之间关系表达为

$$\frac{\varepsilon_1 - \varepsilon_2}{\sigma_1 - \sigma_2} = \frac{\varepsilon_2 - \varepsilon_3}{\sigma_2 - \sigma_3} = \frac{\varepsilon_3 - \varepsilon_1}{\sigma_3 - \sigma_1} = \frac{3}{2}\frac{\varepsilon_i}{\sigma_i} \tag{1.2}$$

式中 ε_1、ε_2、ε_3——三个主方向的主应变；

σ_1、σ_2、σ_3——三个主方向的主应力；

ε_i——综合应变；

σ_i——综合应力。

1.2.4 应变硬化模型

在塑性成形中，材料随着变形的增加其流动应力也增加，这种现象称为应变硬化现象。常用幂指数模型来表达这种硬化现象，即

$$\sigma = K\varepsilon^n \tag{1.3}$$

式中 σ——应力；

K——系数；

ε——应变；

n——硬化指数。

1.2.5　金属塑性变形的不均匀性

塑性加工时,由于金属本身性质(化学成分、组织)不均匀和各处受力不均匀,金属坯料各部分的变形是不均匀的,应力状态首先满足屈服准则的部分先变形,随后满足屈服准则的部分后变形,而且各处变形量的大小也不同。塑性变形的不均匀性包括两方面的含义:

(1) 塑性变形程度的不均匀性(指变形最后结果而言);

(2) 塑性变形的不同时性(时间上有先后)。

由于塑性变形程度的不均匀性和变形的不同时性造成的变形不均匀,在金属各部分之间会造成自相平衡的附加应力和残余应力,带来一些不良的影响。

1.2.6　局部加载时沿加载方向的应力分布规律

在压力加工中,局部加载应用很普遍。局部加载时,沿加载方向应力分布的一般规律是:沿加载方向的正应力随受力面积不断扩大,其绝对值逐渐减小。这一规律适用于在加载方向上,坯料尺寸较大而加载工具的作用面积与此作用面的总面积之比较小的情况,例如拔长、冲孔等。这一规律对弹性状态和塑性状态都是适用的,例如圆截面坯料在平砧上小压下量拔长时,变形区集中在上部和下部,而中间变形小(图1.2);开式冲孔时,在直接受力区内,变形首先发生在靠近冲头的一段距离内(图1.3)等都是由这一规律决定的。

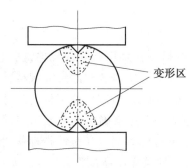

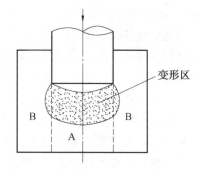

图1.2　圆截面坯料在平砧上小压下量　　　　图1.3　开式冲孔时的变形情况
　　　　　拔长时的变形情况

以冲孔为例,冲头下部的金属为直接受力区(A区),其余为间接受力区(B区)。由于坯料为一整体,冲头下面的 A 区金属被压缩时,必然拉着紧挨着的 B 区金属向下移动,于是通过 A 区的变形(弹性或塑性变形)将外力传给与其相邻的 b_1 区金属(图1.4),受力面积增大。再往下时,由于相同的原因受力面积又扩大到 b_2、b_3 区等,结果沿加载方向受力面积不断扩大。当 A 区金属拉着 B 区金属往下移动时,B 区金属则反抗前者的作用,力图保持原状,它们之间是通过切应力相互作用的(图1.5)。因此,沿加载方向受力面积的不断扩大,作为该方向的应力值(指绝对值)将逐渐减小,以满足不同截面(指垂直于加载方向的截面)之间力的平衡。由于上述原因,在冲头下部的一段距离内,轴向压应力较大,在其他条件相同的情况下,此处较易满足屈服准则,因此冲孔时变形首先从此处开始。

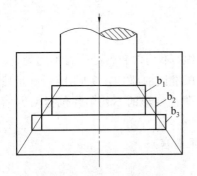

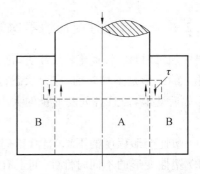

图 1.4　冲孔时沿加载方向受力面积
　　　　逐渐扩大的示意图

图 1.5　A 区与 B 区相互作用的示意图

1.3　材料可锻性及试验方法

1. 可锻性

材料的可锻性是衡量材料经体积成形获得零件难易程度的一个工艺性能,常用金属的塑性和变形抗力两个指标来综合度量。金属的塑性是指金属材料在外力作用下产生永久变形而不发生破坏的能力。变形抗力是指金属变形时对工(模)具的抵抗力。塑性反映了材料变形的能力,而变形抗力反映了塑性变形的难易程度。金属塑性高,则变形时不易开裂;变形抗力低,则锻压过程中省力。金属的塑性越高,变形抗力越低,则该金属的可锻性越好,越有利于锻压生产。

2. 圆柱试样压缩试验

棒材和锭材在常温或高温下的塑性和变形抗力指标主要采用常规的拉伸试验、压缩试验等测试方法获得。拉伸试验通常采用圆棒状试样,室温拉伸试样的尺寸规格参照国家标准 GB/T 228—2002 金属材料室温拉伸试验方法来确定,高温拉伸试样的尺寸规格参照国家标准 GB/T 4338—2006 金属材料高温拉伸试验方法来确定。由于压缩时金属的应力和应变状态更接近实际锻造过程,将压缩时金属的变形抗力和塑性指标作为金属可锻性依据将具有更实际的意义,因此本节重点介绍圆柱试样压缩试验。

为了得到材料的高温变形抗力曲线,可用 GLEEBLE 热模拟试验机进行高温压缩试验。在压缩试验中,材料的流动应力曲线可通过载荷－位移曲线获得,如图 1.6 所示,其中

$$\varepsilon = \ln \frac{H_0}{h}; \quad \sigma = \frac{P}{F}$$

式中　　H_0——试样原始高度,mm;

　　　　h——试样瞬时高度,mm;

　　　　P——载荷,N;

　　　　F——试样瞬时接触面积,mm^2。

按体积不变条件,则有

$$F = \frac{H_0 \times F_0}{h}$$

式中 F_0——试样原始截面积，mm^2。

由于压头与试样接触表面摩擦的影响，约束了试样端面的横向变形，故试样侧表面形成了鼓形，如图1.7所示。尽管试样端面开设润滑槽，压缩时使用润滑剂，也不可能做到接触表面无摩擦，因此压缩试验所获得的流动应力必须进行摩擦修正，即

$$\sigma = \frac{\sigma_s}{1 + \dfrac{md}{3\sqrt{3}\,h}} \tag{1.4}$$

式中 σ、σ_s——修正后的应力和试验机所测得的应力，N/mm^2；

m——剪切摩擦因子；

d、h——试样瞬时直径和高度，mm。

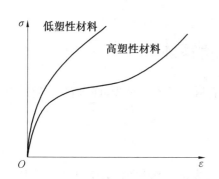

图1.6 压缩试验中的应力-应变曲线

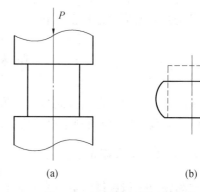

图1.7 摩擦引起的压缩鼓形

由于试样瞬时直径难以确定，可近似按试样平均截面积折算，即

$$d = \sqrt{\frac{4F}{3.14}}$$

试样压缩变形会产生热效应，使得实际温度高于名义温度，必须对流动应力-应变曲线进行温度修正。由变形热产生的温升可按下式计算：

$$\Delta T = \frac{\eta}{\rho c} \int_0^\varepsilon \sigma \mathrm{d}\varepsilon \tag{1.5}$$

将积分式进行离散处理，则式(1.5)为：

$$\Delta T = \frac{\eta}{\rho c} \sum_1^n \frac{\sigma_i + \sigma_{i-1}}{2} \Delta\varepsilon_i \tag{1.6}$$

式中 η——功热转化率；

ρ——材料的密度，g/cm^3；

c——材料的比热容，$J/(g \cdot ℃)$。

η值与应变速率有关，可按下式计算：

$$\eta = \begin{cases} 0 & (当\ \dot{\varepsilon} \leqslant 10^{-3}\ s^{-1}\ 时) \\ 1 + \dfrac{\lg \dot{\varepsilon}}{3} & (当\ 10^{-3} < \dot{\varepsilon} < 1\ s^{-1}\ 时) \\ 1 & (当\ \dot{\varepsilon} \geqslant 1\ s^{-1}\ 时) \end{cases} \tag{1.7}$$

将按式(1.6)和(1.7)计算得到的各取样点的温升 ΔT 与名义温度叠加,就可以得到各点的实际变形温度。

由于试样温度的不均匀性以及端部的摩擦,压缩后的试样普遍存在鼓形现象。随着温度不均匀性和摩擦力的增大,以及试样高径比(H_0/D_0)的增加,都会引起变形后试样鼓形的增大。

由于锻造过程与热压缩试验都存在摩擦和热传导现象,因此热压缩试验常用来模拟锻造过程。材料在压缩过程中由于变形不均匀导致鼓形表面受到附加拉应力,容易产生纵向裂纹。压缩开裂时的应变即为材料的极限应变,材料锻造过程中的应变应小于极限应变。

用于压缩试验的试样高径比一般不应超过1.8,否则压缩时易出现双鼓现象,抗压强度和极限应变的测量值也不会准确。

1.4　体积成形新技术

塑性成形是一种古老的金属材料成形方法,随着科学技术的进步,许多新的塑性成形方法不断被开发出来,应用到生产实践中。

1.4.1　特种体积成形

棒材和锭材一般经锻造成形获得锻件,锻件具有内部组织均匀、力学性能好等特点,但锻造成形需要较大的变形力,模具寿命较短。因此,根据不同类型的零件而开发了各种特种体积成形工艺,也称为特种锻造。

1. 辊锻

辊锻成形是近几十年将纵向轧制引入锻造业并经不断发展而形成的锻造新工艺。图1.8所示为辊锻成形时的变形原理。辊锻机的上、下两个锻辊轴线平行,转向相反。安装在锻辊上并随其旋转的辊锻模借助摩擦将纵向送进的毛坯拽入并连续地对其局部施压,使毛坯受压部位的截面积和高度都减小,宽度略有增加,长度的延伸较大,故辊锻多用于以延伸变形为主的锻造过程。与普通模锻相比,辊锻在同一时刻对毛坯的局部施压,变形面积小,从而所需的成形力大大减小。同时,辊锻成形还具有生产效率高(一般是锤上模锻的 5～10 倍)、材料利用率高(一般都在80%以上)及劳动条件好等优点。

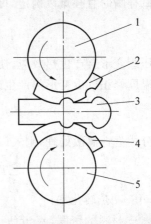

图 1.8　辊锻成形时的变形原理图
1—上锻辊;2—辊锻上模;3—毛坯;
4—辊锻下模;5—下锻辊

2. 横轧

横轧也是一种局部成形的塑性成形方法。图 1.9 所示为横轧齿轮的原理,两轧辊轴线相互平行,旋转方向相同;轧件旋转轴线与轧辊旋转轴线平行,但旋转方向相反。

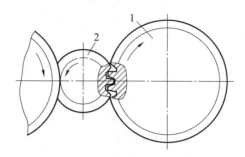

图 1.9　横轧齿轮原理图

1—轧辊;2—轧件

3. 楔横轧

楔横轧如图 1.10 所示。两个带楔形模的轧辊,以相同的方向旋转,带动圆形坯料旋转,坯料在楔形孔型的作用下,轧制成各种形状的台阶轴,例如,汽车、拖拉机变速箱中的轴、油泵齿轮轴、发动机凸轮轴等,以及发动机连杆、五金工具等的制坯件。这种横轧的变形主要为径向压缩和轴向伸长。由于楔横轧既可以代替普通锻造生产某些轴类零件,又可以精确制坯,为模锻提供预锻件,用途较广。

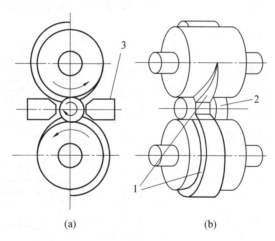

(a)　　　　　　　　　(b)

图 1.10　楔横轧原理图

1—带楔形模具的轧辊;2—坯料;3—导板

4. 斜轧

斜轧与横轧主要不同在于两轧辊轴线交叉成一个小角度,旋转方向相同,轧件在两辊交叉中心线上做与轧辊旋转方向相反的运动,还做前进直线运动,斜轧钢球原理如图1.11所示。斜轧主要生产回转体类零件,如球磨钢球、轴承球、电镀用铜球、带螺旋的锚杆等。

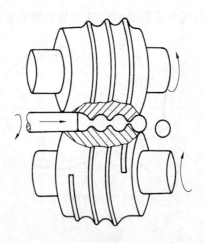

图 1.11　斜轧钢球原理图

5. 摆辗

摆辗是另一种形式的局部成形方法。如图 1.12 所示,摆辗成形时,上模的轴线与被辗压工件(放在下模)的轴线(称主轴线)倾斜一个小角度,上模一面绕主轴旋转,一面对坯料连续进行压缩,并同时进行轴向进给运动,使坯料产生连续累计的塑性变形,最终成形出所需要的零件。摆辗成形具有省力、无冲击振动、噪声极小、劳动条件好等优点,适合于薄盘类零件成形,在工业生产中应用较广泛。

6. 辗环

环形零件轧制通常称为辗环,它是借助环形件轧机和轧制孔型使环件产生连续局部塑性变形,进而实现壁厚减小、直径扩大、截面轮廓成形的体积成形工艺,主要生产环形类零件,具有多种形状的截面,加工的零件尺寸和质量范围都比较大:直径为 40~15 600 mm,高度为 10~1 000 mm,质量为 0.2~150 000 kg。环件的材料通常为碳钢、合金工具钢、不锈钢、铝合金、铜合金、钛合金、钴合金、镍基合金等,常见的环件轧制产品有火车车轮与轮箍、轴承内外座圈、齿轮圈、衬套、法兰、燃气轮机环、起重机旋转轮圈、核反应堆容器环及各种加强环等。

辗环工艺具有环件尺寸精度高、材料利用率高、环壁切向力学性能高、设备吨位小、加工范围大、生产效率高、生产成本低等优点。

根据工艺特点,辗环工艺可以分为径向轧制(图 1.13)和径轴向轧制(图 1.14)。

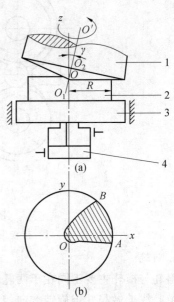

图 1.12　摆辗工作原理图
1—上模;2—毛坯;3—滑块;4—液压缸

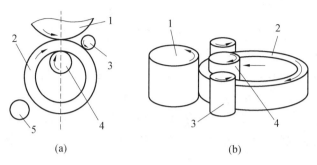

图 1.13　径向轧制原理图
1—驱动辊；2—环件；3—导向辊；4—芯辊；5—信号辊

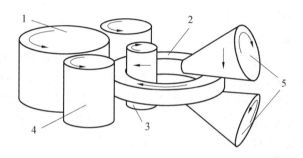

图 1.14　径轴向轧制原理图
1—驱动辊；2—环件；3—芯辊；4—导向辊；5—轴向轧辊

7. 径向锻造

径向锻造是用沿圆周分布的 2～8 个锤头快速同步径向锻打坯料的成形方法。径向锻造能生产等截面和变截面的实心轴或空心轴零件，截面形状有圆形、方形和多边形。若截面为圆形，坯料沿轴向送进时低速旋转；若截面为方形、多边形，则坯料只轴向送进而不旋转。径向锻造的主要特点是每次压缩量小，锻击频率高，坯料表面变形较为充分，有利于获得全截面细晶组织，锻件的尺寸精度高、表面粗糙度小，设备吨位小，工具使用寿命高，生产率高。径向锻造是多向锻打，提高了金属的变形能力，对于一些采用轧制、自由锻造难以加工的低塑性难变形的材料，可以采用径向锻造进行加工。

径向锻造时，锤头打击频率高，金属变形速度快，变形热导致金属温度升高，因此十分适合锻造温度范围窄的难变形材料的锻造加工，而且只需加热一次就完成全部变形过程，如高速工具钢、高合金冷作模具钢、高温合金、不锈钢和钛合金等都适合用于径向锻造。

8. 冷锻

冷锻技术属于金属在室温下的体积塑性成形，其成形方式有：冷挤压（如正挤压、反挤压、复合挤压）、冷镦压（如镦挤复合、镦粗等）。冷锻成形的主要特点是：节约材料、高效及零件质量高，尺寸精度高、表面粗糙度低，可以减少或免去机加工及研磨工序，零件力学性能提高，有时可以不进行热处理。但由于冷锻在三向压应力下成形，金属冷变形抗力比其他塑性成形方法要显著增大，专用冷锻设备和模具方面的费用较高，故冷锻适用于小尺寸零件大批量生产。

9. 温锻

温锻是在冷锻基础上发展起来的一种少无切削的塑性成形加工方法,其变形温度通常认为是在室温以上再结晶温度以下的温度范围内。常见的温锻温度范围为:对黑色金属来说,一般是 200~850 ℃;对有色金属来说,是从室温以上到 350 ℃以下。温锻成形在一定程度上兼备了冷锻与热锻时的优点,同时也减少了它们各自的缺点。因而,温锻可以采用比冷锻更大的变形量和较小的变形力,减少工序数目,降低模具费用和压力机吨位。而与热锻相比,其加热温度低,氧化与脱碳减轻,产品尺寸公差等级较高,表面粗糙度较低。

温锻主要适用于冷锻变形时硬化剧烈或者变形力高的不锈钢、合金钢、轴承钢和工具钢,冷变形时塑性差、容易开裂的铝合金 7A04、铜合金 HPb59-1,冷态难加工而热态严重氧化吸气的材料(钛、钼、铬等)。

10. 等温锻造与超塑性锻造

像钛合金、铝合金、镁合金、镍合金、合金钢等一些在常规锻造条件下难成形的材料,以及锻造温度范围较窄、塑性较差、变形抗力很高的材料塑性成形,特别是具有薄的腹板、高筋和薄壁的零件等,采用等温锻造或超塑性锻造具有较大的成形优势。

等温锻造可分为等温模锻和等温挤压等,与普通锻造的不同之处在于等温锻造时模具和坯料要保持在相同的恒定温度下(这一温度是介于冷锻温度和热锻温度之间的一个中间的温度),而且变形速度很低。因此,等温锻造具有变形力小、锻件尺寸精度高、余量小、表面质量高、力学性能好等优点,但模具成本较高。

超塑性可分为微细晶粒超塑性(又称恒温超塑性)、相变超塑性(又称变态超塑性)与其他超塑性。由于后两种超塑性在生产技术上较复杂,实际生产中常用的超塑性锻造主要是指微细晶粒超塑性锻造。微细晶粒超塑性成形需要三个基本条件,即材料具有等轴稳定的细晶组织(通常晶粒尺寸不大于 10 μm)、温度 $T \geqslant 0.5T_m$(T_m 为材料熔点的绝对温度)、应变速率为 $1 \times 10^{-4} \sim 1 \times 10^{-2} \ s^{-1}$。在这些条件下,材料呈现超塑性现象,具有低的流动应力,超高的伸长率,良好的流动性。因而,可以成形出高质量、高精度的薄壁,薄腹板或高筋等复杂形状的锻件。

11. 闭塞模锻

闭塞模锻是将坯料放入下凹模中,然后将上下凹模闭合,并施加合模力,在压力机滑块压力下,冲头在一个方向或多个方向对凹模内的坯料施加成形力,使坯料发生塑性变形而最终充满模膛。闭塞模锻的成形力与合模力分别控制,施加的合模力大于分模力,锻件无飞边产生,可实现多向挤压成形,生产复杂的锻件。

12. 粉末锻造

粉末锻造是将粉末冶金和精密模锻结合在一起的一种塑性成形方法。粉末锻造能以较低的成本和较高的生产效率大批量生产高质量、高精度、形状复杂的结构零件。按工艺分类,可以分为粉末锻造、烧结锻造、锻造烧结和粉末冷锻等。

与普通锻造相比粉末锻造的主要优点有:能源消耗低,如粉末锻造连杆为普通锻造的49%;材料利用率高,可达 90% 以上,普通锻造一般为 40%~60%;粉末锻件精度高、力学性能好、内部组织无偏析、无各向异性。由于粉末锻造的这些优势,在工具钢、硬质合金、高速钢、铝合金、钛合金及难溶和厌溶合金等的成形中得到广泛应用。

13. 半固态成形

半固态成形是利用金属在液态和固态之间转变时的各种特性进行成形加工的成形方法,可分为枝晶材料半固态加工、非枝晶材料半固态加工。枝晶材料半固态加工的特点是成形开始于液态金属,即和铸造加工一样,利用液态金属流动性好,并在压力下进行充填,实现高压凝固和塑性变形的复合过程,从液态经半固态到固态的转变过程是一个连续的过程。非枝晶材料半固态加工包括半固态压铸、半固态塑性加工,其实质是对合金进行特殊处理,使其具有球状结构的固相、液相共存的组织,具有触变性,即固体组分占 50% 的浆液,当剪切率低甚至等于零时,其黏度大大提高,使浆液像软固体一样可以搬运,施以剪切力则又可以使其黏度降低,重新获得流动性,很容易成形。利用半固态成形可以加工铝合金、镁合金、锌合金、镍合金、铜合金和钢铁合金,利用半固态金属的高黏度,可以有效地使不同材料混合,制成新的复合材料。

14. 微塑性成形

微塑性成形是指成形的零件尺寸至少在两个维度上是毫米以内的塑性成形方法。微塑性成形是在传统塑性加工方法上发展起来的加工方法,有冷镦、压印、挤压等加工工艺。由于尺寸效应的影响,微零件塑性成形比传统成形困难,原因在于:随着零件尺寸的减小,表面积与体积的比值增大;对于小尺寸零件,工件与工具间的黏着力、表面张力等显著增大;晶粒尺度对微零件塑性成形的影响变大;零件越小,工件表面封闭润滑凹坑面积与总的润滑面积的比值越小,工件表面存储润滑剂越困难。

微体积成形有着广泛的应用,如采用微成形技术已经开发出面向电子工业的微型螺栓、螺钉、螺杆和引线框架等产品。原材料经过线拉拔得到直径为几十微米的线材,然后经过切割成为微小圆柱体。通过对直径为 0.8～1 mm 线形工件镦粗和轧制等微体积成形工艺,每年可生产上百万只微螺钉。冷镦零件也可以在该尺度下加工成形,利用特殊的机械设备可加工直径为 0.3 mm 的线材。

15. 无模拉伸成形

金属的轴类件或管类件的一端固定,采用感应线圈将材料局部加热到高温,然后以一定的速度拉伸轴类件或管类件的另一端,而感应线圈和冷却喷嘴(简称冷热源)则以一定的速度向相反或相同的方向移动,棒材无模拉伸成形如图 1.15 所示,只要给定拉伸速度与冷热源移动速度的比值,就可以获得所需断面尺寸的产品零件。由于此方法无摩擦且属于金属热加工的一种形式,因此即使材料的可锻性低,也可以获得较大的断面收缩率。与传统的拉拔工艺相比,无模拉伸成形最突出的特点是:适于具有高强度、高摩擦阻力、低塑性、用有模拉伸工艺难拉伸的金属材料;对材料可以进行某些热处理,提高产品的组织性能;可加工各种金属材料的锥形管件、阶梯管件、波形管件、纵向外形曲线给定的细长断面异型管件以及复合异型管件等。

无模拉伸成形的变形程度用断面收缩率 Z 表示,即

$$Z = \frac{A_0 - A_f}{A_0} = \frac{V_1}{V_1 + V_2} \tag{1.8}$$

$$\frac{V_2}{V_1} = \frac{1}{Z} - 1 \tag{1.9}$$

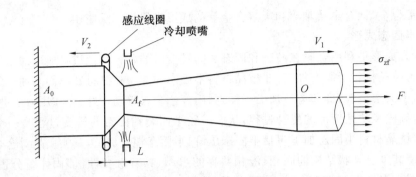

图 1.15 棒材无模拉伸成形图

式中　　A_0、A_f——拉伸前、拉伸后的断面面积；

　　　　V_1、V_2——拉伸速度和冷热源移动速度。

由此可见，只要断面收缩率给定，则拉伸速度与冷热源移动速度的比值就一定。无模拉伸成形时，控制拉伸速度与冷热源移动速度到指定的比值以后就可以获得所需形状的细长件。

在变形过程中，使拉伸速度与冷热源移动速度的比值发生连续的变化，就可以获得任意变断面的零件。采用这种方法可以成形锥形细长件、阶梯细长件、波形细长件、任意变断面细长件等，如图 1.16 所示。所能实现的极限变形程度取决于拉伸件材质及变形区温度场等工艺参数。

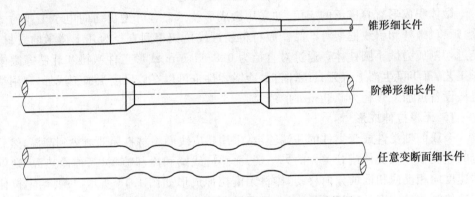

图 1.16 无模拉伸成形获得的任意变断面零件图

16. 强力旋压

旋压是一种综合了锻造、挤压、拉伸、弯曲、环轧、横轧和滚压等工艺特点的先进的少或无切削加工工艺，是将毛坯装卡在芯模上并随之旋转，旋压工具（旋轮或其他异形件）与芯模相对连续地进给，依次对工件的极小部分施加变形压力，使毛坯受压并产生连续逐点变形而逐渐成形工件的一种先进塑性成形方法。

根据旋压的变形特点，旋压工艺可分为普通旋压和强力旋压（变薄旋压），简称普旋和强旋。普通旋压在旋压过程中坯料的壁厚基本不变或改变较少，成形主要依靠坯料沿圆周方向的收缩以及沿半径方向上的伸长变形来实现，其重要特征是在成形过程中可以明显看到坯料外径的变化。普通旋压的基本加工方式有拉深旋压、缩径旋压和扩径旋压。

强力旋压主要依靠毛坯厚度的减薄来实现成形,毛坯外径基本保持不变。由于强力旋压减小毛坯的壁厚,因而旋压面积增大,在一次旋压中允许较大的变形量,所以强力旋压的生产效率大大高于普通旋压。变薄旋压与普通旋压的区别是变薄旋压属于体积成形的范畴。

按照旋压的变形条件,旋压工艺可分为热旋压和冷旋压两类。冷旋压在室温下进行,热旋压则是将毛坯加热到一定温度下进行。热旋压主要是用于塑性差的难成形材料及旋压量大的场合。例如,A356 合金属于铸造铝合金,其室温塑性较差,因此需热态下成形,A356 铝合金轮毂铸坯热旋压成形温度一般为 350～400 ℃。

根据旋压件形状和金属变形规律的差异把强力旋压分为两种,一种是锥形件强力旋压(又称剪切旋压),主要用于加工锥形、抛物线形、半球形和曲母线形等异形件;另一种是筒形件强力旋压(又称为挤出旋压或流动旋压),主要用于筒形件及管形件的加工,有时两种方法联合运用,加工各种复合形零件。

按照旋压过程中金属的流动方向,筒形件强旋可以分为正向旋压(正旋)与反向旋压(反旋)。正旋时材料的流动方向与旋轮的进给方向一致,反旋时材料的流动方向与旋轮的进给方向相反。按旋轮和坯料相对位置,筒形件强旋分为内径旋压与外径旋压;按旋压工具,筒形件强旋分为旋轮旋压与钢球(滚珠)旋压。

如图 1.17 所示,强力旋压过程中,尾顶将毛坯在芯模的顶端夹紧,芯模、毛坯与尾顶一起随着机床主轴旋转。旋轮(一般为 2～3 个)按靠模板或导轨的预定轨迹移动,它与芯模保持着一定的间隙。旋轮施加 2 500～3 500 N/mm² 的高压于毛坯,使其逐点产生变形,靠紧芯模(反旋时离开芯模)而成为零件。

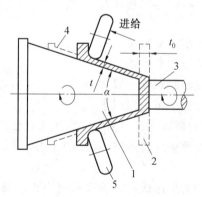

图 1.17 强力旋压成形原理

1—芯模;2—毛坯;3—尾顶;4—工件;5—旋轮

将锥形件强力旋压作为平面应变问题来处理,并假设体积不变,得出工件壁厚变化遵循"正弦律",即

$$t = t_0 \sin \frac{\alpha}{2} \tag{1.10}$$

式中 t——工件厚度;

        t_0——毛坯厚度;

        α——芯模锥角。

式(1.10)表示的"正弦律"是通常据以设计毛坯和进行工艺调整的重要公式。

强力旋压时的变形程度通常可用厚度减薄率 ψ_t 来表达：

$$\psi_t = \frac{t_0 - t}{t_0} = 1 - \sin\frac{\alpha}{2} \tag{1.11}$$

由式(1.11)可见，锥角 α 越小，则减薄率越大。

可旋性是指金属材料能承受强力旋压变形而不产生破裂的最大能力，主要取决于材料性能和变形条件。材料的可旋性可以用一次旋压成形的极限减薄率来表示，即

$$\psi_{t\max} = \frac{t_0 - t_{\min}}{t_0} \times 100\% \tag{1.12}$$

对于剪切旋压的锥形件来说也可以用极限锥角来表示，即

$$\alpha_{\min} = 2\arcsin\frac{t_{\min}}{t_0} = 2\arcsin(1 - \psi_{t\max}) \tag{1.13}$$

在强力旋压时，采用尽可能大的减薄率可减少成形次数，并减少工艺装备。

滚珠旋压过程大致如下：如图 1.18 所示，将管坯以滑配间隙套在芯模上，把滚珠布满凹模座的内槽周围。在成形过程中，滚珠高速环绕管件旋转，而芯模与管坯则以较慢的匀速压下进给，完成管坯壁厚变薄延伸。

另外的形式也可以芯模连同管坯高速旋转，滚珠与管坯接触而被动公转。放置滚珠的凹模座迎向送进（或芯模送进）完成管件的变薄旋压成形。

滚珠旋压时金属材料的塑性变形是在变形工具——滚珠与工件间的滚动摩擦条件下实现的。它们之间的变形接触面积较一般旋轮旋压小得多，因此，旋压过程中每个钢球承

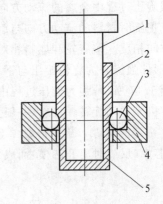

图 1.18　滚珠旋压原理图
1—芯模；2—管坯；3—滚珠；
4—凹模座；5—旋后管件

受的变形力很小，可以旋压特薄零件。目前滚珠旋压工艺已广泛应用于电子、仪表行业所需的小直径精密薄壁管以及薄壁回转体空心件的生产中，其材料涉及不锈钢、钼、铜合金、铝及铝合金等。

目前带内筋复杂薄壁件的旋压成形的研究和应用正在发展，带横向内筋曲母线构件有模外旋成形工艺已较为成熟，大尺寸带横向内筋曲母线构件有望向无模内旋方向发展。相比于较容易成形和脱模的带纵向内筋的筒形构件，带横向内筋及纵横内筋的筒形构件，由于脱模困难和成形缺陷较多，尚处于试验研究阶段。

1.4.2　精密锻造

精密锻造成形近年来有一个新名词是净形锻造（Net Shape Forging），是指锻件不再加工。目前，已能够将精锻件的公差控制在 $0.01\sim0.05$ mm。在有些情况下，完全实现净形有困难，可以进行近净形锻造成形（Near Net Shape Forging）。

精密锻造成形工艺不仅所成形的锻件精度高，而且具有锻件表面质量高、力学性能好

等优点,虽然所用的模具费用较高,但由于省去了后续切削加工,零件的总成本得到降低。因而,精密锻造在生产中得到广泛应用,如用精密锻造方法生产汽车传动系统中的十字轴、内外螺旋齿轮等。

1.4.3 计算机技术在体积成形中的应用

计算机软硬件技术的迅速发展,使其不断渗入到社会活动和各个角落。计算机技术在体积成形领域得到大力应用,模具 CAD/CAM、体积成形过程的数值模拟、体积成形计算机辅助工艺设计(CAPP)、计算机辅助工程(CAE)及计算机集成制造系统(CIMS)等使体积成形这一古老的技术得到新的发展。

1. 模具 CAD/CAM

CAD/CAM 技术在金属体积成形中的应用已经比较广泛,在现代企业之间、企业内部各部门之间通过网络进行技术信息传递,实现从模具设计到制造的自动化,必须采用CAD/CAM 技术。作为 CAD/CAM 技术支撑的数据库,可以储存大量的经验、标准、图表、零部件,使工艺和模具设计的质量和速度大大提高,并将设计传输到数控加工中心,大幅度地提高模具制造的可靠性和精度。

实现模具 CAD/CAM,其系统必须具备描述物体几何形状的能力,而且图形库和数据库要采用标准化,以保证系统进行装配图和各零部件的设计的可靠性和准确性。模具CAD/CAM 系统的硬件配置形式,按照所用计算机类型的不同,可分为大型主机系统、小型机系统、工作站系统和微机系统;按照是否连网,可分为集中式系统和分布式系统。图1.19 所示为集中式 CAD/CAM 系统的硬件配置,图 1.20 所示为用因特网连接的分布式CAD/CAM 系统,图 1.21 所示为用环形网连接的分布式 CAD/CAM 系统。

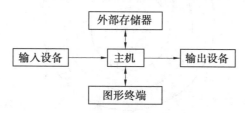

图 1.19　集中式 CAD/CAM 系统的硬件配置

模具 CAD/CAM 软件系统可分为三个层次,由里向外是系统软件、支撑软件和应用软件,但它们相互之间又没有严格的界限,整个软件在操作系统的管理和支持下运行,如图 1.22 所示。

系统软件是指挥计算机运行和管理用户作业的软件,是用户和计算机之间的接口。操作系统把计算机的硬件组织成为一个协调一致的整体,以便尽可能地发挥计算机的卓越功能和最大限度地利用计算机的各种资源。支撑软件一部分是由计算机制造商提供的,如加工语言及其解释程序、编译程序和汇编程序等;另一部分是由计算机制造商或软件公司所提供的软件,包括图形软件、几何造型软件、计算机分析优化仿真软件、数据库管理系统、网络软件、NC 编程软件等。应用软件是指针对某一特定应用领域而专门设计的一套资料化的标准程序。编写模具设计应用程序的过程就是将模具设计准则和设计模型

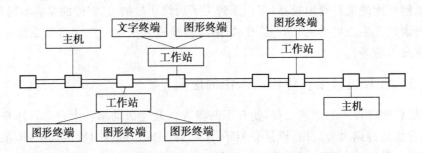

图 1.20 用因特网连接的分布式 CDA/CAM 系统

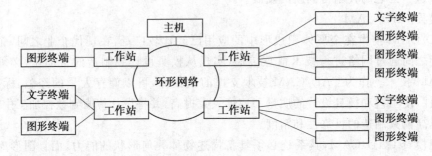

图 1.21 用环形网连接的分布式 CAD/CAM 系统

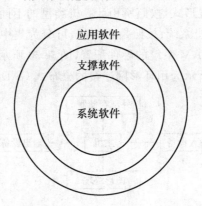

图 1.22 CAD/CAM 系统软件层次

解析化、程序化的过程。

2. 体积成形计算机辅助工艺设计(CAPP)

工艺质量直接影响模具结构和产品质量。采用计算机辅助工艺设计,可以克服人工设计的不一致性,有利于工艺的标准化和优化,同时有利于把技术人员长期积累的实际工作经验充分利用。目前,CAPP 主要有修订式和创成式两种。

修订式 CAPP 是对零件进行分类编码,形成同类零件组的标准工艺,新零件的工艺可在标准零件基础上,根据零件的特点进行适当修改,形成新零件的工艺。创成式 CAPP 是通过建立零件的几何模型和工艺信息模型,按照一定的算法和推理机制进行工艺决策,生成工艺过程。

修订式 CAPP 系统构成简单,易于实施,但对工艺人员的经验依赖性较大,对生产条件和产品的更新不能及时适应。创成式 CAPP 克服了修订式 CAPP 的缺点,但由于零件的形状和工艺的复杂性,工艺模型、几何模型及各种工艺知识还难以计算机化,影响了其在生产中的应用。

体积成形工艺 CAPP 系统一般包括零件模型定义、工艺设计中的数据库、工艺性分析、毛坯设计、工艺过程设计、工艺文档生成及管理等功能。

3. 体积成形过程的数值模拟

金属体积成形一般离不开设备、工具及所加工的材料这三大基本条件。在体积成形过程中,这三大基本条件是随时间而变化的,所引起的毛坯的受力状态和变形的变化规律是十分复杂的。因而,在进行工艺设计和模具设计时,要准确确定各种工艺参数和模具参数是比较难的,往往要经过生产实践检验不断进行修正和优化。对于形状复杂的零件,特别是新产品开发过程中,由于无法用简单的方法分析各种因素对成形的影响,工艺和模具的调整工作量很大。因此,如何准确预测塑性成形过程中的缺陷,以及了解各种工艺因素、模具因素、成形条件等对成形的影响,采取哪些措施防止质量问题,都是人们一直研究的课题。而塑性成形过程数值模拟为解决这一问题提供了强有力的手段。

体积成形过程的数值模拟是应用有限元法对塑性成形过程的不同阶段中毛坯各部位的受力状态、变形状态进行计算的过程。数值模拟通过给定各种初始条件、边界条件及判别准则,计算出各部位的状况,是否出现质量问题,进而可通过改变某些初始条件、优化工艺参数和模具参数,提高成形件的质量。目前许多塑性有限元模拟分析商业软件已经在体积成形中得以应用,如 DEFORM、MARC、DYNA3D、ABAQUS、QFORM 和 FORGE等,成为工艺分析和模具设计的有效手段。体积成形过程的数值模拟在生产中已得到大量应用,如轮胎螺母挤压过程模拟、摆动辗压过程模拟、翼形叶片锻造过程模拟等。

1.4.4　体积成形智能化技术

随着控制科学和计算机科学的发展,智能化技术已在金属体积成形领域中得到应用并迅速发展,如冷锻工艺设计的智能化计算机辅助设计系统、锻造工艺设计专家系统、模锻设计专家系统等。

体积成形智能化技术在生产中的应用还有很多课题需要结合生产实际进行更深入的研究。

思考题与习题

1. 体积成形的主要特点是什么?
2. 衡量材料的可锻性所用的指标有哪些? 各自的含义是什么?
3. 何谓应变硬化和硬化指数?
4. 局部加载时沿加载方向的应力分布规律是什么?
5. 查阅近三年的科技文献,简述体积成形的新进展。

第 2 章　锻造用材料及热规范

锻造是在锻压设备及工(模)具作用下,使坯料产生塑性变形,从而获得所需形状和尺寸锻件的成形方法。锻件的成形过程属于体积成形,材料不但发生形状变化,还伴随着显著的塑性流动。一般情况下,锻件的生产流程为:备料→加热→锻造工序→后续工序。

锻造用材料准备主要包含两项内容:一是选材;二是按锻件大小将原材料分割成一定长度的毛坯。

锻造用的材料种类有碳素钢、合金钢、有色金属及其合金等。按加工状态,材料有铸锭、轧材、挤压棒材、锻坯等。而轧材、挤压棒材、锻坯分别是铸锭经轧制、挤压、锻造加工后形成的半成品。铸锭一般用来锻造大型锻件、合金钢锻件;轧材、挤压棒材和锻坯用来锻造中小型锻件。

原材料在锻造之前,一般需要按锻件大小和锻造工艺要求分割成一定长度的坯料。对大钢锭下料采用自由锻工艺,其他材料的下料方法有多种,如剪切、锯切、砂轮片切割、折断、气割、车断、剁断及特殊精密下料等。

锻造的热规范是指金属坯料锻前加热、锻后冷却的规范和制度,它不仅影响金属材料的可锻性,而且加热和冷却过程中金属组织也要发生变化,对锻件质量有很大影响。此外,为了调整锻件的硬度、消除锻件的残余应力、改善其组织和性能,锻造后需要进行热处理。

2.1　锻造用钢锭及型材

2.1.1　锻造用钢锭

将冶炼好的钢液经盛钢包浇注到钢锭模内,凝固后形成的有一定高径比的钢块称为钢锭。

1. 钢锭的冶炼

冶炼任务是保证钢液的化学成分符合钢种的要求,最大限度地去除钢液中的有害杂质(硫、磷、非金属夹杂物及气体)。

大型锻件用的钢锭主要采用碱性平炉、酸性平炉和碱性电炉冶炼,重要锻件的钢锭采用真空精炼、电渣重熔等方法熔炼。

2. 钢锭的结构

钢锭内部组织结构,决定于浇注时钢液在钢锭模内的结晶热力学和动力学条件。钢液在钢锭模内各处的冷却与传热条件很不均匀,钢液由模壁向锭心和底部向冒口逐渐冷凝选择结晶,从而导致钢锭的结晶组织、化学成分及夹杂分布不均。如图 2.1 所示为钢锭纵剖面结构示意图,具有下列特征:

(1)表层细晶区。钢液注入锭模中,由于模壁的冷却作用,冷却速度快,过冷度大,形核率大,故在表面首先凝固成细小的等轴晶粒。

(2)柱晶区。钢锭表层结晶后,模壁的温度升高,钢液的冷却速度降低,过冷减小,不再生核,细晶区中生长速度快的晶粒可沿垂直模壁的散热反方向长大,其侧向生长因相互干扰而受阻,因而形成柱状晶。

(3)倾斜树枝晶区。随着柱状晶区的不断发展,锭模温度继续升高,散热速度减慢,加以杂质和气体上浮的运动作用,于是形成晶轴偏离柱状晶体方向的倾斜树枝晶区。

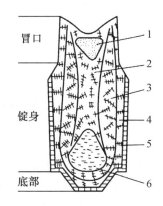

图 2.1 钢锭纵剖面结构示意图
1—冒口缩孔区;2—等轴粗晶区;3—倾斜树枝晶区;4—柱晶区;5—表层细晶区;6—底部沉积区

(4)等轴粗晶区。在锭模中心过冷液体中,温度高,过冷度小,各个方向散热条件相同,以外来杂质、细晶区的小晶体、倾斜树枝晶分枝等为晶核,形成粗大的等轴晶粒。

(5)冒口缩孔区。由于选择结晶的原因,心部上端聚集着轻质夹杂物和气体,并形成巨大的收缩孔,其周围还产生严重疏松。

(6)底部沉积区。心部底端为沉积区,含有密度较大的夹杂物或合金元素。

由以上分析可知,钢锭的内部缺陷主要集中在冒口和底部及中心部分,冒口和底部必须切除。钢锭底部和冒口分别占钢锭质量的 $5\% \sim 7\%$ 和 $18\% \sim 25\%$。对于合金钢,切除的冒口占钢锭的 $25\% \sim 30\%$,底部占 $7\% \sim 10\%$。

3. 钢锭的主要缺陷

钢锭的主要缺陷有:偏析、夹杂、气体、气泡、缩孔、疏松和溅疤等。这些缺陷对锻造工艺和锻件质量均有影响。

(1)偏析。钢锭中区域间或枝晶间都存在偏析现象。偏析是由于选择性结晶、溶解度变化、密度差异和流速不同造成的。偏析会造成力学性能不均匀和裂纹缺陷。枝晶偏析现象可以通过锻造、再结晶、高温扩散和锻后热处理得到消除,而区域偏析很难通过热处理方法消除,只有通过反复镦—拔的变形工艺才能使其化学成分趋于均匀化。

(2)夹杂。不溶解于金属基体的非金属化合物称为非金属夹杂物,简称夹杂。钢中的非金属夹杂物有硅酸盐、硫化物和氧化物等,主要是由于在熔炼时,金属与炉气、容器之间发生化学反应形成的;另外,由于耐火材料、砂子及炉渣碎粒等在熔炼和浇注过程中落入钢液而引起的。夹杂对热锻过程和锻件质量均有不良影响,如低熔点夹杂物过多地分布于晶界上,在锻造时会引起热脆现象。夹杂的存在破坏了金属的连续性,在应力作用下,在夹杂处产生应力集中,会引发显微裂纹,成为锻件疲劳破坏的疲劳源。显然,夹杂不利于钢锭的可锻性和锻后的力学性能。

(3)气体。主要指钢锭中的有害气体,如氮、氧、氢等。氮、氧在钢锭中形成氮化物和氧化物,形成钢锭内的夹杂。氢是钢锭中危害性最大的气体,当钢锭中的氢气超过一定极限值($22.5 \sim 56.25$ mL/kg)时,在锻造后冷却过程中,锻件内部容易产生白点和氢脆,严重降低钢的塑性。

（4）气泡。有些气体在凝固过程中未能从钢锭中排出，又不能溶解，而是以气泡形式存在于钢锭内部或皮下。在锻造时，若钢锭内部气泡不是敞开的或气泡内壁未被氧化，通过锻造可以焊合，但是皮下气泡易引起锻件表面裂纹。

（5）缩孔。它是在最后凝固的冒口区形成的，由于冷凝结晶时没有钢液补充而形成空洞。冒口同时含有大量杂质，锻造时将冒口和缩孔一并切除。

（6）疏松。枝晶间钢液最后凝固收缩造成的晶间空隙和钢液凝固过程中析出气体构成的显微孔隙称为疏松。它主要集中在钢锭中心部位。疏松导致钢锭组织致密度降低，锻造时一般采用大的变形量，以便锻透钢锭，消除疏松，改善锻件的力学性能。

（7）溅疤。当采用上注法浇注时，钢液将冲击钢锭模底而飞溅至模壁上，溅珠和钢锭不能凝为一体，冷却后在钢锭表面形成溅疤。钢锭上的溅疤在锻前必须铲除，否则会在锻件上形成夹层。

一般来说，钢锭越大，产生上述缺陷的可能性就越大，缺陷性质也就越严重。

2.1.2　锻造用型材

铸锭经过压力加工形成各种型材，经过塑性变形后，金属的组织结构得到显著改善，性能相应提高。但在压力加工过程中，材料可能会出现新的缺陷。常见缺陷如下：

（1）划痕（划伤）。金属在轧制过程中，由于各种意外原因在其表面划出的伤痕，深度达 0.2～0.5 mm，会影响锻件的质量。

（2）折叠。在轧制过程中，由于变形过程不合理，已氧化的表层金属被压入金属内而形成折叠。

（3）发裂。钢锭皮下气泡被轧扁辗长而破裂形成发状裂纹，深度为 0.5～1.5 mm。

（4）结疤。浇注时，由于钢液飞溅而凝结在钢锭表面，轧制时被压成薄膜而贴附在轧材表面，其深度约为 1.5 mm。

（5）碳化物偏析。这种缺陷经常在碳的质量分数高的合金钢中出现。其原因是钢中的莱氏体共晶碳化物和二次网状碳化物，在开坯和轧制时未被打碎和不均匀分布所造成的。碳化物偏析会降低钢的可锻性，容易引起锻件开裂，热处理淬火时容易局部过热、过烧和淬裂，制成的刀具在使用时刀口易崩裂。

（6）白点。它是隐藏在钢坯内部的一种缺陷，在钢坯的纵向断口上呈圆形或椭圆形的银白色斑点，在横向断口上呈细小的裂纹。白点的大小不一，长度为 1～20 mm 或更长。一般认为白点是由于钢中一定量的氢和各种内应力（组织应力、温度应力、塑性变形后的残余应力等）共同作用下产生的。当钢中含氢量较多和热压力加工后冷却太快时容易产生白点。为避免产生白点，首先应提高钢的冶炼质量，尽可能降低氢的含量[①]；其次在热加工后采用缓慢冷却的方法，让氢充分逸出和减小各种内应力。

（7）非金属夹杂流线。非金属夹杂物在轧制时被辗轧成条带状。夹杂物使基体金属

---

① 注：本书涉及的含量，除特殊注明外均为质量分数，不再一一注明。

不连续,严重时会引起锻造开裂。

(8)铝合金的氧化膜。在熔炼过程中,敞露的熔体液面与大气中的水蒸气或其他金属氧化物相互作用时所形成的氧化膜,在浇注过程中由表面卷入金属液内,铸锭经挤压或锻造,其内部的氧化膜被拉成条状或片状,降低了横向力学性能。

(9)粗晶环。铝合金、镁合金挤压棒材在其圆断面的外层环形区域处,常出现粗大晶粒,故称为粗晶环。粗晶环形成的主要原因是在挤压过程中金属与挤压筒之间的摩擦过大,表层温降过快,破碎的晶粒未能再结晶,后继淬火加热时再结晶合并长大所致。有粗晶环的棒料,锻造时容易开裂,如粗晶环保留在锻件表层,则将降低锻件的性能。因此,锻前必须将粗晶环去除。

由以上所述得知,划痕、折叠、发状裂纹、结疤和粗晶环等均属材料表面缺陷,锻前应去除,以免在锻造过程中继续扩展或残留在锻件表面上,降低锻件质量或导致锻件报废。

碳化物偏析、非金属夹杂流线、白点等属于材料内部缺陷,严重时将显著降低可锻性和锻件质量。因此,锻造前应加强材料质量检验,不合格材料不应投入生产。

2.2　下料方法

下料是将原材料按锻件大小和锻造工艺要求切断成所需长度的单个坯料。

当原材料为铸锭时,由于其内部组织、成分不均匀,通常用自由锻方法进行开坯,然后将锭料两端切除,并按一定尺寸将坯料分割开。

当原材料为轧材、挤材和锻坯时,下料一般在锻工车间的下料工段进行。常用的下料方法有剪切、锯切、砂轮片切割、折断、气割、车削、剁断及特殊精密下料等。下料方法的选择,应根据材料性质、尺寸大小、生产批量和对毛坯精度的要求合理确定。

2.2.1　剪切法

剪切法是生产上普遍采用的方法,其特点是效率高、操作简单、断口无金属损耗、模具费用低等。剪切法通常是在专用剪床上进行,也可以在一般曲柄压力机、液压机和锻锤上进行。

如图 2.2 所示为剪切法的工作原理。由于一对动定刀片的作用力(F)不在同一条直线上,因而产生使棒料翻转的力矩,与被刀片的水平阻力(F_T)和压板阻力(F_Q)所形成的力矩平衡。在动定切削刃的压力下,坯料产生弯曲和拉伸变形,当剪切面上的切应力超过材料的剪切强度时发生断裂。这种方法的缺点是坯料局部被压扁、端面不平整、剪断面常有毛刺和裂缝。

剪切过程分为三个阶段,如图 2.3 所示。第一阶段,切削刃压进棒料,塑性变形区不大,由于加工硬化的作用,刃口端处坯料首先出现裂纹。第二阶段,裂纹随切削刃的深入而继续扩展。第三阶段,在切削刃的压力作用下,上、下裂纹间的金属被拉断,形成 S 形断面。

剪切端面质量与切削刃锐利程度、刃口间隙 Δ、支承情况及剪切速度等因素有关。刃口圆钝时,易引起剪切端面不平整;刃口间隙大时,坯料易产生弯曲,使断面与轴线不垂直;刃口间隙太小时,容易碰损切削刃;若坯料支承不力,易引起断口偏斜;剪切速度快,可获得平整断口;剪切速度慢时,则情况相反。

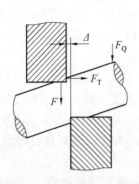

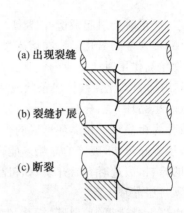

图 2.2   剪切法的工作原理   图 2.3   剪切过程

F— 剪切力；F_T— 水平阻力；F_Q— 压板阻力

对于高碳钢、合金钢及截面大或直径大于 120 mm 的中碳钢棒料，均应进行预热剪切，以降低材料的剪切强度。预热温度应按化学成分和截面尺寸大小不同，在 $400 \sim 700\ ℃$ 范围内选定。

剪切下料所需的剪切力 F（单位：N）的计算式为

$$F = k\tau S \qquad\qquad (2.1)$$

式中 k——考虑刃口变钝和间隙 Δ 变化的系数，一般取 $k = 1.0 \sim 1.2$；

  τ——被剪材料的剪切强度，MPa，一般取 $\tau = (0.7 \sim 0.8)R_m$，R_m 为材料的抗拉强度，MPa；

  S——剪切面积，mm^2。

剪床的剪切下料装置如图 2.4 所示，棒料送进剪床后，用压板固紧，下料长度 L_0 由可调定位螺杆定位，在上刀片和下刀片的剪切作用下将棒料剪断成坯料。

为避免坯料在剪切过程中发生弯转，生产中有时采用带支承的剪切下料，如图 2.5 所示。剪切质量有一定改善，但仍有断口倾斜、端面不平和拉裂现象发生。

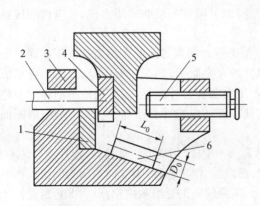

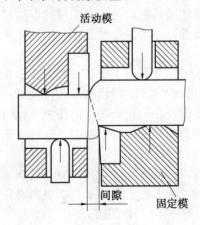

图 2.4   剪床的剪切下料装置   图 2.5   带支承的剪切下料

1—下刀片；2—棒料；3—压板；4—上刀片；

5—定位螺杆；6—坯料

为提高坯料剪切精度和端面平整度,生产中采用轴向加压剪切法。该剪切法目前主要用于剪切小直径的有色金属棒料。

如图 2.6 所示为棒料轴向加压剪切示意图。棒料的内部变形可分为三个区域,其中Ⅰ区是弹性变形区,Ⅱ区是塑性变形区,Ⅲ区是剧烈剪切变形区。由于轴向加压提高了静水压力,改善了材料的塑性,抑制了裂纹的产生和发展,从而有可能使塑性剪切变形延续到剪切的全过程,而获得平整光洁的剪切断面。在轴向加压的同时,会使拉缩区金属沿轴向转移时所受的阻力增大,因而减小了剪切的几何畸变,这两方面的效果都可以使剪切质量得到提高。

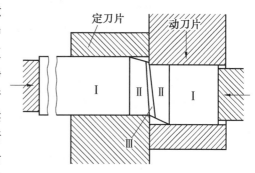

图 2.6 棒料轴向加压剪切示意图

2.2.2 锯切法

锯切法极为普遍,虽然生产效率低,锯口损耗较大,但坯料长度准确,锯切端面平整,特别用于精锻工艺中,是一种主要的下料方法。各种钢、有色金属和高温合金,均可在常温下锯切。

常用的下料锯床有圆盘锯、带锯和弓形锯等。

圆盘锯使用圆片状锯片,锯片的圆周速度为 0.5 ~ 1.0 m/s,比普通切削加工速度低,故锯切生产率低。锯片厚度一般为 3 ~ 8 mm,锯口损耗较大。圆盘锯可锯切的棒料直径达 750 mm,视锯床的规格而定。

带锯有立式、卧式和可倾立式等。其生产效率是普通圆锯床的 1.5 ~ 2 倍,切口损耗为 2 ~ 2.2 mm,通常锯切直径在 350 mm 以内的棒料。

弓形锯是一种往复锯床,锯片厚度为 2 ~ 5 mm,一般用于锯切直径 100 mm 以内的棒料。

2.2.3 砂轮片切割法

砂轮片切割法是利用切割机带动高速旋转的砂轮片同坯料的待切部分发生剧烈摩擦并产生高热使材料变软甚至局部熔化,在磨削作用下将材料切断。该方法适用于切割小截面棒料、管料和异形截面材料。其优点是所用设备简单、操作方便、下料长度准确、端面平整、切割效率不受材料硬度限制,可以切割高温合金和钛合金等。但砂轮片消耗量大、容易崩碎,切割噪声大。

2.2.4 折断法

折断法的工作原理如图 2.7 所示,先在待折断处开一小缺口,在压力 F 作用下,在缺口处产生应力集中使坯料折断。

折断法生产效率高、断口金属损耗小、所用工具简单、无须专门设备。折断法尤其适用于硬度较高的钢,如高碳钢和高合金钢,不过要求预热至 300 ～ 400 ℃。

折断法的主要任务是选择适当的缺口尺寸,以获得满意的断口质量。缺口可采用气割或锯割加工,但是使用电火花切割的缺口质量最好。

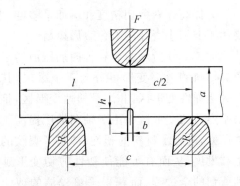

图 2.7　折断法的工作原理

2.2.5　气割法

气割法适用于大截面毛坯,它是利用气割器或普通割炬,把坯料局部加热至熔化温度,逐步使之熔断。

对于碳的质量分数低于 0.7% 的碳素钢,可直接进行气割;碳的质量分数在 1% ～ 1.2% 的碳素钢或低合金钢均须预热至 700 ～ 850 ℃后才可以气割;高合金钢及有色金属不宜采用气割法。

气割所用设备简单、便于野外作业、可切割各种截面材料,尤其适用于对厚板材料进行曲线切割。气割法的主要缺点是切割面不平整、精度差、断口金属损耗大、生产效率低等。

其他方法有电机械锯割、电火花切割等。

2.3　坯料锻前加热

2.3.1　坯料锻前加热的目的及方法

1. 加热目的

金属坯料锻前加热的目的是:提高金属的塑性,降低变形抗力,使其易于流动成形。因此,锻前加热是锻件生产中的重要工序之一。

2. 加热方法

根据热源不同,在锻造生产中金属的加热方法可分为两大类:燃料加热和电加热。

(1)燃料加热。

燃料加热是利用固体(煤、焦炭等)、液体(重油、柴油等)或气体(煤气、天然气等)燃料燃烧时所产生的热能直接加热金属的方法。燃料在燃料炉内燃烧产生高温炉气(火焰),通过炉气对流、炉围辐射和炉底热传导等方式把热能传至坯料表面,然后由表面向中心热传导,对整个金属坯料进行加热。当炉内温度低于 650 ℃时,坯料加热主要靠对流传热;当温度超过 650 ℃时,坯料加热则以辐射传热为主。普通锻造加热炉在高温加热时,辐射传热占 90% 以上,对流传热占 8% ～ 10%。

燃料加热法的优点是燃料来源方便、加热炉建造容易、通用性强、加热费用较低。因此,这类加热方法广泛用于各种大、中、小型坯料。中、小型毛坯多采用油、天然气或煤气作为燃料在室式炉、连续炉或转底炉中加热。大型毛坯或钢锭则常采用油、煤气和天然气作为燃料在车底式炉中加热。燃料加热的缺点是劳动条件差,炉内气氛、炉温及加热质量较难控制等。

(2)电加热。

电加热是利用电能转换为热能加热金属材料的方法。按照传热方式,分为电阻加热和感应电加热。

①电阻加热。根据电热体的不同,分为电阻炉加热、接触电加热和盐浴炉加热等。

a.电阻炉加热。电阻炉工作原理如图 2.8 所示,利用电流通过炉内电热体时产生的热量来加热金属坯料。电阻炉中装有专门用于实现电能转变为热能的电阻体,称为电热体,由它把热能传给炉中的坯料。

在电阻炉内,辐射传热是加热的主要方式,炉底同金属接触的传导传热次之,自然对流传热可忽略不计,但在空气循环电炉中,对流传热是加热金属的主要方式。

常用的电热体有金属电热体(铁铬铝丝、镍铬丝等)和非金属电热体(碳化硅棒、二硅化钼棒等)。

电阻炉加热法的优点是对坯料尺寸的适应范围广,可采用保护气体进行少无氧化加热。其缺点是加热温度受电热体使用温度限制,同其他电加热法相比,电阻炉的热效率和加热速度较低。

b.接触电加热。接触电加热的原理如图 2.9 所示,在坯料两端施加低电压,并在坯料中通过大电流,利用坯料自身电阻通过电流时产生的热量,使金属坯料加热。电流通过金属坯料所产生的热量 Q(单位:J)的计算式为

$$Q = I^2 Rt \tag{2.2}$$

式中　I——通过坯料的电流,A;

　　　R——金属坯料的电阻,Ω;

　　　t——金属坯料的通电时间,s。

由于一般金属的电阻比较小,要产生大量的电阻热,必须通过很大的电流。因此,在接触电加热中采用低电压大电流,变压器的二次空载电压一般为 2 ～ 15 V。

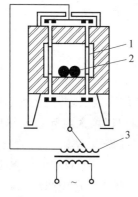
图 2.8　电阻炉工作原理图
1—电热体;2—坯料;3—变压器

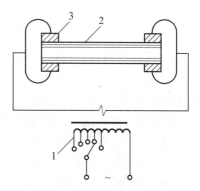
图 2.9　接触电加热原理图
1—变压器;2—坯料;3—触头

接触电加热法的优点是加热速度快、金属烧损少、热效率高、耗电少、成本低、设备简单、操作方便,特别适用于细长棒料的整体或局部加热。缺点是坯料的表面粗糙度和形状尺寸要求较严格,特别是坯料的端面,要求下料规则、端面平整。

c.盐浴炉加热。内热式电极盐浴炉工作原理如图2.10所示,将坯料预先埋入加热炉内的盐中,在电极间通以低压交流电流,利用盐液导电产生大量的电阻热,将盐液加热至要求的工作温度。通过高温熔融盐的对流和热传导对坯料进行加热。盐浴炉加热速度比电阻炉快,加热温度均匀,可以实现金属坯料整体或局部的无氧化加热;缺点是热效率较低、辅助材料消耗大、劳动条件差。

②感应电加热。感应电加热原理如图2.11所示,感应电加热时,将坯料放在感应器内,当一定频率的交流电通过感应器时,置于交变磁场中的坯料内部产生交变电势并形成交变涡流。由于金属坯料电阻引起的涡流发热和磁滞损失发热而加热坯料。

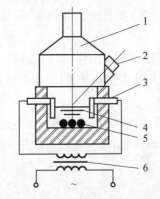
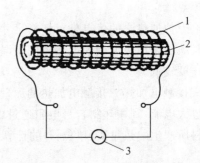

图 2.10　内热式电极盐浴炉工作原理图　　　　图 2.11　感应电加热原理图
1—排烟罩;2—高温计;3—电极;4—熔盐;　　　　1—感应器;2—坯料;3—电源
5—坯料;6—变压器

由于感应电加热时的趋肤效应,金属坯料表层的电流密度大,中心电流密度小。电流密度大的表层厚度,即电流透入深度δ(单位:cm)为

$$\delta = 5\ 030\sqrt{\frac{\rho}{\mu f}} \tag{2.3}$$

式中　ρ——电阻率,$\Omega \cdot cm$。

　　　　μ——相对磁导率,各类钢在 760 ℃(居里点)以上时,$\mu = 1$;

　　　　f——电流频率,Hz;

由于趋肤效应,感应电加热时的热量主要产生于坯料表层,并向坯料心部热传导。为了提高大直径坯料的加热速度,应选用较低的电流频率以增大电流透入深度。而小直径坯料,由于截面尺寸较小,可用较高的电流频率以提高加热效率。

按所用电流频率不同,感应加热可分为工频($f = 50\ Hz$)加热、中频($f = 50 \sim 10^4\ Hz$)加热和高频($f = 10^5 \sim 10^6\ Hz$)加热。锻前加热多采用中频加热。

感应电加热法的优点是加热速度快、金属烧损少、加热规范稳定、便于和锻压设备组成生产线实现自动化操作、劳动条件较好、对环境无污染;缺点是设备投资费用高、耗电量较大(大于接触电加热,小于电阻炉加热)、一种规格的感应器所能加热的坯料尺寸范围很窄。

上述各种电加热方法的应用范围见表 2.1。

表 2.1　各种电加热方法的应用范围

电加热类型	应 用 范 围			单位电能消耗/ $(kW \cdot h \cdot kg^{-1})$
	坯料规格	加热批量	适用工艺	
工频电加热	坯料直径大于 150 mm	大批量	模锻、挤压、轧锻	$0.35 \sim 0.55$
中频电加热	坯料直径为 20 ～ 150 mm	大批量	模锻、挤压、轧锻	$0.40 \sim 0.55$
高频电加热	坯料直径小于 20 mm	大批量	模锻、挤压、轧锻	$0.60 \sim 0.70$
接触电加热	直径小于 80 mm 细长坯料	中批量	模锻、电镦、卷簧、轧锻	$0.30 \sim 0.45$
电阻炉加热	各种中、小型坯料	单件、小批	自由锻、模锻	$0.50 \sim 1.00$
盐浴炉加热	小型件或局部无氧化加热	单件、小批	精密模锻	$0.30 \sim 0.80$

加热方法的选择要根据具体的锻造要求及投资效益、能源情况、环境保护等多种因素确定。如对于大型锻件往往以燃料加热为主；而对于中、小型锻件可以选择燃料加热和电加热。但是，对于精密锻造应选择感应电加热或其他无氧化加热方法，如控制炉内气氛法、介质保护加热法、少无氧化火焰加热等。

2.3.2　金属加热时产生的缺陷及防止措施

金属坯料在加热时产生的缺陷有氧化、脱碳、过热、过烧和裂纹等。只有采取正确的措施，才能减少和防止这些缺陷的产生。

1. 氧化

（1）实质。

坯料加热到高温时，表面的金属与炉气中的氧化性气体（如氧气、二氧化碳、水蒸气和二氧化硫）发生激烈的氧化反应，生成氧化皮的现象，称为氧化。

氧化过程的实质是一种扩散过程。炉气中的氧以原子状态吸附到坯料表面后向内扩散，而坯料中的铁以离子状态由内部向表面扩散，使坯料的表层变成氧化铁。

（2）危害。

坯料表层的氧化皮造成金属的损失；氧化皮压入锻件表面会降低锻件的表面质量；氧化皮掉入模腔会加剧模腔的磨损。

（3）影响因素。

金属氧化与加热温度、加热时间、炉气成分及金属的化学成分有关。

①加热温度越高，金属氧化越严重，尤其在 900 ℃ 以后，氧化皮质量急剧增加。

②加热时间越长，氧的扩散量越大，氧化铁越多。

③炉内过剩空气越多，金属氧化越严重，会产生大量的氧化皮。

④氧化与金属的化学成分有关。碳的质量分数越高，生成的氧化皮越少。这是由于钢中的碳被氧化后，在钢坯表层生成的 CO 阻碍金属继续氧化。含有铬、镍、铝、钼等元素的合金钢，加热时生成一层致密的氧化膜，保护了金属不被继续氧化。当镍、铬的质量分

数为 13%～20% 时,几乎不产生氧化。

(4)减少氧化的措施。

①在保证质量的前提下,尽量采用快速加热,缩短坯料在高温下(900 ℃以上)的停留时间。

②在燃料完全燃烧的前提下,减少空气过剩量。

③采用少装、勤装的操作方法。

④炉内应保持不大的正压力,防止冷空气的吸入。

⑤采用少无氧化加热方法。

2. 脱碳

(1)实质。

钢料在加热时,其表层的碳与炉气中的氧化性气体和某些还原性气体(如氢气)发生化学反应,生成甲烷或一氧化碳,造成钢料表面碳的质量分数降低,这种现象称为脱碳。

脱碳过程也是一个扩散过程,即炉气中的氧向坯料内部扩散,而另一方面坯料中的碳向外扩散,使坯料表层变成含碳量低的脱碳层。脱碳只有在钢中的碳原子向外扩散的速度大于钢的氧化速度时,脱碳层才会存在。

(2)危害。

脱碳层由于碳被氧化,造成表层渗碳体(Fe_3C)的数量减少,锻件表面的强度和耐磨性降低,严重的会产生表面龟裂。

(3)影响因素。

①化学成分。钢中碳的质量分数越高,脱碳的倾向就越大。某些合金元素使脱碳层加深,如 W、Al 等。而有些合金元素则能阻止脱碳,如 Cr、Mn 等。

②炉气成分。炉气成分中脱碳能力最强的介质是 H_2O(汽),其次是 CO_2 和 O_2,最后是 H_2。而 CO 的体积分数增加可减少脱碳。一般在中性介质或弱氧化性介质中加热可减少脱碳。

③加热温度。钢在氧化性气氛中加热时,既产生氧化,同时也产生脱碳。在温度低于1 000 ℃时,由于坯料表面的氧化皮阻碍碳的扩散,因此脱碳过程比氧化慢。随着温度的升高,氧化速度加快,同时脱碳速度也加快,但是,此时氧化皮剥落失去保护能力,因此达到某一温度后,脱碳就比氧化更剧烈。

④加热时间。加热时间越长,脱碳层就越厚,但二者不成比例关系。当厚度达到一定值后,脱碳速度将逐渐减慢。

对大多数钢来说,脱碳使其性能变坏,因此,一般将脱碳视为缺陷。特别是高碳工具钢、轴承钢、高速钢及弹簧钢的脱碳更是严重的缺陷。

脱碳使锻件的表面变软,强度和耐磨性降低。当脱碳层厚度小于加工余量时,对锻件性能没有什么危害,反之就要影响到锻件质量。因此,在进行精密锻造生产时,坯料锻前加热应避免产生脱碳。

一般用于防止氧化的措施,同样也可用于防止脱碳。

3. 过热

（1）实质。

钢加热到某一临界温度以上时，奥氏体晶粒显著粗大的现象称为过热。晶粒开始急剧长大的温度称为过热温度。钢的过热温度主要取决于它的化学成分，钢中 C、Mn、S、P 等元素能增加钢的过热倾向，而 Ti、W、V、Nb 等元素可减小钢的过热倾向。一般当加热温度到达始锻温度后，若保温时间过长，或由于变形热效应，均容易引起过热。

钢的过热分为"稳定过热"和"不稳定过热"。所谓"不稳定过热"是指由于单纯的原高温奥氏体晶粒粗大形成的过热。这种过热用普通热处理方法可以消除。如，一般过热的结构钢，经过普通热处理（正火、淬火）之后，组织可以改善，性能也随之恢复。

所谓"稳定过热"是指钢过热后除原高温奥氏体粗大外，沿奥氏体晶界大量析出第二相（包括杂质元素组成的化合物，如硫化物、碳化物、碳氮化物等）质点以及其他促使原高温奥氏体晶界稳定化的因素。这种过热用一般热处理的方法不易改善或不能消除。

（2）危害。

过热钢的晶粒粗大，使钢的力学性能（尤其 α_K）显著降低，锻造时容易开裂。

（3）防止过热的措施。

为避免锻件产生过热，应采取以下措施：

①严格控制加热温度，尽可能缩短高温保温时间，加热时坯料不要放在炉内局部高温区。

②在锻造时要保证锻件有足够的变形量，通过大变形量可以破碎过热形成的粗大奥氏体晶粒，并破坏其沿晶界析出相的连续网状分布。对于需要预制坯的模锻件，应保证终锻时锻件各部分有适当的变形量。

③测温用的热工仪表必须校正准确。

4. 过烧

（1）实质。

当钢加热到接近熔化温度，并在此温度长时间停留，钢内晶粒不仅粗大，而且钢内的晶间物质被熔化或被氧化，这种现象称为过烧，产生过烧的温度称为过烧温度。过烧破坏了晶粒之间的连接，一经锻打便碎成废料。一般情况下，钢中 Ni、Mo 等元素使钢容易产生过烧，Al、Cr、W 等元素则能减小钢的过烧。

（2）防止措施。

严格遵守加热规范，特别是要控制出炉温度及高温时的停留时间。

5. 裂纹

（1）实质。

加热时，钢料的表层和心部存在很大的温差，使钢料的表层的热膨胀大于心部的热膨胀，在钢料内部产生三向拉应力，此种应力称为温度应力。钢料进炉温度越高，加热速度越快，则温度应力越大。加热使钢的组织转变还会产生组织应力。若钢料加热时产生的温度应力和组织应力加上钢料原有的残余应力三者之和大于材料的抗拉强度 R_m 时，就会在钢料心部产生裂纹。

（2）防止方法。

严格控制装炉温度和加热速度,以减少温度应力和组织应力。

由上述可知,为了防止和减少加热缺陷,必须正确制订和严格遵守加热规范。

2.3.3　锻造温度范围的确定

金属的锻造温度范围是指从始锻温度到终锻温度的一段温度区间。始锻温度应理解为钢或有色合金在加热炉内允许加热的最高温度。终锻温度是指锻件允许的最低锻造温度。从加热炉内取出坯料到锻压设备上开始锻造之前,坯料有几度到几十度的温降,因此真正开始锻造的温度稍低,在始锻之前,应尽量减小坯料的温降。

锻造温度范围的确定原则是保证金属在此温度区间具有良好的塑性,较低的变形抗力,并能使锻件获得合适的组织和性能。在此前提下,锻造温度范围尽可能宽一些,以便有足够的时间进行锻造成形,从而减少加热火次,降低热损耗,提高锻造生产率。

确定锻造温度范围的基本方法是以合金相图为基础,再参考塑性图、抗力图和再结晶图,由塑性、变形抗力和锻件的组织与性能三个方面综合考虑,从而确定始锻温度和终锻温度,并在生产中进行验证和修改。

1. 始锻温度的确定

确定钢的始锻温度,首先必须保证钢无过热、过烧现象。因此,对碳钢来讲,始锻温度应比铁－碳相图的固相线低 150 ～ 250 ℃,如图 2.12 所示。此外,还应考虑到坯料组织、锻造方式和变形工艺等因素。

如坯料为钢锭时,由于铸态组织比较稳定,产生过烧的倾向性小,因此,钢锭的始锻温度比同种钢坯和钢材要高 20 ～50 ℃。采用高速锤精锻时,因为高速变形产生很大的热效应,会使坯料温度升高以致引起过烧,所以,其始锻温度应比通常始锻温度约低 100 ℃,对于大型锻件锻造,最后一火的始锻温度应根据剩余锻造比确定,以避免锻后晶粒粗大,这对不能用热处理方法细化晶粒的钢种尤为重要。

2. 终锻温度的确定

在确定终锻温度时,如果温度过高,会使锻件晶粒粗大,甚至产生魏氏体组织,使锻件的韧性急剧下降。相反,终锻温度过低,不仅导致锻造后期加工硬化严重,可能使坯料在锻造过程中开裂,而且会使锻件局部处于临界变形状态,造成锻后晶粒粗大,或由于加工硬化引起残余应力,锻件在冷却过程或后续

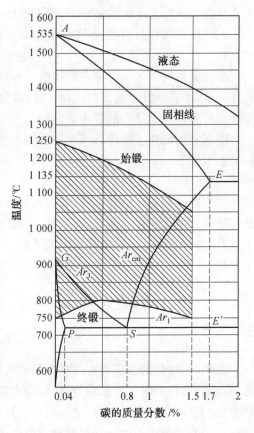

图 2.12　碳钢的锻造温度范围

工序中开裂。因此,通常钢的终锻温度应稍高于其再结晶温度。这样,既保证坯料在终锻前仍有足够的塑性,又可使锻件在锻后能够获得较好的组织性能。

按照上述原则,碳钢的终锻温度在铁—碳相图 Ar_1 线以上 $25 \sim 75$ ℃,如图 2.12 所示,中碳钢的终锻温度处于奥氏体单相区,组织均匀、塑性良好,完全满足终锻要求。低碳钢的终锻温度虽处于奥氏体和铁素体的双相区内,但因两相塑性均较好,不会给锻造带来困难。高碳钢的终锻温度是处于奥氏体和渗碳体的双相区,在此温度区间锻造,可借助塑性变形将析出的渗碳体破碎,并使其呈弥散状,以免在高于 Ar_{cm} 线终锻而使锻后冷却时沿晶界析出网状渗碳体。

还须指出,钢的终锻温度与钢的组织、锻造工序和后续工序等也有关。

对于无相变的钢种,由于不能用热处理方法细化晶粒,只能依靠锻造来控制晶粒度。为了使锻件获得细小晶粒,这类钢的终锻温度一般偏低。

当锻后立即进行锻件余热热处理时,终锻温度应满足余热热处理的要求。如锻件的材料为低碳钢,终锻温度稍高于 Ar_3 线。

一般情况下,精整工序的终锻温度允许比规定值低 $50 \sim 80$ ℃。

常用金属材料的锻造温度范围见表 2.2。从表 2.2 可看出,各类钢的锻造温度范围相差很大。一般碳素钢的锻造温度范围比较宽,达到 $400 \sim 580$ ℃。而合金钢,尤其是高合金钢则很窄,只有 $200 \sim 300$ ℃。因此在锻造生产中,高合金钢锻造比较困难,对锻造工艺的要求甚为严格。

表 2.2 常用金属材料的锻造温度范围

金属种类	牌号	始锻温度/℃	终锻温度/℃
普通碳素钢	Q195、Q215	1 300	700
	Q235、Q255、Q275	1 250	700
优质碳素钢	08、10、15、20、25、30、35、15 Mn ~ 30Mn	1 250	800
	40、45、50、55、60、40 Mn ~ 50Mn	1 200	800
碳素工具钢	T7、T7A、T8、T8A	1 150	800
	T9、T9A、T10、T10A	1 100	770
	T11、T11A、T12、T12A、T13、T13A	1 050	750
合金结构钢	45Mn2、20CrMnSi、40Cr、18CrMnTi、20CrNi	1 200	800
	45MnB、38CrSi、18Cr3MoWV、40CrNiMo	1 150	850
合金工具钢	Cr12MoV	1 100	840
	4Cr5W2SiV	1 150	950
	3Cr2W8V	1 120	850
	9Mn2、CrMn、5CrMnMo、CrWMn、5CrNiMo	1 100	800
高速工具钢	W18Cr4V、W9Cr4V2	1 150	900
不锈钢	12Cr13	1 180	850
	06Cr19Ni10	1 180	900

续表 2.2

金属种类	牌号	始锻温度/℃	终锻温度/℃
高温合金	GH4033 GH4037	1 150 1 160	980 1 050
铝合金	3A21、5A02 2A02 2A50、2B50 7A04、7A09	470 460 470 450	360 360 360 380
镁合金	MB5 MB15	370 420	325 320
钛合金	TC4 TC9	980 970	800 850
铜及其合金	T1、T2、T3、T4 HPb59-1 H62 QAl10-3-1.5	900 720 810 840	650 650 650 700

2.3.4 锻造加热规范

金属在锻前加热时,应尽快达到规定的始锻温度,以减少氧化、节省燃料、提高生产率。但是,如果温度升得太快,由于温度应力过大,可能造成坯料开裂。因此,在实际生产中,金属坯料应按一定的加热规范进行加热。

加热规范是指金属坯料从装炉开始到加热结束整个过程对炉子温度和坯料温度随时间变化的规定。为应用方便,加热规范通常采用炉温—时间的变化曲线来表示。

加热规范主要内容有:装炉温度、加热速度、最终加热温度、保温时间、各个阶段及总的加热时间等。正确的加热规范应是:金属在加热过程中不产生裂纹、不过热、不过烧、氧化脱碳少、断面温度均匀、加热时间短和节约能源等。

制订加热规范就是要确定加热过程不同阶段的炉温、升温速度和加热时间。通常可将加热过程分为预热、加热、均热三个阶段。预热阶段:主要是合理规定装料时的炉温;加热阶段:关键是正确选择加热速度;均热阶段应保证钢料温度均匀,确定保温时间。

1. 金属加热阶段的划分

根据金属材料的种类、特性及断面尺寸的不同,锻造生产中常用的加热规范有:一段、二段、三段、四段及五段加热规范。钢的锻造加热曲线如图 2.13 所示。

对于断面尺寸小的坯料,通常采用一段加热方式,即炉子保持恒定高温(炉温曲线只有一个水平段),冷坯料直接放入高温炉内,经升温、保温,达到规定的始锻温度(图 2.13(a))。这种加热方式,坯料升温速度快,加热时间短,是加热小件的常用方式。应注意,坯料装入炉内的最初阶段,炉温将下降,随后才开始上升,恢复到水平段,实际上成为第二种加热方式,即两段加热方式,如图 2.13(b)所示。当然也可通过人工控制,事先将炉温降至某一预定值,以减小坯料断面上的温度差,然后再提高到规定的最高加热温度。两段加热方式升温速度较慢,所造成的温差应力也较小。

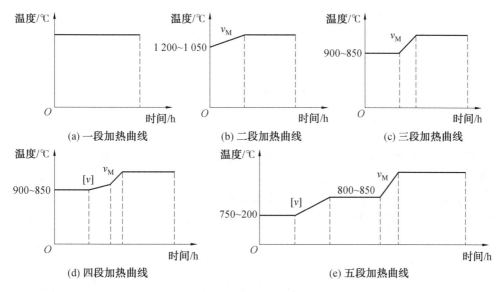

图 2.13　钢的锻造加热曲线类型

$[v]$—钢料允许的加热速度；　v_M—最大可能的加热速度

对于断面尺寸较大,尤其是导温性较差的坯料,常采用三段加热方式(图 2.13(c)),即在二段加热方式的基础上,增加低温预热阶段,然后用最大可能的加热速度进行升温,到达最高加热温度。根据材料性质,有时把其中升温过程分两段进行,全过程共分为四段,如图 2.13(d)所示。

碳素结构钢冷锭(质量大于 8 000 kg)和高合金钢冷锭常采用五段加热方式,如图 2.13(e)所示。即炉温曲线有三个水平段(保温阶段)和两个升温阶段。第一阶段属于装炉保温阶段(预热阶段),炉温一般为 200 ～ 750 ℃,视钢的尺寸和性质而定(高锰钢取 400 ～ 450 ℃,高速工具钢取 450 ～ 600 ℃)。预热的目的是防止因温度应力过大而引起材料开裂。尤其是在 200 ～ 400 ℃,钢可能因蓝脆而发生破坏。第二阶段是升温阶段,通过前面的预热,钢的塑性有所提高,故这时可提高升温速度。第三阶段为 800 ～ 850 ℃,进行保温目的是为了减小前段加热后钢料断面上的温差,减小温度应力,并可缩短坯料在锻造温度下的保温时间。对于有相变的钢种,更需要此阶段的均热保温,以防止产生由组织应力引起的裂纹。第四阶段,因钢的塑性已显著提高,可以用最大速度进行升温。第五阶段为最终加热的保温阶段,目的是减少坯料断面上的温度差和增加热扩散,使钢的组织更均匀,以提高塑性。但是,这一阶段的保温时间不宜过长,否则容易产生过热、过烧等缺陷。对于一些钢种,如铬钢,必须严格控制保温时间。

由以上分析可知,对于断面尺寸较大、导温性较差的材料,往往要采用预热,并规定装料时的炉温,其实质仍是控制坯料的加热速度。

2. 装料时的炉温

如前所述,在低温阶段,钢料温度低、塑性差,很容易由于温度应力过大而引起开裂。对热扩散性差及断面尺寸大的钢料,为了避免直接装入高温炉内的坯料因加热速度过快而开裂,坯料应先装入低温炉中预热,故需要确定坯料装料时的炉温。

装料炉温可按坯料断面最大允许温差$[\Delta t]$(单位:℃)来确定。根据对加热温度应力的理论分析,圆柱体坯料表面与中心的最大允许温差的计算式为

$$[\Delta t]=\frac{1.4[\sigma]}{\beta E} \tag{2.4}$$

式中　$[\sigma]$——许用应力,MPa,可按相应温度下的强度极限计算;

　　　β——线胀系数,1/℃;

　　　E——弹性模量,MPa。

由式(2.4)计算出最大允许温差,再按不同热阻条件下最大允许温差与允许装料炉温的理论计算曲线(图 2.14),便可确定出允许装料炉温。通常上述计算值偏低,因此确定装料炉温还应参考有关经验资料与试验数据。图 2.15 所示为通过实践总结的钢锭装炉温度及在该温度下的保温时间,钢按塑性和导热性高低分组见表 2.3。

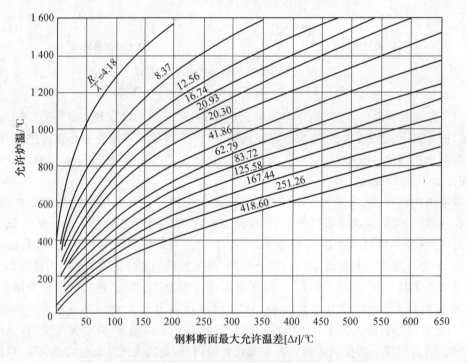

图 2.14　圆柱体坯料允许装炉温度与最大允许温差的关系

$\frac{R}{\lambda}$—热阻(m²·h·℃/J);R—坯料半径;λ—热导率

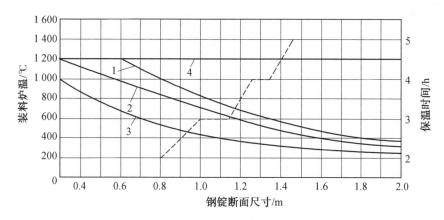

图 2.15 钢锭加热的装炉温度及保温时间

1—Ⅰ组冷锭的装炉温度；2—Ⅱ组冷锭的装炉温度；3—Ⅲ组冷锭的装炉温度；

4—热锭的装炉温度；－－－－在装炉温度下的保温时间

表 2.3 钢按塑性和导热性高低分组

组别	钢的类型	钢号举例	钢的塑性及导热性
Ⅰ	低、中碳素结构钢 部分低合金结构钢	10、15、20、25、30、35、40、45、15Mn、20Mn、25Mn、30Mn 15Cr、20Cr、30Cr、35Cr	较好
Ⅱ	中碳素结构钢 低合金结构钢	50、55、60、65、35Mn、40Mn、45Mn、50Mn、40Cr、45Cr、55Cr 20MnMo、12CrMo、15CrMo、20CrMo、35CrMo、20CrMnTi、 35CrMnSiA	次之
Ⅲ	中合金结构钢 碳素工具钢 合金工具钢 不锈钢	34CrNi1Mo、34CrNi2Mo、34CrNi3Mo、30Cr2MoV 32Cr3WMoV、20Cr3MoWV、20Cr2Mn2Mo T7、T8、T9、T10、T11、T12、 5CrMnMo、5CrNiMo、3Cr2W8V、60CrMnMo、9CrV、9Cr2、 GCr15 12Cr13、20Cr13、30Cr13、40Cr13、12Cr18Ni9	较差

3. 加热速度

加热速度的表示方法有两种：单位时间内金属表面温度升高的度数（单位：℃/h）和单位时间内金属热透的尺寸（单位：mm/min）。

在加热规范中，要区分两种不同的加热速度。一种是技术上可能的加热速度，是指炉子按最大供热能量升温时所能达到的加热速度。它与炉子的结构形式、燃料种类及燃烧情况、坯料的形状尺寸及其在炉内安放方式等有关。另一种是金属允许的加热速度，即在保持其完整性的条件下所允许的加热速度。它主要取决于加热过程中产生的温度应力，而温度应力的大小又与金属的导热性、热容量、线胀系数、力学性能及坯料尺寸等有关。

根据对加热温度应力的理论计算导出，圆柱形坯料允许的加热速度$[c]$（单位：℃/h）

的计算公式为

$$[c] = \frac{5.6a[\sigma]}{\beta ER^2} \qquad (2.5)$$

式中　　a——热扩散率，$\mathrm{m^2/h}$；

　　　　$[\sigma]$——许用应力，MPa，可用相应温度下材料的强度极限计算；

　　　　β——线胀系数，1/℃；

　　　　E——弹性模量，MPa；

　　　　R——圆柱形坯料的半径，m。

　　金属的热扩散率 a（单位：$\mathrm{m^2/s}$）与热导率成正比，与比热容、密度成反比，即

$$a = \frac{\lambda}{c\rho}$$

式中　　λ——热导率，$\mathrm{W/(m \cdot ℃)}$；

　　　　c——比热容，$\mathrm{J/(kg \cdot ℃)}$；

　　　　ρ——密度，$\mathrm{kg/m^3}$。

　　由式（2.5）可以看出，坯料的热扩散率越大，断面尺寸越小，则允许的加热速度越大。反之，则允许的加热速度越小。

　　由于钢材或钢锭有内部缺陷存在，实际允许的加热速度要比计算值低。但是，对于热扩散率高、断面尺寸小的钢料，即使炉子按最大可能的加热速度加热，也很难达到实际允许的加热速度，因此，对于碳素钢和有色金属，当断面尺寸小于 200 mm 时，可以不考虑允许加热速度，可按炉子最大加热速度加热。然而，对于热扩散率低、截面尺寸大的钢料，由于允许的加热速度较小，在低温阶段应按钢料允许的加热速度加热。当炉温为 800 ～ 850 ℃时，可按最大可能的加热速度加热。

　　影响加热速度的主要因素是炉温，确切地说是炉温和金属表面的温度差。炉温越高，温差越大，则金属得到的热量越多，加热速度越快。根据传热学的计算公式，金属在燃料炉内以辐射和对流方式加热时，单位时间得到的热量 Q（单位：W）可按下式计算：

$$Q = C_{折合}\left[\left(\frac{T_炉}{100}\right)^4 - \left(\frac{T_金}{100}\right)^4\right]S_金 + \alpha_{对流}(t_炉 - t_金)S_金 \qquad (2.6)$$

式中　　$C_{折合}$——炉气、炉围和金属的辐射折合系数，$\mathrm{W/(m^2 \cdot K^4)}$，一般为 $C_{折合}=3.5 \sim$ 4；

　　　　$T_炉$——炉内热气体的热力学温度，K，即 $T_炉 = t_炉 + 273$；

　　　　$T_金$——被加热金属的热力学温度，K，即 $T_金 = t_金 + 273$；

　　　　$S_金$——金属受热面积，$\mathrm{m^2}$；

　　　　$\alpha_{对流}$——表面传热系数，$\mathrm{W/(m^2 \cdot ℃)}$，与炉内气体流速成正比；

　　　　$t_炉$——炉内热气体的温度，℃；

　　　　$t_金$——被加热金属的温度，℃。

　　由式（2.6）可以看出，单位时间内金属得到的热量与炉温、金属的原始温度和受热面积、炉子结构、炉气成分及表面传热系数等有关。因此，要提高加热速度可采取如下措施：①提高炉温，采用快速加热；②合理排布炉内金属，使其尽可能达到多面加热；③合理设计炉膛尺寸，特别是炉膛高度，使炉内炉气强烈循环，增加辐射换热和对流换热等。

当坯料表面加热至始锻温度时,炉温和坯料表面的温差称为温度头。生产上常用提高温度头的方法来提高加热速度。

温度头的提高会受加热工艺及设备能力的限制。为使坯料断面上温度均匀,温度头不宜过大。通常对于碳素结构钢及低合金钢的钢锭,断面允许温度差为 $50 \sim 100 ℃$,加热高合金钢的钢锭,断面允许温度差不大于 $40 ℃$。为保证钢料断面上温度差不至过大,对于钢锭,加热时温度头取 $30 \sim 50 ℃$;对于热扩散率较高的轧材取 $40 \sim 80 ℃$,当快速加热时,其温度头高达 $100 \sim 200 ℃$。对于有色合金及高温合金,加热时不允许有温度头,炉温应等于始锻温度,并规定炉温的允许偏差,一般取 $\pm 10 ℃$。

4. 均热保温

通常的保温包括装炉温度下的保温、$800 \sim 850 ℃$ 的保温、加热到锻造温度下的保温(通常均热保温就是对此而言的),如图 2.13(e)所示的三段平台。其目的是消除升温过程中造成的内外温差,达到均匀温度和组织的目的。保温时间过短,达不到目的,过长又降低了生产率,甚至影响锻件质量。

保温时间的长短,要从锻件质量、生产效率等方面综合考虑,特别是始锻温度下的保温时间尤其重要,因此始锻温度下的保温时间规定有最小保温时间和最大保温时间。

最小保温时间是指能够使钢料温差达到规定的均匀程度所需最短的保温时间,具体可参考图 2.16 和图 2.17 确定。如图 2.16 所示,最小保温时间与温度头和坯料直径有关。温度头越大,坯料直径越大时,坯料断面的温差也越大,相应的最小保温时间也越大。

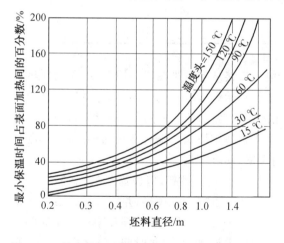

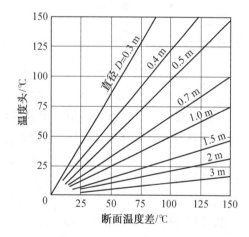

图 2.16　最小保温时间与温度头、坯料直径的关系　　图 2.17　炉温为 1 200 ℃时钢料断面温差与温度头、坯料直径的关系

最大保温时间主要是从生产角度考虑的。如生产中设备出现故障或其他原因等,使坯料不能及时出炉,这样钢料在高温阶段停留时间过久,容易产生过热,因此规定了最大保温时间。当保温时间超过最大保温时间时,应把炉温降到 $700 \sim 850 ℃$,对 GCr15 等易过热的钢种更要注意。钢锭加热的最大保温时间见表 2.4。

表 2.4　钢锭加热的最大保温时间

钢锭质量/t	钢锭尺寸/mm	最大保温时间/h
1.6 ～ 5	386 ～ 604	30
6 ～ 20	647 ～ 960	40
22 ～ 42	1 029 ～ 1 265	50
≥43	≥1 357	60

5.加热时间

加热时间是指坯料装炉后从开始加热到出炉所需要的时间,它是加热各阶段保温时间和升温时间的总和。加热时间可按传热学理论计算,但理论计算较复杂,而且因选取系数不准而伸缩性较大,在生产中很少采用。工厂中常用经验公式、经验数据、试验图线确定加热时间,虽有一定的局限性,但使用方便。

(1)有色金属的加热时间。有色金属在电阻炉中加热时,单位厚度的加热时间见表2.5。

表 2.5　有色金属单位厚度的加热时间

种类	在电阻炉中的加热时间/(min · mm^{-1})
铝合金、镁合金	1.5 ～ 2
铜合金	0.6 ～ 0.7
钛合金	0.5 ～ 1

铝、镁、铜三类合金的导热性都很好,一般可直接从室温加热至始锻温度,无须预热阶段,升温速度不受限制。上述加热时间是指坯料在始锻温度下的保温时间。铝、镁合金尽管导热性好,坯料容易热透,但由于其强化相溶解速度低,为了获得均匀的组织,必须有充分的保温时间。实际上铝、镁合金的加热时间比普通钢要长。铜合金在加热过程中,也有相的转变,但转变速度较高,故所需保温时间比铝、镁合金短。

钛合金在低温时导热性很差,在高温阶段导热性有所提高,但极易与氧、氢发生化学反应而遭污染。根据钛合金这种特性,要求在850 ℃以前进行预热,并按1 min/mm 计算预热时间;在高温阶段需提高加热速度,按0.5 min/mm 计算在始锻温度下的保温时间。

(2)钢材或中小钢坯的加热时间。在半连续炉中加热时,加热时间 τ(单位:h)可按下式计算:

$$\tau = aD \tag{2.7}$$

式中　a——钢料化学成分影响系数,h/cm。碳素结构钢 $a=0.1 \sim 0.15$;合金结构钢 $a=0.15 \sim 0.20$;工具钢和高合金钢 $a=0.3 \sim 0.4$;

　　　D——坯料直径或厚度,cm。

在室式炉中加热时,加热时间可按以下方法确定。

①直径小于200 mm 的钢材加热时间,可按图2.18确定。图2.18中曲线为碳素钢单件坯料在室式炉中的加热时间 $\tau_{碳}$,考虑到装炉方式、坯料尺寸和钢种的影响,查得 $\tau_{碳}$

的值还应乘以相应的系数 k_1、k_2 和 k_3，即 $\tau = k_1 k_2 k_3 \tau_{碳}$（图 2.18 中 k_1 对应的括号内数值为方钢的修正值）。

②直径为 $200 \sim 350$ mm 的钢坯在室式炉中单件放置时的加热时间，可参考表 2.6 中的经验数据确定。表中数据为坯料每 100 mm 直径的平均加热时间。对于多件及短料加热，同样应乘以相应的系数 k_1 和 k_2，如图 2.18 所示的修正系数。

（3）钢锭或大型钢坯的加热时间。冷钢锭或大型钢坯在室式炉中加热到 1 200 ℃ 所需的加热时间 τ（单位：h）可按下式计算：

$$\tau = akD\sqrt{D} \tag{2.8}$$

式中　a——与钢化学成分有关的系数，碳钢 $a = 10$，高碳钢和高合金钢 $a = 20$；

k——装炉方式系数（参考图 2.18 中的 k_1 值）；

D——钢料的直径或厚度，m。

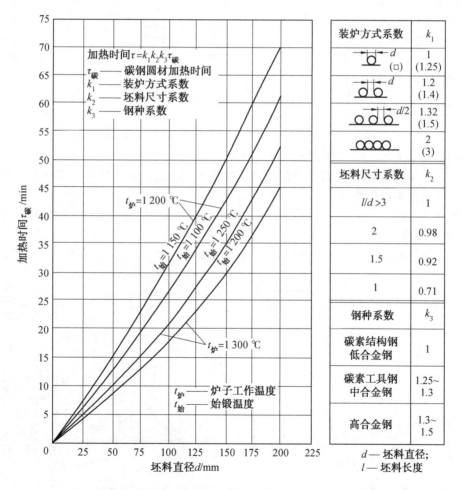

图 2.18　碳素钢坯在室式炉中单个放置时的加热时间

表 2.6 钢坯(直径为 200 ～ 350 mm)的加热时间

钢种	装炉温度/ ℃	每 100 mm 的平均加热时间/h
低碳钢、中碳钢、低合金钢	≤1 250	0.6 ～ 0.77
高碳钢、合金结构钢	≤1 150	1
碳素工具钢、合金工具钢、高合金钢、轴承钢	≤900	1.20 ～ 1.40

式(2.8)的加热时间还可分为 0 ～ 850 ℃与 850 ～ 1 200 ℃两个阶段进行计算。第一阶段的系数为 a_1,碳钢 $a_1 = 5$,高合金钢 $a_1 = 13.3$;第二阶段的系数为 a_2,碳钢 $a_2 = 5$,高合金钢 $a_2 = 6.7$。

由炼钢车间脱模后直接送到锻造车间的钢锭(表面温度不低于 600 ℃)称为热锭。利用热钢锭及热坯进行加热锻造,可以缩短加热时间,节约能源,并可避免低温阶段加热时产生的热应力和开裂。结构钢热钢锭及热钢坯的加热时间,可参考图 2.19 中的曲线确定。

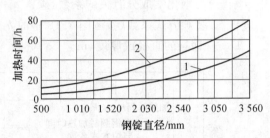

图 2.19 结构钢热钢锭及热钢坯的加热时间
1—加热到锻造温度的时间;
2—加热及在锻造温度下保温的总时间

总之,在制订加热规范时,应以坯料的类型、钢种、断面尺寸、组织特点、有关性能等为依据,参考有关资料和手册。首先确定始锻温度,再确定加热工艺参数(装炉温度、加热速度、保温时间、加热时间等),绘制出加热曲线。

图 2.20 为实际生产采用的质量为 19.5 t 20MnMo 冷锭加热规范。按此加热规范加热时,各种温度的实测曲线如图 2.21 所示。在加热的低温阶段断面温差不大,而且最大温差出现在锭温 600 ℃以上,这时钢锭已具有一定的塑性,温度应力也不会造成开裂。

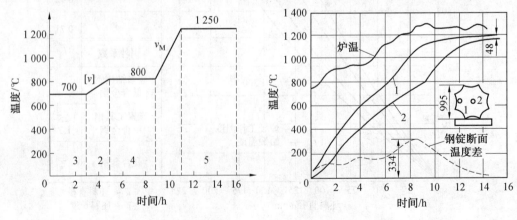

图 2.20 19.5 t 20MnMo 冷锭的加热规范　　图 2.21 19.5 t 20MnMo 冷锭的加热试验的实测曲线
1—钢锭的表面温度;2—钢锭的中心温度

2.4 锻件的冷却

普通钢料的小型锻件锻完后在地面自然冷却即可,但对合金钢锻件、钛合金锻件以及大型锻件这样做就会产生一系列缺陷,甚至报废。因此,了解锻件冷却过程的特点及其缺陷形成的原因,对于选择冷却方法、制订冷却规范是非常必要的。

1. 锻件冷却时常见缺陷及其产生原因

(1)裂纹。坯料加热时由于残余应力、温度应力、组织应力的总和超过材料的强度极限而形成裂纹。同样,锻件在冷却过程中也会引起温度应力、组织应力以及残余应力而有可能形成冷却裂纹。

①温度应力。冷却初期,锻件表层温度明显降低,体积收缩较大;而心部温度较高,收缩较小。表层收缩趋势受心部阻碍,在表层产生拉应力,心部则产生与其相平衡的压应力。但这时由于心部温度仍较高,变形抗力小,且塑性较好,还可以产生微量塑性变形,温度应力得以松弛。到了冷却后期,锻件表面温度已接近室温,基本上不再收缩,这时表层反而阻碍心部继续收缩,导致温度应力符号发生改变,即心部由压应力转为拉应力,而表层由拉应力转为压应力。

应注意到,对于抗力大、难变形的金属,在冷却初期表层产生的拉应力可能得不到松弛,就是冷却后期尽管心部收缩对表层产生附加压应力,但也只能使表层初期产生的拉应力有所降低,而不会使应力符号发生改变,即表层仍为拉应力,心部为压应力。因此,硬质材料锻后冷却时容易产生外部裂纹,软钢锻件冷却时可能出现内部裂纹。

冷却温度应力和加热温度应力一样,是三向应力状态,最大的也是轴向应力。锻件冷却温度应力(轴向)的变化与分布如图 2.22 所示。

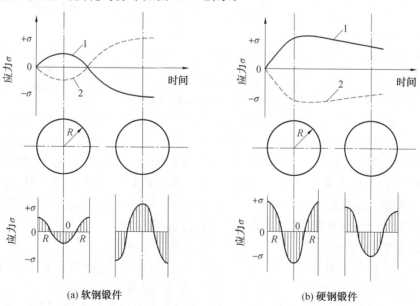

(a) 软钢锻件　　(b) 硬钢锻件

图 2.22　锻件冷却过程中温度应力(轴向)变化和分布示意图

1—表层应力;2—心部应力

②组织应力。锻件在冷却过程中如有相变发生,由于相变前后组织的比体积不同,而且转变是在一定温度范围内完成的,故在相之间产生组织应力。当锻件表里冷却速度不一致时,这种组织应力更为明显。例如钢,奥氏体的比体积为 $0.120 \sim 0.125 \ \mathrm{cm^3/g}$,马氏体的比体积为 $0.127 \sim 0.131 \ \mathrm{cm^3/g}$,如锻件在冷却过程中有马氏体转变,则随着温度降低,表层先进行马氏体转变。由于马氏体的比体积大于奥氏体的比体积,这时所引起的组织应力为,表层是压应力,心部是拉应力。但这时心部温度较高,处于塑性良好的奥氏体区,通过局部塑性变形,使组织应力得到松弛。随着锻件继续冷却,心部也发生马氏体转变。这时产生的组织应力为,心部是压应力,表层是拉应力,应力不断增大,直到马氏体转变结束为止。

冷却组织应力也和加热组织应力一样是三向应力,且切向应力最大,这是引起表面纵向裂纹的主要原因。锻件冷却组织应力(切向)的变化与分布如图 2.23 所示。

③残余应力。锻件在成形过程中,由于变形不均匀所引起的附加应力,如未能及时通过再结晶软化将其消除,锻后便成为残余应力而保持下来,变形情况不同,残余应力在锻件内部的分布也不一样,其中的拉应力可能出现在锻件表层或心部。

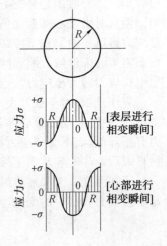

总之,锻件在冷却过程中,如果冷却方法不当,各种应力的叠加有可能导致产生裂纹。若不足以形成裂纹,也会以残余应力的形式保留下来,给后续热处理增加不利因素。

(2)网状碳化物。过共析钢和轴承钢如果终锻温度较高,且在 $Ar_{cm} \rightarrow Ar_1$ 区间缓冷时,沿奥氏体晶界就会形成网状碳化物,使锻件冲击韧度下降,热处理淬火时也会引起龟裂。

奥氏体不锈钢(如 12Cr18Ni9 等)在 $800 \sim 550 \ ℃$ 温度区间缓冷时,将有大量含铬的碳化物沿晶界析出,形成网状碳化物,使晶界产生贫铬现象,降低晶间抗腐蚀能力。

图 2.23　锻件冷却过程中组织应力(切向)的变化和分布示意图

(3)石状断口。产生过热的钢材,晶界上原有块状的第二相物质(如 MnS、AlN、TiN 等)大量固溶于基体,使奥氏体晶粒急剧长大,如锻造未能细化晶粒,则在冷却时第二相物质以颗粒状或薄片状沿奥氏体晶界析出,引起晶界弱化,使材料的冲击韧度急剧下降。它的断口常常呈现石状故取名石状断口。为避免产生这种缺陷,除了控制加热温度和塑性变形程度以外,在锻后冷却过程中应采用较快或较慢的冷却速度。因为冷却速度很大时,第二相可能来不及沿晶界析出;反之,冷却速度非常缓慢时,则第二相聚集成大颗粒状,对晶界的弱化作用也减小。

2. 锻件的冷却方法

按冷却速度不同,锻件的冷却方法有三种:在空气中冷却,冷却速度较快;在干燥的灰、砂坑内冷却,冷却速度较慢;在炉内冷却,冷却速度最慢。

(1)在空气中冷却。锻件锻后单件或成堆直接放在车间地面上进行冷却,但不能放在潮湿地面或金属板上,也不要放在有穿堂风的地方,以免冷却不均或局部急冷引起裂纹。

(2)在干燥的灰、砂坑内(箱内)冷却。一般钢件入砂的温度不应低于 $500 \ ℃$,钢件周围灰、砂厚度不少于 80 mm。

（3）在炉内冷却。锻件锻后直接放入炉内冷却，钢件入炉温度不应低于 650 ℃，炉温与入炉锻件温度相当。由于炉冷可通过炉温调节来控制锻件的冷却速度，因此适用于高合金钢、特殊合金锻件及大型锻件的锻后冷却。

3. 锻件的冷却规范

制订锻件的冷却规范，关键在于确定合适的冷却速度，即根据锻件的材料性质、形状尺寸和锻造变形情况等因素选择适当的冷却方法。一般来说，合金化程度较低、断面尺寸较小、形状比较简单的锻件，锻后可以在空气中冷却；反之则需缓慢冷却或分阶段冷却。通常，用轧材锻制的锻件在锻后的冷却速度允许比用锭料锻成的锻件在锻后的冷却速度快。

对于碳的质量分数较高的钢（如碳素工具钢、合金工具钢及轴承钢），为避免锻后最初冷却阶段沿晶界析出网状碳化物，这时应先空冷或鼓风、喷雾快速冷却至 700 ℃，然后再把锻件放入灰、砂中或炉内缓慢冷却。

对于奥氏体不锈钢，在 800 ~ 550 ℃ 温度区间应快速冷却，以避免网状碳化物析出。铁素体类钢在 475 ℃ 具有回火脆性，也要求快速冷却。通常这两类钢均采用空冷方法。

对于在空冷中容易产生马氏体相变的钢（如高速钢 W18Cr4V、W9Mo3Cr4V；不锈钢 12Cr13、20Cr13、40Cr13、95Cr18、14Cr17Ni2；高合金工具钢 3Cr2W8V、Cr12 等），为避免产生裂纹，锻后必须缓慢冷却。

对于高温合金，由于其再结晶速度较缓慢，只有在更高的温度和适当的变形程度下，再结晶才能与变形同时完成。因此，锻后常利用锻件余热使之缓慢冷却。对于一些中小型锻件，常采用堆放空冷方法。镍基高温合金再结晶温度更高，再结晶速度更慢。为了得到具有完全再结晶的锻件，可将锻后锻件及时放入高于合金再结晶温度（50 ~ 100 ℃）的炉中保温 5~7 min，然后取出空冷。

对于铝合金和镁合金，其导热性较好，锻后通常在空气中冷却，有时直接用水冷却。

对于钛合金，因其变形抗力大，导热性也很差，如锻后冷却太快，很容易产生裂纹，故锻后应缓慢冷却，一般应在砂中或石棉灰中冷却。

在锻造过程中，如因故停工需中间冷却时，也按锻件最终冷却规范处理。

2.5 锻件的热处理

锻件在机械加工前的热处理称为毛坯热处理或预备热处理，通常在锻工车间进行。锻件在机械加工后的热处理称为零件热处理或最终热处理，在热处理车间进行。对于在调质状态下使用的零件，一般只需进行锻后热处理，即机械加工前的热处理。

锻件热处理的目的是：调整锻件硬度，以利于切削加工；消除锻件内应力，以免在切削加工后产生变形；改善锻件内部组织，细化晶粒，为最终热处理做好组织准备。

锻件常用的热处理方法有：退火、正火、调质、淬火与低温回火、淬火与时效等。

1. 退火

锻件退火工艺有完全退火、球化退火、低温退火和等温退火等多种形式，须根据锻件材质和变形情况来选定。

亚共析钢的中碳钢锻件,通常采用完全退火,加热至 Ac_3 线以上 30 ～ 50 ℃,经保温后随炉冷却,得到近似平衡状态的组织。

共析钢和过共析钢锻件采用球化退火,加热到 Ac_1 线以上 10 ～ 20 ℃,经较长时间保温后随炉缓慢冷却,得到球状的珠光体组织。退火前,锻件若具有网状碳化物,则应先进行正火,然后再进行球化退火。

低温退火也称为去应力退火,其目的是去除锻造过程引起的残余内应力。钢的去应力退火温度不超过 Ac_1 线,一般在 500 ～ 650 ℃。去应力退火过程未发生相变。

等温退火是将锻件加热至 Ac_3 线以上 20 ～ 30 ℃,保温一段时间,然后急冷到 Ar_1 线以下某一温度(即等温转变图中所示的奥氏体最不稳定的温度区域)再经适当保温,然后空冷或随炉冷却。等温退火的目的与完全退火或球化退火相同,但可以缩短退火时间,而且有利于除氢,消除白点。

锻件在退火的过程中,由于有重结晶作用,可使晶粒细化,组织结构得到改善,残余应力也得到消除,硬度降低,塑性提高,为其后机械加工和最终热处理创造有利条件。

2. 正火

钢件正火是加热到 GSE 线以上 50 ～ 70 ℃,通过重结晶成为单一奥氏体,经适当保温后空冷。正火后钢的晶粒细化,残余应力也得到消除,但在空冷过程中,可能产生内应力,而且钢的硬度比退火状态为高。为了降低锻件硬度,还应进行高温回火。一般回火温度为 560 ～ 660 ℃。正火的生产周期比退火短,操作比较简单。结构钢锻件多采用正火代替退火。

3. 淬火、回火

淬火是为了获得不平衡组织,以提高强度和硬度。将钢锻件加热到 Ac_3 线以上 30 ～ 50 ℃(亚共析钢)或 Ac_1 线和 Ac_{cm} 线之间(过共析钢),进行保温后急冷。

回火是为了消除淬火应力,获得较稳定的组织,将锻件加热到 Ac_1 线以下某一温度,保温一定时间,然后空冷或快冷。

碳的质量分数小于 0.15% 的低碳钢锻件,只进行淬火;而碳的质量分数为 0.15% ～ 0.25% 的低碳钢,淬火后须经低温回火,回火温度为 260 ～ 420 ℃。这类钢也可用正火代替淬火、回火。这些钢碳的质量分数低,若采用退火,由于硬度过低不易获得光洁的加工表面,故采用淬火适当提高硬度,以改善切削加工性能。

钢件淬火后并经高温回火称为调质。调质是为使钢具有良好的综合力学性能,适用于碳的质量分数为 0.35% ～ 0.5% 的中碳钢和低合金钢锻件。

4. 淬火与时效

高温合金和能够通过热处理强化的铝合金、镁合金,在锻后常采用淬火、时效处理。其中淬火是把合金加热到适当温度,经充分保温,使合金中某些组成物溶到基体中去形成均匀的固溶体,然后迅速冷却,成为过饱和固溶体,故又称为固溶处理。其目的是改善合金的塑性和韧性,并为进一步时效处理做好组织准备。时效处理是把过饱和固溶体或经冷加工变形后合金置于室温或加热到某一定温度,保温一段时间,使先前溶解于基体内的物质,均匀弥散地析出。时效处理的目的是提高合金的强度和硬度。

上述各种碳钢锻件热处理的加热温度范围,如图 2.24 所示。

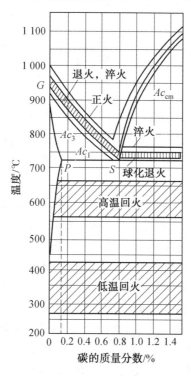

图 2.24　各种锻件热处理加热温度范围示意图

思考题与习题

1. 钢锭的内部缺陷主要集中在什么部分? 如何消除这些缺陷?

2. 钢锭锭身为什么带有锥度(上大下小)? 锭身截面为什么是多角形?

3. 型材的常见缺陷有哪些? 这些缺陷对锻件质量有何影响?

4. 冷剪切和热剪切下料分别适用于什么情况?

5. 怎样提高剪切下料的质量?

6. 锻前加热的目的是什么? 加热方法有哪些? 加热原理及加热方法的选择原则是什么?

7. 金属在加热时产生的缺陷有哪些? 在加热工艺上采用哪些防止措施?

8. 加热规范的制订包括哪些内容? 制订加热规范的原则是什么?

9. 如何确定装炉温度、加热速度? 均热保温的目的是什么?

10. 锻后冷却常见缺陷和防止措施是什么?

11. 锻件热处理的目的是什么?

第3章 自由锻造工艺

利用简单的通用性工具,或在锻压设备上、下砧块之间,使坯料在冲击力或静压力作用下产生塑性变形来获得所需几何形状及性能的锻件的成形方法称为自由锻造,简称自由锻。自由锻时,金属在变形过程中只有部分表面受工具限制,其余表面为自由变形。

根据动力来源不同,自由锻可分为手工锻造和机器锻造两种,目前采用最多的是机器锻造。

自由锻根据其所使用的设备类型不同,可分为锻锤自由锻和水压机自由锻两种。前者靠锻锤锤头落下产生的冲击力使金属变形,适用于中、小型自由锻件的生产;后者靠产生静压力使金属坯料变形,适用于锻造大型自由锻件。

由于自由锻所用工具简单、通用性强、灵活性大,因此适合单件和小批量锻件的生产。自由锻件是由坯料逐步变形而成的,由于工具只与坯料部分表面接触,故所需设备吨位比模锻要小得多,所以自由锻也适用于锻造大型锻件。由于自由锻造是靠人工操作来控制锻件的形状和尺寸的,所以锻件精度低、加工余量大、劳动强度大、生产率低等。

自由锻工艺所研究的内容是锻件的成形规律和提高锻件质量的方法两个方面。

自由锻所用原材料为初锻坯、热轧坯、冷轧坯、铸锭坯等。对于碳钢和低合金钢的中、小型锻件,原材料大多是经锻、轧后质量较好的钢材,在锻造时主要是成形问题。而对于大型锻件和高合金钢锻件,一般是以内部组织较差的钢锭为原材料,锻造时的关键是质量问题。

3.1 自由锻工序及锻件的分类

3.1.1 自由锻工序的分类

自由锻件是通过一系列变形工序逐步改变坯料的形状和尺寸而锻成的。自由锻工艺的变形工序一般可分为基本工序、辅助工序和修整工序三类。

基本工序是指能够较大幅度改变坯料形状和尺寸的工序,也是自由锻工艺的主要变形工序,如镦粗、拔长、冲孔、扩孔、弯曲、错移、扭转、切割和锻接等。

辅助工序是为了配合基本工序使坯料预先变形的工序,如钢锭倒棱、预压钳把、分段压痕等工序。

修整工序安排在基本工序之后,用来修整锻件尺寸和形状,如校正翘曲、滚平鼓形和平整端面等工序。

3.1.2 自由锻件的分类

自由锻是一种通用性很强的工艺,可以锻造多种多样的锻件,而各种锻件的大小、形

状差异很大,为了便于工艺分析、制订工艺规程和组织生产,按照锻件的形状特征、变形过程等锻造工艺特点将自由锻件分为七类:

第Ⅰ类,轴对称类锻件。这类锻件轴向尺寸远大于横截面尺寸,包括等截面的和有台阶的实心圆柱体锻件,如各种传动轴、推力轴、机车轴、立柱,其他如螺栓、铆钉等也属于这一类,如图 3.1(a)所示。

第Ⅱ类,矩形断面类锻件。这类锻件包括各种实心的矩形断面锻件,如方杆、砧块、锤头、模块、方铁、各类连杆、摇杆、杠杆等,如图 3.1(b)所示。

第Ⅲ类,圆断面异轴类锻件。这类锻件为实心长轴,锻件不仅沿轴线有截面形状和面积变化,而且轴线有多方向弯曲,包括各种偏心轴、曲轴和曲柄轴,如图 3.1(c)所示。

第Ⅳ类,盘饼类锻件。这类锻件外形横向尺寸大于高度尺寸,或两者相近,包括各种带孔和不带孔的盘形锻件,如圆盘、凸缘盘、汽轮机叶轮、齿轮等,如图 3.1(d)所示。

第Ⅴ类,空心类锻件。这类锻件有中心通孔,一般为圆周等壁厚锻件,轴向可有台阶变化,如圆环、空心容器、圆筒、炮筒、汽缸、空心轴等,如图 3.1(e)所示。

第Ⅵ类,弯曲类锻件。这类锻件具有弯曲的轴线,一般为一处弯曲或多处弯曲,沿弯曲轴线,截面可以是等截面,也可以是变截面。弯曲可以是对称和非对称弯曲,如各种吊钩、弯杆、铁锚、船尾架、船架等,如图 3.1(f)所示。

第Ⅶ类,复杂形状锻件。这类锻件是除了上述六类锻件以外的其他形状锻件,也可以是由上述六类锻件的特征所组成的复杂锻件,如高压容器的封头、十字头、羊角、吊环螺钉等,如图 3.1(g)所示。

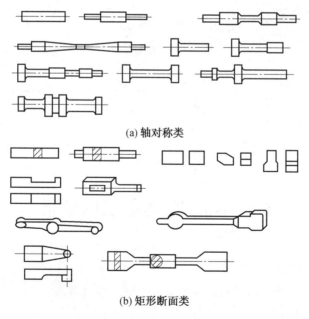

(a) 轴对称类

(b) 矩形断面类

图 3.1　自由锻件分类图

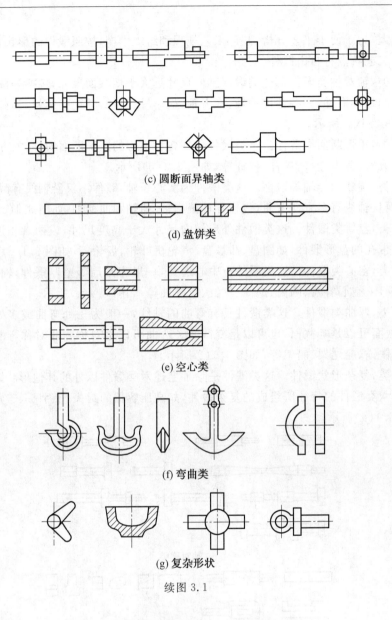

(c) 圆断面异轴类

(d) 盘饼类

(e) 空心类

(f) 弯曲类

(g) 复杂形状

续图 3.1

3.2　自由锻基本工序分析

3.2.1　镦粗

使坯料高度减小,横截面面积增大的锻造工序称为镦粗。

镦粗工序是自由锻最基本的工序之一,其目的是:

①由横截面面积较小的坯料得到横截面面积较大而高度较小的锻件或中间坯料;

②冲孔前增大坯料的横截面面积和平整坯料端面;

③提高锻件的横向力学性能以减小力学性能的异向性;

④反复镦粗和拔长,可提高坯料的锻造比,并破碎粗大碳化物,使其均布。

镦粗的主要方法有平砧镦粗、局部镦粗和垫环镦粗,如图 3.2 所示。在上、下平砧之间或平板间沿整个坯料高度进行的压制称为平砧镦粗,也称为整体镦粗(图 3.2(a))。坯料只是在局部长度进行镦粗(图 3.2(b)),称为局部镦粗。坯料在垫环上进行的镦粗称为垫环镦粗(图 3.2(c))。由于锻件凸肩直径和高度比较小,采用的坯料直径要大于环孔直径,因此,垫环镦粗变形的实质属于镦挤。

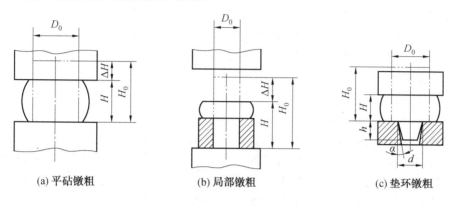

(a) 平砧镦粗　　　　　(b) 局部镦粗　　　　　(c) 垫环镦粗

图 3.2　镦粗

本节主要讨论圆柱体坯料在平砧上镦粗时的变形流动规律及质量控制问题。

1. 平砧镦粗的变形流动特点和质量控制

(1)平砧镦粗的变形流动特点。

圆柱体坯料镦粗时,金属的变形流动情况与坯料的高径比有关。坯料高径比 H_0/D_0 = 0.8 ~ 2.0 时,坯料在下砧和锤头之间镦粗,随着高度的减小,金属自由地向四周流动,金属的变形是不均匀的,外观呈鼓形,即两端直径小,中间直径大。通过采用对称面网格法的镦粗试验,可以看到网格的变形情况,如图 3.3 所示,可以看出镦粗时坯料内部的变形是不均匀的。

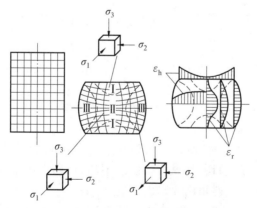

图 3.3　镦粗时按变形程度分区和各区的应力应变状态

Ⅰ—难变形区;Ⅱ—大变形区;Ⅲ—小变形区

σ_1—切向应力;σ_2—径向应力;σ_3—轴向应力;ε_h—高度变形程度;ε_r—径向变形程度

根据镦粗后网格的变形程度大小,沿坯料对称面可分为三个变形区。第Ⅰ区变形程

度最小,第Ⅱ区变形程度最大,第Ⅲ区变形程度居中。在常温下镦粗时产生这种变形不均匀的原因主要是工具与坯料端面之间摩擦力的影响,摩擦力使金属变形困难,使变形所需的单位压力增高。从高度方向看,中间部分(Ⅱ区)受到的摩擦影响小,上、下两端(Ⅰ区)受到的影响大。在接触面上,由于中心处的金属流动还受到外层的阻碍,故越靠近中心部分受到的摩擦阻力越大(即 $|\sigma_2|$、$|\sigma_3|$ 大),变形越困难。由于这样的受力情况,所形成的近似锥形的第Ⅰ区比第Ⅱ区变形困难,一般称为困难变形区。

在平板间热镦粗坯料时,产生变形不均的原因除工具与坯料接触面的摩擦影响外,温度不均也是一个很重要的因素。与工具接触的上、下端金属(Ⅰ区)由于温度降低快,变形抗力大,故较中间处(Ⅱ区)的金属变形困难。

坯料高径比 $H_0/D_0 \approx 3$ 时,镦粗时变形也是不均匀的,常常产生双鼓形(图 3.4),上部和下部变形大,中部变形小。

双鼓形的形成是由其应力场决定的。由于摩擦等因素的影响,与工具接触的上、下端金属为困难变形区(图 3.5(a)),镦粗时难变形区如同移动的锥体,对处于其外侧的金属环(图 3.5(b))有扩张作用,该环处于径向受压、切向受拉的应力状态(图 3.5(c)),由于受异向应力作用,上、下端外圈金属较坯料中部易于满足塑性条件,优先进行塑性变形,因此导致双鼓形的形成。

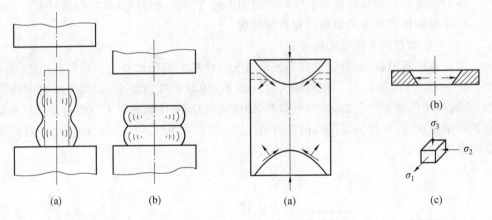

图 3.4　双鼓形的形成示意图　　　　图 3.5　较高坯料镦粗时的受力情况

在锤上镦粗时,尤其每次的锤击力不大时,打击能量首先被上、下两端金属的塑性变形所吸收,故更易产生双鼓形。

坯料高径比 $H_0/D_0 > 3$ 时,镦粗时坯料易产生纵向弯曲,尤其当坯料端面与轴线不垂直,或坯料已经弯曲,或坯料各处温度和性能不均,或砧面不平整时更容易弯曲。弯曲的坯料如不及时校正而继续镦粗则要产生折叠。

坯料高径比 $H_0/D_0 \le 0.5$ 时,镦粗时坯料按变形程度大小也可分为三个区,但由于相对高度较小,内部各处的变形条件相差不太大,与工具接触的上、下端金属(Ⅰ区)也产生一定程度的变形,内部变形较均匀,鼓形程度也较小。

(2)平砧镦粗的质量控制。

坯料镦粗时的主要质量问题有:低塑性坯料镦粗时在侧表面易产生纵向或呈45°方

向的裂纹;锭料镦粗后上、下端常保留铸态组织;高坯料镦粗时常由于失稳而弯曲,并可能发展成折叠等。

坯料镦粗时(图 3.3),靠近端部的第 Ⅰ 区金属的变形程度小且温度低,故锭料镦粗时此区铸态组织不易破碎和再结晶,锻后仍保留粗大的铸态组织;而处于锭料中心的第 Ⅱ 区由于变形程度大且温度高,铸态组织被破碎和再结晶充分,从而形成细小晶粒的锻态组织,并且锭料中心的原有孔隙也被焊合。

由于第 Ⅱ 区金属变形程度大,第 Ⅲ 区变形程度小,于是第 Ⅱ 区金属向外流动时便对第 Ⅲ 区金属施加压应力,并使其在切向受拉应力。越靠近坯料表面切向拉应力越大,当切向拉应力超过材料当时的强度极限或切向变形超过材料允许的变形程度时,就造成纵向裂纹。坯料镦粗时轴向虽受压应力,但与轴线成 45°方向有最大剪应力。因此,低塑性材料由于抗剪切的能力弱,镦粗时常在侧表面产生 45°方向的裂纹。

由此可见,由于存在摩擦和温降,镦粗时坯料的变形是不均匀的,难变形区内晶粒粗大、侧表面开裂。为了防止侧表面开裂和保证内部组织均匀,应改善摩擦条件、防止温降过快或采取适当的变形方法。在锻造过程中通常采取以下措施:

①使用润滑剂和预热工具。通常使用石墨粉和玻璃粉等作为低塑性材料镦粗时的润滑剂,以减小摩擦系数,改善变形的不均匀性,降低附加拉应力,避免出现侧表面裂纹。为防止变形金属很快冷却,镦粗用的工具均应预热至 200 ～ 300 ℃。

②采用凹形毛坯。镦粗低塑性材料的大型锻件时,为避免侧表面出现裂纹,可在镦粗前将坯料压成侧凹形(图 3.6(a))。凹形坯料镦粗时沿径向有压应力分量产生(图 3.6(b)、(c)),对侧表面的纵向开裂起阻止作用。

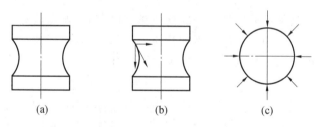

图 3.6 凹形坯料镦粗时的受力情况

③采用软金属垫。在工具和坯料之间加软金属热垫(图 3.7(a)),垫板温度不低于坯料温度,垫板一般采用低碳钢材料。因热垫变形抗力低,易于变形流动,故先变形并拉动坯料端部沿径向流动,导致坯料侧面内凹(图 3.7(b));当继续镦粗时,软垫横截面面积增大,厚度变薄,温度降低,变形抗力增大,而此时坯料明显地镦粗,侧面内凹消失,呈现圆柱形(图 3.7(c));再继续镦粗时,鼓形度很小(图 3.7(d)),从而获得较大的变形量。

由于镦粗过程中坯料侧面出现内凹,沿侧表面有径向压应力分量产生,因此产生裂纹的倾向降低。并且由于坯料上、下端不再是难变形区,故铸态组织不再保留。

④采用铆镦、叠镦和套环内镦粗。铆镦是预先将坯料端部局部成形,再重击镦粗把内凹部分镦出,然后镦成圆柱形。对于小坯料可先将坯料斜放、轻击、旋转打棱成如图 3.8 所示的形状;对于较大的坯料可先用撮铁撮成如图 3.9 所示的形状。

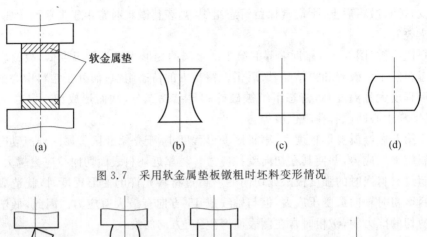

软金属垫

(a)　　　　　　(b)　　　　　　(c)　　　　　　(d)

图 3.7　采用软金属垫板镦粗时坯料变形情况

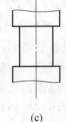 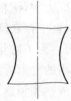

(a)　　　　(b)　　　　(c)

图 3.8　铆镦　　　　　　图 3.9　用擀铁成形后的毛坯

　　叠镦主要用于薄的圆盘锻件,可将两件叠起来镦粗,形成鼓形(图 3.10(a)),然后将两件分别翻转 180°对叠(图 3.10(b)),继续镦粗到所需尺寸。叠镦不仅可减小鼓形,而且显著地降低变形抗力。

　　套环内镦粗是在坯料的外圈加一个碳钢外套(图 3.11),镦粗时靠套环的径向压应力来减小由于坯料变形不均匀而引起的附加拉应力,可防止表面开裂,镦粗后将外套去掉。这种方法主要用于镦粗低塑性的高合金钢等贵重材料。

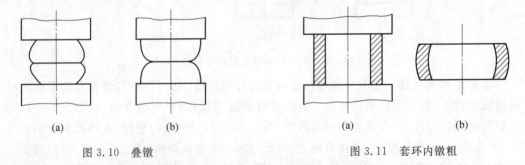

(a)　　　　　　(b)　　　　　　(a)　　　　(b)

图 3.10　叠镦　　　　　　　　图 3.11　套环内镦粗

　　⑤采用反复镦粗拔长的锻造工艺。反复镦粗拔长工艺有单向(轴向)反复镦拔、十字反复镦拔、双十字反复镦拔等多种变形方法。其共同点是使镦粗时困难变形区在拔长时受到变形,使整个坯料各处变形都比较均匀。这种锻造工艺在锻造高速工具钢、Cr12 型模具钢、铝合金和钛合金时应用较广。

2. 镦粗时的注意事项

(1)为防止镦粗时产生纵向弯曲,圆柱体坯料镦粗部分的高度与直径之比应小于2.5。

平行六面体坯料的高度和较小基边之比应小于 3.5。

镦粗前坯料端面应平整,并与轴线垂直。坯料镦粗前加热温度应均匀,镦粗过程中要把坯料围绕它的轴线不断地均匀转动,及时校直弯曲的坯料。

(2)镦粗时每次压缩量应小于材料塑性允许的范围。如果镦粗后需要拔长,应考虑到拔长的可能性,即镦粗后的坯料高度不要太小。当坯料温度低于终锻温度时,禁止进行镦粗。

(3)对有皮下缺陷的锭料,镦粗前要进行倒棱制坯,其目的是焊合皮下缺陷,使镦粗时侧表面不产生裂纹,同时也去掉钢锭的棱边和锥度。

(4)为减小镦粗变形力,坯料应加热至该种材料所允许的最高温度。

(5)镦粗时坯料高度应与设备行程相适应。例如,在锤上镦粗时,为使锤头有一定的冲击距离,应使

$$S - H_0 > 0.25S$$

式中 S ——锤头的最大行程;

H_0 ——坯料的原始高度。

3.2.2 拔长

使坯料横截面面积减小而长度增加的锻造工序称为拔长。

按坯料截面形状不同分为矩形截面坯料的拔长、圆截面坯料的拔长和空心坯料的拔长(芯轴拔长)三类。

1. 矩形截面坯料的拔长

矩形截面坯料的拔长如图 3.12 所示。拔长时坯料的变形和流动与镦粗相近,但又区别于自由镦粗,因为它是在两端带有不变形金属的镦粗。这时,变形金属的变形和流动除了受工具的影响外,还受其两端不变形金属的影响。对拔长时宏观尺寸变化可作如下分析。

矩形截面坯料拔长时,当相对送进量(送进长度 l 与宽度 a 之比,即 l/a,也称进料比)较小时,金属多沿轴向流动,轴向的变形程度 ε_l 较大,横向的变形程度 ε_a 较小;随着 l/a 的不断增大,ε_l 逐渐减小,ε_a 逐渐增大。ε_l 和 ε_a 随 l/a 变化的情况如图 3.13 所示。

由图 3.13 可以看出,在 $l/a = 1$ 处,$\varepsilon_l > \varepsilon_a$,即拔长时沿轴向流动的金属量多于沿横向流动的金属量。而在自由镦粗时沿轴向和横向流动的金属量相等。这是由于拔长时两端不变形金属的影响造成的,它阻止了变形区金属横向的变形和流动。

(1)矩形截面坯料拔长时的生产率。

拔长工序所需的时间主要取决于总的压缩(或送进)次数 N,总的压缩次数等于沿坯料长度上各遍压缩所需送进次数的总和,再加上为了修正锻件所需要的压缩次数。总的压缩次数与每次压缩的变形程度及进料比等有关。

①相对压缩程度 ε_n 的确定。相对压缩程度 ε_n 大时,压缩所需的遍数和总的压缩次数可以减少,故生产率高。但在实际生产中 ε_n 常受到材料塑性和失稳弯曲的限制。如果金

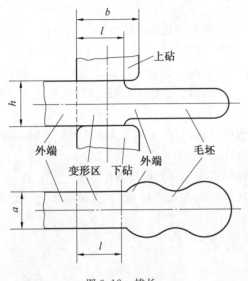

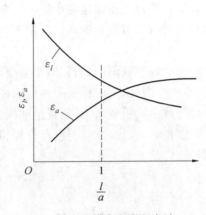

图 3.12 拔长

图 3.13 轴向和横向变形程度随
相对送进量变化的情况

属的塑性较差,ε_n 应按金属塑性所允许的数值确定;如果金属的塑性好,每次的变形程度可以大些,但是每次压缩后应保证宽度 a_n 与高度 h_n 之比 $a_n/h_n < 2.5$,否则翻转 90° 再压时坯料可能失稳弯曲。

②进料比(l_{n-1}/a_{n-1})的确定。矩形截面坯料在平砧间拔长时,金属流动始终受最小阻力定律支配。进料比(l_{n-1}/a_{n-1})小时,金属沿轴向流动多(ε_l 大),即在同样的相对压缩程度 ε_n 下,横截面减小的程度大,可以减少所需的压缩遍数。但进料比太小时,送进次数增多,因此,为了提高拔长效率,实际生产中送进量常取 $l = (0.4 \sim 0.8)b$,其中 b 为平砧宽度。

(2)矩形截面坯料拔长时的质量控制。

在平砧上拔长锭料和低塑性材料(如高速工具钢等)的钢坯时,主要质量问题有:在坯料外部常产生表面的横向裂纹和角裂(图 3.14(a)、(b));在内部常产生组织和性能不均匀;在内部常产生对角线裂纹(图 3.14(c))和内部横向裂纹(图 3.14(d))等;可能产生表面折叠、端面内凹和倒角时的对角线裂纹等。

拔长时影响锻件质量的主要因素有送进量、压下量、砧面与坯料的形状、锤击的轻重与操作方法及坯料的加热温度等。

①表面横向裂纹和角裂。通过网格法拔长试验可以证明,矩形截面坯料拔长时的送进量和压下量对质量有很大影响。其内部的变形情况与镦粗很相似,所不同的是拔长有外端影响。当送进量较大($l > 0.5h$)时,轴心部分变形大,处于三向压应力状态,有利于焊合坯料内部的孔隙、疏松,而侧表面(确切地说应是切向)受拉应力。当送进量过大($l > h$)和压下量(Δh)也很大时,此处可能因展宽过多而产生较大的拉应力引起开裂(犹如镦粗时那样)。但是,拔长时由于受两端未变形部分(或称为外端)的牵制,变形区内的变形分布与镦粗时相比也有一些差异,表现在每次压缩时沿接触面 $A—A$(图 3.15(a))也有较大的变形,由于工具摩擦的影响,该接触面中间变形小,两端变形大,其总变形程度与

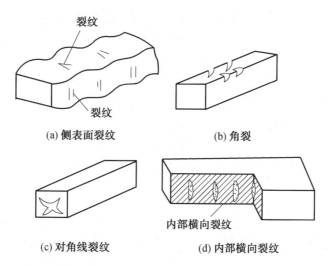

(a) 侧表面裂纹   (b) 角裂

(c) 对角线裂纹   (d) 内部横向裂纹

图 3.14 矩形截面坯料拔长时产生的裂纹

沿 O—O 面相同。

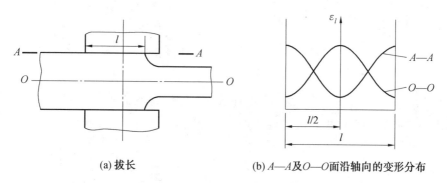

(a) 拔长   (b) A—A 及 O—O 面沿轴向的变形分布

图 3.15 拔长时的变形分布

图 3.15(b) 所示为一次压缩后 A—A 及 O—O 面沿轴向的变形分布。但是,沿接触面 A—A 及其附近的金属主要是由于轴心区金属的变形而被拉长的,因此在压缩过程中一直受到拉应力,与外端接近的部分受拉应力最大,变形也最大,因而常易在此处产生表面横向裂纹。

由上述分析表明,拔长时,外端的存在加剧了轴向的附加拉应力。尤其在坯料边角部分,由于冷却较快,塑性降低,更易开裂。高合金工具钢和某些耐热合金拔长时,常易产生角裂,操作时需注意倒角。

②对角线裂纹。拔长高合金工具钢时,当送进量较大,并且在坯料同一部位反复重击时,常易沿对角线产生裂纹(图 3.14(c)),一般认为其产生的原因是:坯料被压缩时,沿横截面上金属流动的情况如图 3.16(a) 所示,A 区(困难变形区)的金属带动靠近它的 a 区金属向轴心方向移动,B 区的金属带动靠近它的 b 区金属向增宽方向流动,因此,a、b 两区的金属向着两个相反的方向流动,当坯料翻转 $90°$ 再锻打时,a、b 两区相互调换(图 3.16(b)),但是其金属的流动仍沿着两个相反的方向,因而 DD_1 和 EE_1 便成为两部分金属最大的相对移动线,在 DD_1 和 EE_1 线附近金属的变形最大。当多次反复地锻打时,a、b 两区

金属流动的方向不断改变,其剧烈的变形产生了很大的热量,使得两区内温度剧升,此处的金属很快地过热,甚至发生局部熔化现象,因此在切应力作用下,很快地沿对角线产生破坏。有时,当坯料质量不好、锻件加热时间较短、内部温度较低或打击过重时,由于沿对角线上金属流动过于剧烈,产生严重的加工硬化现象,这也促使金属很快地沿对角线开裂。拔长时,若送进量过大,沿长度方向流动的金属减少,沿横截面上金属的变形就更为剧烈,沿对角线产生纵向裂纹的可能性也就更大。

由以上可见,送进量较大时,坯料可以很好地锻透,而且可以焊合坯料中心部分原有的孔隙和微裂纹,但送进量过大也不好,因为 l/h 过大时,产生外部横向裂纹和内部对角线裂纹的可能性也增大。

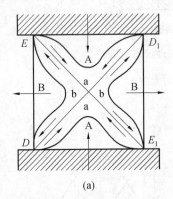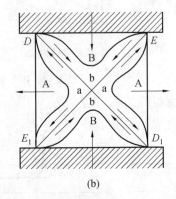

(a)　　　　　　　　　　　　　　　(b)

图 3.16　拔长时坯料横截面上金属流动的情况

③内部横向裂纹。在拔长大型锭料时,如送进量很小($l < 0.5h$),坯料内部的变形也是不均匀的,变形情况如图 3.17 所示,上部和下部变形大,中部变形小,变形主要集中在上、下两部分,中间部分锻不透,而且轴心部分沿轴向受附加拉应力,在拔长锭料和低塑性材料时,轴心部分原有的缺陷(如疏松等)进一步扩大,易产生横向裂纹(图 3.14 (d))。应当指出,这时上、下部分变形大,中间部分变形小是由于主作用力沿高度方向的分散分布引起的,由于上部和下部 $|\sigma_3|$ 较大,故易满足塑性条件,因此它与高坯料镦粗时产生双鼓形的原因是不一样的。

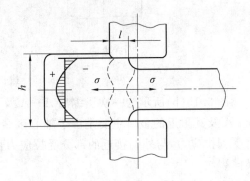

图 3.17　小送进量拔长时的变形和应力情况

综合以上分析,送进量过大和过小都不利,因此正确地选择送进量是非常必要的。试验和生产实践表明,$l/h = 0.5 \sim 0.8$ 较为合适。

此外,为防止前面所述的裂纹产生,拔长时还应针对锻件的具体特点,采用适当的操作方法和合适的工具等。例如,拔长高速钢时,应采用"两轻一重"的操作方法,并避免在同一处反复锤击。所谓"两轻一重"是指始锻时应轻击,因为此时钢锭铸造组织容易开裂。而在 900 ~ 1 050 ℃ 钢材塑性较好时,应予重击,以打碎钢中大块的碳化物。接近终锻温度时要轻打,因为此时的塑性差。又例如,拔长低塑性钢材和铜合金时,锤砧应有较大的圆角,或沿送进方向做成一定的凸弧或斜度,这样压缩时由于产生了水平方向的分力,抵消了一部分摩擦力的影响,从而有利于接触面附近金属的轴向流动。由于改善了受力情况和应力状态,从而降低了变形不均匀的程度和裂纹产生的可能性。

在大型锻件的锻造中,为保证锻件中心部分锻透,拔长时一般采用宽砧、大送进量,用走扁方的方法进行锻造,但有时中心部分质量还不能保证。而表面降温锻造法(或称硬壳锻造法、中心压实法)则可以用来生产一些重要的轴类锻件。这时,变形主要集中在中心部分,并且中心部分金属处于高温和高静水压的三向压应力状态,使疏松、气孔、微裂纹等得以焊合,使锻件内部质量有较大提高。

④表面折叠、端面内凹及倒角时的对角线裂纹。如图 3.18 所示为一种表面折叠的形成过程,表面折叠是由于送进量很小、压下量很大,上、下两端金属局部变形引起的。避免这种折叠的措施是增大送进量,使每次送进量与单边压缩量之比大于 1.5,即 $l/(\Delta h/2) > 1.5$。

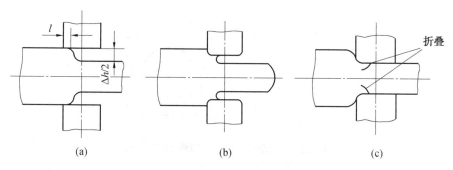

(a)   (b)   (c)

图 3.18 表面折叠的形成过程

如图 3.19 所示为另一种折叠的情况,是由于拔长时压缩得太扁,翻转 90° 立起来再压时,由于坯料弯曲并发展而形成的。避免产生这种折叠的措施是减小压缩量,使每次压缩后的锻件宽度与高度之比小于 2.0,即 $a_n/h_n < 2.0$。

端面内凹(图 3.20)也是由于送进量很小、表面金属变形大、轴心部分金属未变形或变形较小而引起的。防止的措施是保证有足够的压缩长度和较大的压缩量,端部所留的长度应满足下列规定:

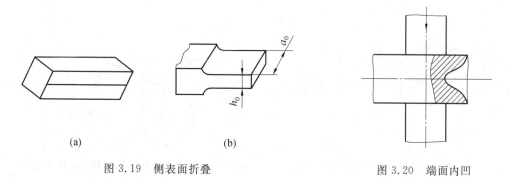

(a)   (b)

图 3.19 侧表面折叠   图 3.20 端面内凹

对于矩形坯料(图 3.21(a))：当 $B/H > 1.5$ 时，$A > 0.4B$；当 $B/H < 1.5$ 时，$A > 0.5B$。

对于圆截面坯料(图 3.21(b))：$A > 0.3D$。

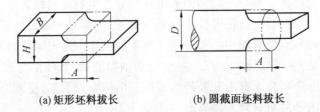

(a) 矩形坯料拔长　　　(b) 圆截面坯料拔长

图 3.21　端部拔长时的坯料长度

倒角时的对角线裂纹是由于倒角时不均匀变形和附加拉应力引起的，常常在打击较重时产生(图 3.22(a))。因此，倒角时应当锻得轻些。对低塑性材料最好在圆形型砧内倒角(图 3.22(b))。

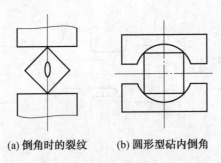

(a) 倒角时的裂纹　　　(b) 圆形型砧内倒角

图 3.22　倒角

2. 圆截面坯料的拔长

在平砧上拔长圆截面坯料时(图 3.23(a))，当压下量较小，接触面较窄较长(图 3.23(b))，沿横向阻力最小，所以金属沿横向流动多，轴向流动少，拔长效率低。

用平砧拔长圆截面坯料时，若压下量较小，常易在锻件内部产生纵向裂纹(图 3.24)，其原因如下：

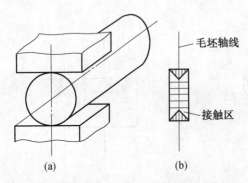

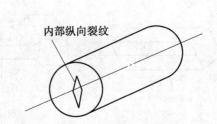

图 3.23　平砧小压下量拔长圆截面坯料时　　图 3.24　平砧拔长圆断面坯料时的纵向裂纹
　　　　　金属的流动情况

(1)工具与金属接触时,首先是一条线,然后逐渐扩大(图 3.25),接触面附近的金属受到的压应力大,故这个区(ABC 区)首先变形,但是 ABC 区很快成为困难变形区,其原因是随着接触面的增加,工具的摩擦影响增大,而且温度降低较快,故变形抗力增加,因此 ABC 区就好像一个刚性楔子。继续压缩时(Δh 还不太大时),通过 AB、BC 面,沿着与其垂直的方向,将应力 σ_H 传给坯料的其他部分,于是坯料中心部分便受到合力 σ_R 的作用。

(2)由于作用力在坯料中沿高度方向分散地分布,上、下端的压应力 $|\sigma_3|$ 大,于是变形主要集中在上、下部分,轴心部分金属变形很小(图 3.26),因而变形金属便主要沿横向流动,并对轴心部分金属作用以附加拉应力。附加拉应力和合力 σ_R 的方向是一致的。越靠近轴心部分受到的拉应力越大。在此拉应力的作用下,使坯料中心部分原有的孔隙、微裂纹继续发展和扩大。当拉应力的数值大于金属当时的强度极限时,金属就开始破坏,产生纵向裂纹。

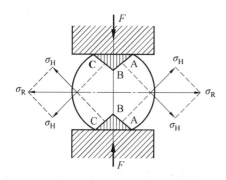

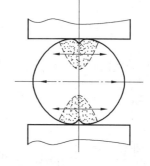

图 3.25　平砧小压下量拔长时圆截面坯料的　　图 3.26　变形不均匀在坯料中心引起的
　　　　　受力情况　　　　　　　　　　　　　　　　附加拉应力

因此,圆截面坯料用平砧直接由大圆到小圆的拔长是不合适的。为保证锻件的质量和提高拔长的效率,应当采取措施限制金属的横向流动和防止径向拉应力的出现。生产中常采用以下两种方法。

第一种方法是用平砧拔长时,先将圆截面坯料压成矩形截面,再将矩形截面坯料拔长到一定尺寸,然后再压成八边形,最后压成圆形(图 3.27),其主要变形阶段是矩形截面坯料的拔长。

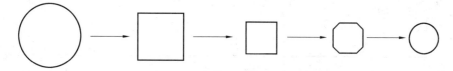

图 3.27　平砧拔长圆截面坯料时截面的变化过程

第二种方法是在型砧(或摔子)内进行拔长。它是利用工具的侧面压力限制金属的横向流动,迫使金属沿轴向伸长。在水压机型砧内拔长与平砧相比可提高生产率 20% ～40%,在型砧(或摔子)内拔长时的应力状态可以防止内部纵向裂纹的产生。

拔长用的型砧有圆形型砧和 V 形型砧两类。型砧的形状对拔长效率、锻透深度、金属的塑性和表面质量有很大影响。常用的型砧形状及使用情况见表 3.1。

表 3.1　型砧形状对拔长效率、锻透深度和金属塑性等的影响

序号	型砧形状及受力情况	展宽	应用情况	变形特征	相同压缩次数的表面质量	相同压下量和送进量的拔长效率	能锻造的直径范围
1	60°	实际上没有	用于塑性很低的金属	变形深透（中心部分有较大变形）	很高	很高	很小
2	90° 90°	不大	用于塑性低的金属	变形深透	较低	高	很小
3	120° 120°	中等	用于塑性低的金属	沿断面变形较均匀	较低	高	小
4	135° 90°	中等	用于塑性中等的金属	外层变形大,中心部分变形较小	低	中等	较小
5	150° 120°	较大	用于塑性中等的金属	外层变形大,中心变形小	低	中等	较大
6	160°	大	用于塑性较好的金属	外层变形大,中心变形小	高	较低	大

　　用表 3.1 中第 5、6 两种型砧拔长时,轴心部分一般不易锻透,并产生较大的自由展宽,这种展宽要降低拔长的效率,此外在锻件内部由于附加拉应力的作用还可能引起裂纹。为使轴心部分锻透,减小展宽以提高拔长效率和防止内部裂纹,可以采用封闭式的型砧(表 3.1 中的第 1 种),这种型砧上、下均是半圆形,与坯料直径相差不多。用这种型砧可以使变形渗透到锻件的轴心部分,并使展宽达到最小值。但是,每一种尺寸的封闭式型砧,所能锻造的锻件直径范围很小,当锻件的锻造比要求较大时,如采用这种型砧,则需要

有一系列大小尺寸的很多砧块,故不经济。因此,生产中拔长一般钢料时,常采用较大开口的型砧,它允许有较大的压下量,可以在较大的尺寸范围内进行锻造。封闭式型砧常用于拔长低塑性的钢料和最后修正用。例如,对某些低塑性的高温合金锭料,先在封闭式型砧中拔长,此时锭料在几个方向都受到压力,不易开裂,待材料塑性提高后,再用顶角为95°～120°的上、下 V 形型砧锻造。

3. 空心坯料的拔长

空心坯料的拔长是采用芯轴对空心坯料进行拔长,也称为芯轴拔长。为了获得长筒类锻件,生产中常采用芯轴拔长的方法。芯轴拔长是使空心坯料壁厚(外径)减小而长度增加的锻造工序(图 3.28)。

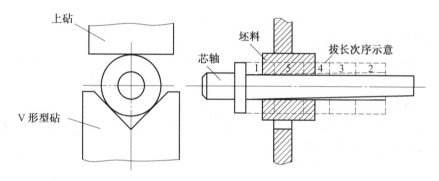

图 3.28　芯轴拔长

芯轴拔长与矩形截面拔长一样,被上、下砧压缩的那一段金属是变形区,其左右两侧金属为外端。变形区又可分为 A、B 区(图 3.29)。A 区是直接受力区,B 区是间接受力区。B 区的受力和变形主要是由于 A 区的变形引起的。

在平砧上进行芯轴拔长时,变形的 A 区金属沿轴向和切向流动(图 3.29)。

当 A 区金属沿轴向流动时,借助于外端的作用拉着 B 区金属一道伸长;而 A 区金属沿切向流动时,则受到外端的限制。因此,芯轴拔长时,外端金属起重要作用。外端对 A 区金属切向流动的限制越强烈,越有利于变形区金属的轴向伸长;反之,则不利于变形区金属的轴向流动。如果没有外端的存在,则在平砧上拔长的环形件将被压成椭圆形,并变成扩孔变形。

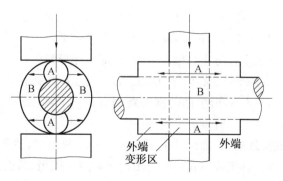

图 3.29　芯轴拔长时受力和变形流动情况

　　外端对变形区金属切向流动限制的能力与空心坯料的相对壁厚（即空心坯料壁厚与芯轴直径的比值 t/d）有关。t/d 越大时，限制的能力越强；t/d 越小时，限制的能力越弱。

　　当 t/d 较小时，即外端对变形区切向流动限制的能力较小时，为了提高拔长效率，将下平砧改为 V 形型砧，借助于工具的横向压力限制 A 区金属的切向流动。当 t/d 很小时，上、下砧均采用 V 形型砧。

　　芯轴拔长时的主要质量问题是孔内壁裂纹（尤其是端部孔壁）和壁厚不均匀。

　　孔壁裂纹产生的原因是：经一次压缩后内孔扩大，旋转一定角度再一次压缩时，由于孔壁与芯轴间有一定间隙，在孔壁与芯轴上、下端压靠之前，内壁金属由于弯曲作用受切向拉应力，如图 3.30 所示。另外，内孔壁长时间与芯轴接触，温度较低，塑性较差，当应力值或伸长率超过材料当时允许的指标时便产生裂纹。

　　A 区金属切向流动越多，即内孔增加越大时，越易产生孔壁裂纹。因此，在平砧上拔长时，t/d 越小（即孔壁越薄）越易产生裂纹。采用 V 形型砧可以减小孔壁裂纹产生的倾向。

　　在芯轴上拔长时空心坯料端部更容易产生孔壁裂纹的原因是：

　　①由于芯轴对变形区金属摩擦阻力的作用，空心坯料端部如图 3.31 所示，下一次压缩时端部孔壁与芯轴间的间隙比其他部分大。

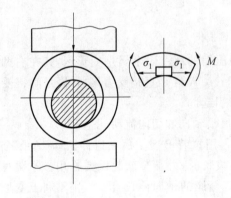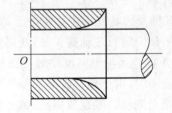

图 3.30　芯轴拔长时内壁金属的受力情况　　　　图 3.31　芯轴拔长时端部金属的变形情况

　　②由于端部的外侧没有外端，故此处被压缩时，切向拉应力很大。

　　③端部金属与冷空气长时间接触，降温较大，塑性较低。

　　因此，为提高拔长效率和防止孔壁产生裂纹，对于厚壁锻件（$t/d > 0.5$），一般采用上平砧和下 V 形型砧；对于薄壁空心锻件（$t/d \leqslant 0.5$），上、下均采用 V 形型砧。在锤上拔长厚壁锻件时，有时为了节省 V 形型砧的制造费用等，上、下都用平砧，但必须先锻成六方形再进行拔长，达到一定尺寸后再锻成圆形。

　　为了提高芯轴拔长效率，芯轴做成 1/100 ～ 1/150 的斜度，并要求芯轴表面光滑，在拔长时涂以石墨润滑剂，以便减小孔壁与芯轴的轴向摩擦阻力，增强金属的轴向流动。

　　为了防止孔壁裂纹的产生，锻件两端部锻造终了的温度应比一般的终锻温度高 100 ～ 150 ℃，锻造前芯轴应预热到 150 ～ 250 ℃。芯轴拔长时，应在高温下先锻坯料的两端,然后再拔长中间部分,按图 3.28 中的顺序进行操作。

为使锻件壁厚均匀和端部平整,坯料加热温度应当均匀,操作时每次转动的角度应一致,压下量也要均匀。

4. 拔长操作方法

拔长操作方法是指坯料在拔长时的送进与翻转方法,一般有三种,如图 3.32 所示。

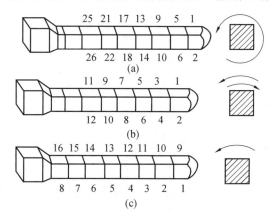

图 3.32 拔长操作方法

第一种是螺旋式翻转送进法,如图 3.32(a)所示。按这种方法进行操作时,坯料各面的温度均匀,因此变形也较均匀。用于锻造阶梯轴时,可以减小各段轴的偏心。

第二种是往复翻转送进法,一般中小型坯料采用左右 90° 往复翻转法,如图 3.32(b)所示。

第三种是单面压缩法,对于大型坯料,先沿一面将坯料压一遍,然后翻转 90° 再压另一面,如图 3.32(c)所示。因为这种操作易使坯料发生弯曲,在拔长另一面之前,应先翻转 180° 将坯料平直后,再翻转 90° 拔长另一面。

另外,在拔长短坯料时,可从坯料一端拔至另一端;而拔长长坯料或钢锭时,则应从坯料的中间向两端进行拔长。

应注意使前后各遍拔长时的进料位置相互错开,这样可使变形较为均匀,锻件的组织和性能也较均匀,并且能获得平整的表面。

3.2.3 冲孔

采用冲子将坯料冲出透孔或不透孔的锻造工序称为冲孔。冲孔分为开式冲孔和闭式冲孔。开式冲孔又分为实心冲子冲孔和空心冲子冲孔。本节介绍实心冲子冲孔过程中受力变形分析,以及常见的缺陷和措施。

1. 冲孔的受力变形分析

冲孔是局部加载、整体受力、整体变形。由于是局部加载、整体受力,可以将坯料分为直接受力区和间接受力区两部分。冲头下部的 A 区金属是直接受力区(图 3.33),其周围的 B 区金属是间接受力区。B 区的受力(指径向和切向)主要是由 A 区的变形引起的。

A 区金属的变形可看作是环形金属包围下的镦粗,A 区金属被压缩后高度减小,横截面面积增大,向四周径向外流,但受到环壁的限制,故处于三向受压的应力状态,其应力一应变简图如图 3.33 所示。

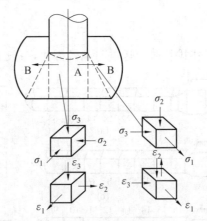

图 3.33　开式冲孔时的应力—应变简图

由于是环形金属包围下的镦粗,故冲孔时的单位压力比自由镦粗时要大,而且环壁越厚时单位冲孔力也越大。

B 区的受力和变形主要是由于 A 区的变形引起的。B 区径向受压应力,切向受拉应力。

环壁的厚度对冲孔后坯料的高度有较大影响。环壁较薄时,冲孔后的坯料高度降低较多;环壁较厚($D/d \approx 5$)时,高度降低较小或几乎不降低;环壁很厚时,坯料内壁高度略有增加(犹如打硬度一样)。因此,生产中确定冲孔前坯料高度时可按下式考虑:

$$H_0 = H \quad (当\ D/d \geqslant 5\ 时)$$
$$H_0 = (1.1 \sim 1.2)H \quad (当\ D/d < 5\ 时)$$

式中　H_0——冲孔前坯料的高度;

　　　H——冲孔后坯料的高度。

实心冲子冲孔的优点是操作简单、芯料损耗少,芯料高度 $h \approx (0.15 \sim 0.2)H$。这种方法广泛用于孔径小于 450 mm 的锻件。

2. 冲孔的质量分析

冲孔过程中的主要缺陷是"走样"(图 3.34)、侧表面裂纹、内孔圆角处裂纹(图 3.35)和孔冲偏等。

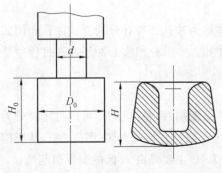

图 3.34　冲孔时的"走样"

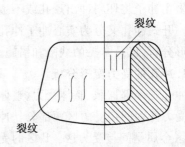

图 3.35　冲孔时的裂纹

(1)走样。所谓"走样"是指开式冲孔时坯料高度减小,外径上小下大,而且下端面凸出,上端面凹进等现象。D_0/d 越小时,"走样"越严重。在生产中不希望"走样"过大,一般取 $D_0/d \approx 3$。

(2)裂纹。低塑性材料开式冲孔时,外侧表面裂纹的产生就是由于 A 区金属向外流动时 B 区的外径被迫地扩大,使外侧金属受到切向拉应力,当超过金属当时的强度极限时,便产生裂纹破坏。

冲孔后坯料外径增大的规律可以表示为

$$D_{max} = 1.13\sqrt{\frac{1.5}{H}[V + s(H-h)] - 0.5S_0}$$

式中　H——冲孔后坯料高度,mm;

V——坯料体积,mm³;

s——冲头横截面面积,mm²;

h——孔底坯料厚度,mm;

S_0——坯料横截面面积,mm²。

上式表明,D_0/d 越小(即 s 大,S_0 小),D_{max} 越大,最外层金属的切向伸长变形大,容易产生裂纹,也容易产生"走样",生产中常取 $D_0/d = 3$,也有些取 $D_0/d \geqslant (2.5 \sim 3)$。

实心冲子冲孔时,坯料的内孔圆角处容易产生裂纹。由于冲孔时内孔圆角处温度降低较多,塑性较低,当带锥度的冲子往下移动时,此处便胀裂,故冲头的锥度不宜过大。当冲低塑性材料时,如 Cr12 型钢,不仅要求冲子锥度较小,而且要经过多次加热逐步冲成。

大型锻件在水压机上冲孔时,若孔径大于 450 mm,一般采用空心冲头冲孔(图3.36),这样可以减小 B 区外层金属的切向拉应力,避免产生侧表面裂纹,并能除掉锭料中心部分质量不好的金属。

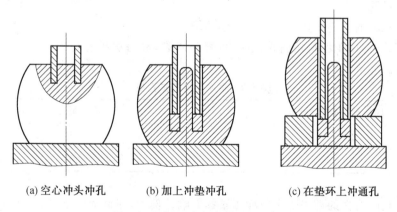

(a)空心冲头冲孔　　　(b)加上冲垫冲孔　　　(c)在垫环上冲通孔

图 3.36　空心冲头冲孔过程示意图

(3)孔冲偏。冲孔过程中的另一个问题是孔冲偏。引起孔冲偏的原因很多,如冲子放偏,环形部分金属性质不均,冲头各处的圆角、斜度不一致等均可使孔冲偏。原坯料越高,越容易冲偏。因此,冲孔时坯料高度 H_0 一般小于直径 D_0,在个别情况下,采用 $H_0/D_0 \leqslant 1.5$。

冲头的形状对冲孔时金属的流动有很大影响,例如锥形冲头和椭圆形冲头均有助于减小冲孔时的"走样",但这样的冲头很容易将孔冲歪,因此自由锻冲孔时,冲头一般用平头的,在转角处取不太大的圆角。

3.2.4　扩孔

减小空心坯料壁厚而增加其内外径的工序称为扩孔。

常用的扩孔方法有冲子扩孔(图 3.37)、芯轴扩孔(又称马杠上扩孔,图 3.38)、辗压扩孔(图 3.39)、楔块扩孔、液压胀形扩孔和爆炸扩孔等。

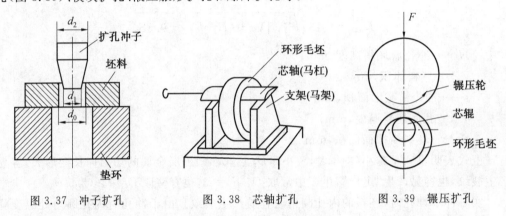

图 3.37　冲子扩孔　　　　图 3.38　芯轴扩孔　　　　图 3.39　辗压扩孔

从变形区的应变情况看,扩孔可分为两组。第一组类似拔长的变形方式,如马杠扩孔(芯轴扩孔)和辗压扩孔;第二组类似胀形的变形方式,如冲子扩孔、楔块扩孔、液压胀形扩孔和爆炸扩孔等。

本节仅介绍冲子扩孔、芯轴扩孔。

1. 冲子扩孔

冲子扩孔时的主要缺陷是裂纹和壁厚不均。

冲子扩孔时,由于坯料切向受拉应力,容易胀裂,故每次扩孔量 A 不宜太大,可参考表 3.2 选用。

表 3.2　每次允许的扩孔量　　　　　　　　　　　　　　mm

坯料预冲孔直径(d_0)	扩孔量(A)
30 ～ 115	25
120 ～ 270	30

冲子扩孔时锻件的壁厚受多方面因素的影响。例如,坯料壁厚不等时,将首先在壁薄处变形;如果原始壁厚相等,但坯料各处温度不同,则首先在温度较高处变形;如果坯料上某处有微裂纹等缺陷,则将在此处引起开裂。总之,冲子扩孔时,变形首先在薄弱处发生。因此冲子扩孔时,如控制不当可能引起壁厚差较大。但是,如果正确利用上述因素的影响规律也可能获得良好的效果。例如,扩孔前将坯料的薄壁处沾水冷却一下,以提高此处的变形抗力,将有助于减小扩孔后的壁厚差。

扩孔时坯料上端面略有拉缩现象,因此扩孔前坯料的高度尺寸按下式计算:

$$H_0 = 1.05H$$

式中 H_0——扩孔前坯料高度；

H——锻件高度。

冲子扩孔一般用于 $D/d_2 > 1.7$（D 为锻件外径，d_2 为扩孔冲子的直径）和 $H \geqslant 0.125D$ 的壁不太薄的锻件。壁厚较薄的锻件可以采用芯轴扩孔。

2. 芯轴扩孔

芯轴扩孔（马杠扩孔）的应力应变情况与冲子扩孔不同，而近似于拔长。但是，它与长轴件的拔长又不同，它是环形坯料沿圆周方向的拔长，是局部加载、整体受力、局部变形。马杠扩孔时，变形区金属沿切向和宽度（高度）方向流动，这时除宽度（高度）方向的流动受到外端的限制外，切向的流动也受到限制（图 3.40）。外端对变形区金属切向流动的阻力大小与相对壁厚 t/d 有关。t/d 越大时，阻力也越大。

马杠扩孔时，变形区金属主要沿切向流动，使内、外径均增大，其原因如下：

①变形区沿切向的长度远小于宽度（即锻件的高度）。

②马杠扩孔的锻件一般壁较薄，故外端对变形区金属切向流动的阻力远比宽度方向的小。

③马杠与锻件的接触面呈圆弧形，有利于金属沿切向流动。

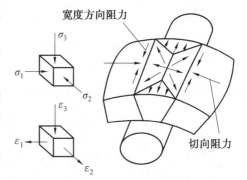

图 3.40 马杠扩孔时金属的变形流动情况

因此，马杠扩孔时锻件尺寸的变化是壁厚减薄，内、外径扩大，宽度稍有增加。其应力、应变如图 3.40 所示。由于变形区金属受三向压应力作用，故不易产生裂纹。因此，马杠扩孔可以锻制薄壁的锻件。

马杠扩孔时坯料宽度增大的数值与 d/d_0 及 H/D 有关，如图 3.41 所示。在确定扩孔前坯料高度 H_0 时可按下式计算：

$$H_0 = 1.05kH$$

式中 k——考虑扩孔时宽度（高度）增大的系数，可按图 3.41 选用；

H——锻件高度。

扩孔用的芯轴，相当于一根受均布载荷的梁，随着锻件壁厚的减薄，芯轴上所受到的均布载荷变大。为了保证芯轴强度和刚度，其尺寸大小应合适，并且马架间的距离也不宜过大。锤上扩孔时，芯轴最小直径可参考表 3.3 选用。在水压机上扩孔时，芯轴最小直径可参考图 3.42 选用。扩孔时应随着壁厚减薄和宽度（高度）增加更换直径大一些的芯轴。

马杠扩孔时，为保证壁厚均匀，每次转动量和压缩量应尽可能一致。另外，为提高扩孔的效率，可以采用较窄的上砧（$b = 100 \sim 150$ mm）。

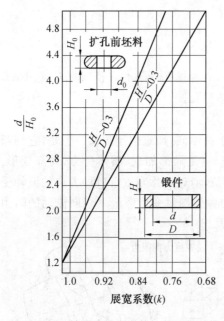

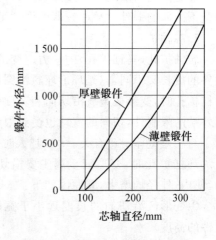

图 3.41　芯轴扩孔展宽系数 k 的选择图线　　　　图 3.42　水压机上芯轴扩孔所用

　　　　　　　　　　　　　　　　　　　　　　　　　　　　芯轴直径选择图线

表 3.3　锤上芯轴扩孔用最小芯轴直径

锻锤吨位/t	芯轴[1]最小直径/mm	锻锤吨位/t	芯轴[1]最小直径/mm
0.3 ~ 0.5	40	2.0	100
0.75	60	3.0	120
1.0	80	5.0	160

注：①芯轴材料为 40Cr。

3.2.5　弯曲

将毛坯弯成所规定的形状的锻造工序称为弯曲。

弯曲的方法有角度弯曲和成形弯曲（图 3.43），弯曲过程中变形区的内边金属受压缩，外边受拉伸，内边可能产生折叠，外边可能产生裂纹（图 3.44），弯曲半径越小，弯曲角度越大，则上述现象越严重。

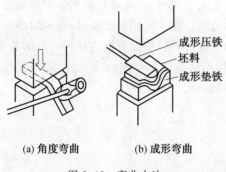

(a) 角度弯曲　　　　(b) 成形弯曲

图 3.43　弯曲方法

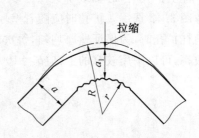

图 3.44　弯曲变形情况

当锻件需要多处弯曲时,弯曲的顺序是先弯端部及弯曲部分与直线部分交界的地方,然后再弯其余圆弧部分(图 3.45)。

图 3.45 弯曲锻件的操作顺序

3.2.6 扭转

将坯料的一部分相对于另一部分绕共同轴线旋转一定角度的锻造工序称为扭转(图 3.46)。当扭转角较大时,表面可能产生裂纹。扭转工序常用来制造多拐曲轴和连杆等。

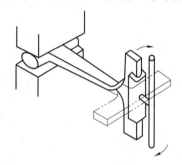

图 3.46 扭转方法图

3.2.7 错移

使坯料的一部分相对于另一部分错开,但仍保持轴线平行的工序称为错移(图 3.47)。错移工序常用以锻造双拐或多拐曲轴锻件等。

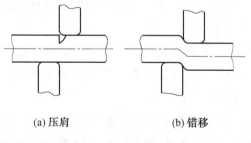

(a) 压肩　　　　　　　　　(b) 错移

图 3.47 错移过程示意图

3.3 自由锻件变形方案的确定

在确定自由锻件变形方案、工序数目与顺序时,必须考虑多方面的因素,如锻件形状和尺寸、技术要求、工人操作经验、生产管理水平、车间设备条件、工具辅具情况、坯料供应状态、生产批量大小等。这就要求制订变形方案的技术人员,不仅要掌握各基本工序的变形和流动特点,以及锻件的具体情况和技术要求,而且要充分考虑上述诸因素的影响,保证变形方案可行、锻件质量可靠、锻造经济合理。

　　第Ⅰ、Ⅱ类(轴杆类),自由锻件的成形工艺采用基本工序中的拔长工序。当坯料直接拔长不能满足锻造比要求,或锻件要求横向力学性能较高,以及锻件截面相差较大时,则应采用镦粗－拔长工序。如图 3.48 所示为传动轴的锻造过程。如图 3.49 所示为摇杆的锻造过程。

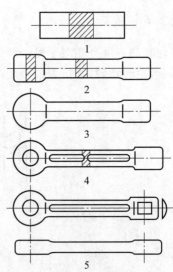

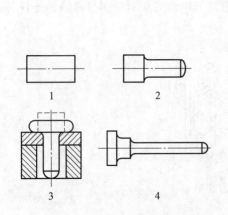

图 3.48　传动轴的锻造过程　　　　图 3.49　摇杆的锻造过程

　　第Ⅲ类(曲轴类),锻件的锻造基本工序有拔长、错移和扭转。锻造曲轴时,应尽可能采用不切断纤维的变形方案。如图 3.50 所示为三拐曲轴的锻造过程。如图 3.51 所示为195 型单拐曲轴的全纤维锻造过程。

　　第Ⅳ类(饼块类),锻件的锻造基本工序是镦粗。当锻件带有凸肩时,可以根据凸肩尺寸,选取垫环镦粗或局部镦粗。如锻件有孔而且可以冲出时,还需采用冲孔工序。如图3.52所示为齿轮坯的锻造过程。

　　第Ⅴ类(空心类),锻件的锻造基本工序有镦粗、冲孔。有的经过修整工序便可达到锻件尺寸,有的需要扩孔扩大其内、外径(图3.53),有的还需芯轴拔长以增加其长度(图3.54)。编制空心锻件的变形工艺方案时,根据空心锻件的外径(D)、内径(d)和高度(H),可参考图 3.55、图 3.56 选择制订。

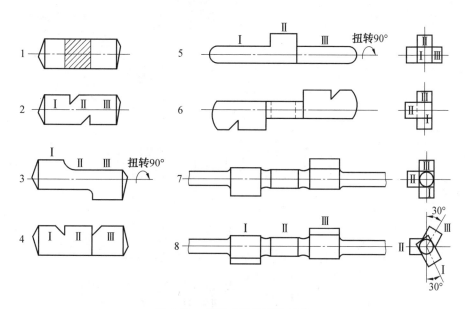

图 3.50 三拐曲轴的锻造过程

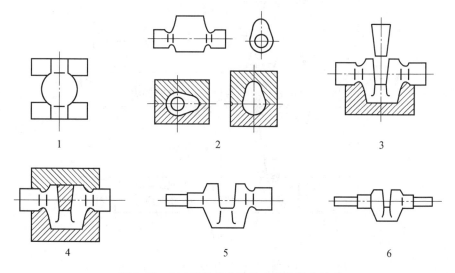

图 3.51 195 型单拐曲轴的全纤维锻造过程

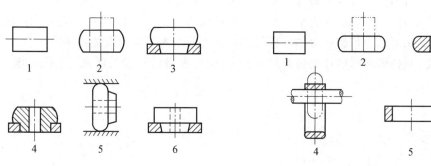

图 3.52 齿轮坯的锻造过程　　　　图 3.53 圆环的锻造过程

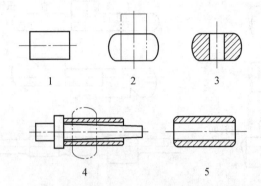

图 3.54　圆筒的锻造过程

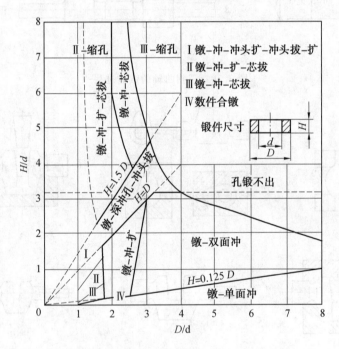

图 3.55　锤上锻造空心锻件的工艺方案选择图线

第Ⅵ类(弯曲类),锻件的锻造基本工序是拔长和弯曲。当锻件上有数处弯曲时,则弯曲的次序一般首先是端部,其次是弯曲部分与直线部分交界的地方,然后是其余的圆弧部分。如图 3.57 所示为吊钩的锻造过程,如图 3.58 所示为卡瓦的锻造过程。

第Ⅶ类(复杂形状),锻件的锻造难度较大,应根据锻件形状的特点,采用适当工序组合锻造。

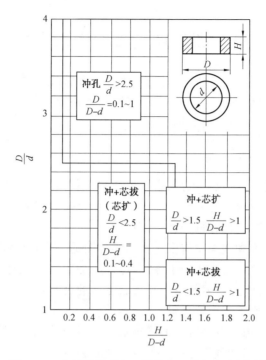

图 3.56　水压机锻造空心锻件的工艺方案选择图线

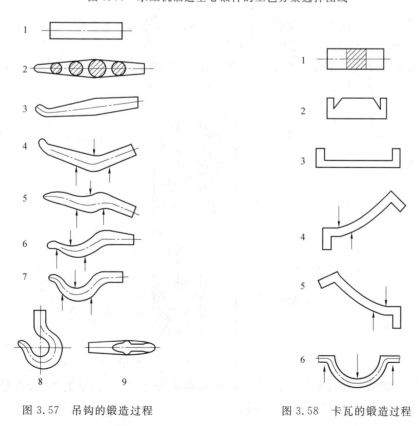

图 3.57　吊钩的锻造过程　　　　　　图 3.58　卡瓦的锻造过程

3.4 自由锻工艺规程的制订

自由锻工艺规程是指导锻造生产的依据，也是生产管理和质量检验的依据。在制订自由锻工艺规程时，必须切实结合生产实际条件、设备能力和技术水平等情况，力求在经济合理、技术先进的条件下生产出合格的锻件。

3.4.1 锻件图的制订

锻件图是编制锻造工艺、设计工具、指导生产和验收锻件的主要依据，也是与后续加工工序有关的重要技术资料。它是在零件图的基础上考虑了机械加工余量、锻造公差、锻造余块、检验试样及操作用夹头等因素绘制而成的。

一般锻件的尺寸精度和表面粗糙度达不到零件图的要求，锻件表面应留有机械加工余量（以下简称余量）。余量的大小与零件形状尺寸、加工精度、表面粗糙度要求、锻造加热质量、设备工具精度和操作技术水平等有关。零件的公称尺寸加上余量即为锻件公称尺寸，对于非加工表面，则不需要留余量。

在锻造生产过程中，由于各种因素的影响，如终锻温度的差异，锻压设备、工具的精度和工人操作技术上的差异，锻件实际尺寸不可能达到公称尺寸，允许有一定的误差，此种误差称为锻造公差。这时，锻件尺寸大于其公称尺寸的部分称为上极限偏差（正偏差），小于其公称尺寸的部分称为下极限偏差（负偏差），锻件上的机械加工面和非机械加工面，都应注明锻造公差，大小为余量的 1/4 ～ 1/3。

余量与锻造公差的相互关系如图 3.59 所示，锻件的余量和公差具体数值可查阅有关手册，或按工厂标准确定。

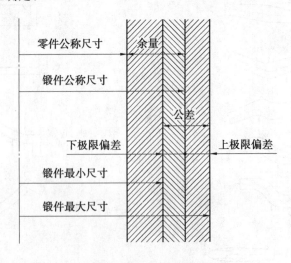

图 3.59 锻件的各种尺寸和余量公差

为了简化锻件外形或根据锻造工艺需要，零件上较小的孔、狭窄的凹槽、直径差较小而长度不大的台阶等（图 3.60）难于锻造的地方，通常填满金属，这部分附加的金属称为锻造余块。

对于需要检验内部组织和力学性能的锻件,必须在锻件的适当位置添加试样余块,对于需要进行垂直热处理的大型锻件,要求留有吊挂锻件的热处理夹头。另外,有的锻件要求留有切削加工夹头。

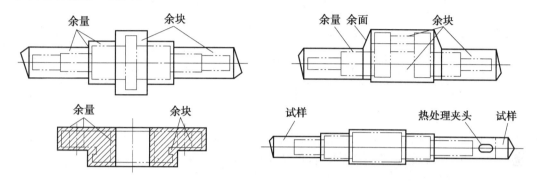

图 3.60　锻件的各种余块

在确定余量、公差和余块等之后,便可绘制锻件图。锻件图上的锻件形状用粗实线描绘。为了便于了解零件的形状和检查锻后的实际余量,在锻件图内用假想线画出零件的简单形状。锻件的尺寸和公差标注在尺寸线上面。零件的尺寸加括号标注在尺寸线下面。如锻件带有检验试样、热处理夹头时,在锻件图上应注明其尺寸和位置。在图上无法表示的某些条件,可以技术条件的方式加以说明。

3.4.2　确定坯料的质量和尺寸

自由锻用原材料有两种:一种是钢材、钢坯,多用于中小型锻件;另一种是钢锭,主要用于大中型锻件。

1. 坯料质量的计算

坯料质量 $m_坯$(单位:kg)应包括锻件质量和各种金属损耗的质量,可按下式计算:

$$m_坯=(m_锻+m_芯+m_切)(1+\delta) \tag{3.1}$$

式中　$m_锻$——锻件质量,kg,可根据锻件公称尺寸算出其体积,再乘以密度求得;

　　　$m_芯$——冲孔芯料质量,kg,其取决于冲孔方式、冲孔直径(d)和坯料高度(H_0);

　　　δ——火耗率,与所用的加热设备类型等因素有关,可按表 3.4 选取。

$m_芯$ 具体可按下式计算:

实心冲子冲孔　　　　　　　$m_芯=(0.15\sim0.20)d^2H_0\rho$

空心冲子冲孔　　　　　　　$m_芯=0.78d^2H_0\rho$

垫环冲孔　　　　　　　　　$m_芯=(0.55\sim0.60)d^2H_0\rho$

其中　ρ——金属材料的密度,g/cm^3;

　　　$m_切$——锻件拔长后端部不平整而应切除的料头质量,kg,其与锻件端部直径(D)或截面宽度(B)和高度(H)有关。

$m_切$ 具体可按下式计算:

端部为圆形截面　　　　　　$m_切=(0.21\sim0.23)D^3\rho$

端部为矩形截面　　　　　$m_切 = (0.28 \sim 0.3)B^2 H \rho$

表 3.4　钢的一次火耗率和加热方法的关系　　　　　　　　　　%

加热炉类型	δ	加热炉类型	δ
室式油炉	2.5~3.0	电阻炉	1.0~1.5
连续式油炉	2.5~3.0	高频加热炉	0.5~1.0
室式煤气炉	2.0~2.5	电接触加热	0.5~1.0
连续式煤气炉	1.5~2.5	室式煤炉	2.5~4.0

2. 坯料尺寸计算

坯料尺寸的确定与所用工步有关,当所采用的锻造工步不同时,计算坯料尺寸的方法也不同。由于坯料的质量 $m_坯$ 已求出,再除以密度 ρ 即可算出体积 $V_坯$,即

$$V_坯 = \frac{m_坯}{\rho} \tag{3.2}$$

当头道工步采用镦粗法锻造时,为避免产生弯曲,坯料的高径比应小于 2.5;为便于下料,高径比则应大于 1.25,即

$$1.25 \leqslant \frac{H_0}{D_0} \leqslant 2.5$$

根据上述条件,将 $H_0 = (1.25 \sim 2.5)D_0$ 代入到圆柱体的体积公式 $V_坯 = \frac{\pi}{4}D_0^2 H_0$,便可导出计算坯料直径 D_0 的公式

$$D_0 = (0.8 \sim 1.0)\sqrt[3]{V_坯} \tag{3.3}$$

对于方坯料,同理可得方形边长的计算公式

$$a_0 = (0.75 \sim 0.9)\sqrt[3]{V_坯} \tag{3.4}$$

当头道工步为拔长时,原坯料直径应按锻件最大截面积 $S_锻$,并考虑锻比 K_L 和修整量等要求来确定。从满足锻比要求的角度出发,原坯料截面积 $S_坯$ 为

$$S_坯 = K_L S_锻 \tag{3.5}$$

由此便可算出原坯料直径 D_0,即

$$D_0 = 1.13\sqrt{K_L S_锻} \tag{3.6}$$

初步算出坯料直径 D_0(或边长 a_0)后,应按国家材料规格标准,选择标准直径(或边长),再根据选定的直径(或边长)计算坯料高度(即下料长度)。

圆坯料　　　　　　　　　　$$H_0 = \frac{V_坯}{\frac{\pi}{4}D_0^2} \tag{3.7}$$

方坯料　　　　　　　　　　$$H_0 = \frac{V_坯}{a_0^2} \tag{3.8}$$

3. 钢锭规格的选择

当选用钢锭为原材料时,选择钢锭规格的方法有两种。

(1)第一种方法:首先确定各种金属损耗,求出钢锭的利用率 η。

$$\eta = \left[\, 1 - (\delta_{冒口} + \delta_{锭底} + \delta_{烧损})\,\right] \times 100\% \tag{3.9}$$

式中　$\delta_{冒口}$、$\delta_{锭底}$——保证锻件质量必须切去的冒口和锭底所占钢锭质量的百分比,选用碳素钢钢锭时,$\delta_{冒口} = 18\% \sim 25\%$,$\delta_{锭底} = 5\% \sim 7\%$,选用合金钢钢锭时,$\delta_{冒口} = 25\% \sim 30\%$,$\delta_{锭底} = 7\% \sim 10\%$;

　　　　$\delta_{烧损}$——加热烧损率。

然后计算钢锭的计算质量 $m_{锭}$

$$m_{锭} = (m_{锻} + m_{损}) / \eta \tag{3.10}$$

式中　$m_{锻}$——锻件质量,kg;

　　　　$m_{损}$——除冒口、锭底及烧损以外的金属损耗质量,kg。

根据钢锭的计算质量 $m_{锭}$,参照有关钢锭规格表,选取质量相等或稍大的钢锭规格。

(2)第二种方法:根据锻件类型,参照经验资料先定出概略的钢锭利用率 η,然后求得钢锭的计算质量 $m_{锭} = m_{锻} / \eta$,再从有关钢锭规格表中,选取所需的钢锭规格。

3.4.3　确定变形工艺和锻造比

制订变形工艺过程的内容包括:确定锻件成形必须采用的基本工序、辅助工序和修整工序,以及各变形工序的顺序和中间坯料尺寸等。

各类锻件变形工序的选择,应根据锻件的形状、尺寸和技术要求,结合各锻造工序的变形特点,参考有关典型工艺具体确定。

各工序坯料尺寸设计和工序选择是同时进行的,在确定各工序坯料尺寸时应注意:

(1)各工序坯料尺寸必须符合变形规律。例如,镦粗时圆柱体坯料的高径比 $H_0/D_0 \leqslant 2.5$。

(2)应考虑各工序变形时坯料尺寸的变化规律。例如,冲孔时坯料高度有所减小,扩孔时坯料高度有所增加等。

(3)必须保证各部分有足够的体积。例如,采用压痕或压肩进行分段时必须估计到各段要有足够的体积。

(4)在压痕、压肩、错移、冲孔等工序中毛坯上有拉缩现象,应留有适当的修整量。

(5)较大锻件须经多火次锻成时,要考虑中间各火次加热的可能性。

(6)有些长轴类锻件的轴向尺寸要求精确,且沿轴向又不能镦粗(例如,曲轴等),必须预计到锻件在修整时会略有伸长。

锻造比(简称锻比)是表示金属变形程度的一种方法,也是保证锻件质量的一个重要指标。锻造过程的锻造比计算方法是按拔长前后的截面比或镦粗前后的高度比计算,即

拔长截面比　　　　　　　　　$$K_L = \frac{S_0}{S_1} = \frac{D_0^2}{D_1^2} \tag{3.11}$$

镦粗高度比　　　　　　　　　$$K_L = \frac{H_0}{H_1} \tag{3.12}$$

式中　S_0、S_1——变形前、后坯料的截面积;

　　　　D_0、D_1——变形前、后坯料的直径;

　　　　H_0、H_1——变形前、后坯料的高度。

如果采用两次镦粗拔长,或者两次镦粗间有拔长时,按总锻造比等于两次分锻造比之和计算,即 $K_L = K_{L1} + K_{L2}$,并且要求分锻造比 K_{L1}、$K_{L2} \geq 2$。

锻造比大小反映了锻造对锻件组织和力学性能的影响,一般规律是:随着锻造比增大,由于内部孔隙的焊合,铸态树枝晶被打碎,锻件的纵向和横向的力学性能均得到明显提高。当锻造比超过一定数值后,由于形成纤维组织,横向力学性能(塑性、韧性)急剧下降,导致锻件出现各向异性。因此,在制订锻造工艺规程时,应合理地选择锻造比。

对于用钢材锻制的锻件(莱氏体钢锻件除外),由于钢材经过了大变形的锻或轧,其组织与性能均已得到改善,一般不考虑锻造比;对于用钢锭(包括有色金属铸锭)锻制的大型锻件,必须考虑锻造比,可参照表3.5选用。

表 3.5　典型锻件的锻造比

锻件名称	计算部位	总锻造比	锻件名称	计算部位	总锻造比
碳素钢轴类锻件	最大截面	2.0 ～ 2.5	曲轴	曲拐	≥2.0
合金钢轴类锻件	最大截面	2.5 ～ 3.0		轴颈	≥3.0
热轧辊	辊身	2.5 ～ 3.0①	锤头	最大截面	≥2.5
冷轧辊	辊身	3.5 ～ 5.0②	模块	最大截面	≥3.0
齿轮轴	最大截面	2.5 ～ 3.0	高压封头	最大截面	3.0 ～ 5.0
船用尾轴、中间轴、推力轴	法兰	≥ 1.5	汽轮机转子	轴身	3.5 ～ 6.0
	轴身	≥3.0	发电转子	轴身	3.5 ～ 6.0
水轮机主轴	法兰	最好≥1.5	汽轮机叶轮	轮毂	4.0 ～ 6.0
	轴身	≥2.5	旋翼轴、涡轮轴	法兰	6.0 ～ 8.0
水压机立柱	最大截面	≥3.0	航空用大型锻件	最大截面	6.0 ～ 8.0

注:① 一般取 3.0,对小型轧辊可取 2.5;
　　② 支承辊锻造比可减小到 3.0。

3.4.4　确定锻造设备吨位

在制订锻造工艺规程时,设备吨位的选择很重要。若设备吨位选得过小,则锻件心部锻不透,内部变形不充分,不仅达不到改善锻件组织性能的目的,而且生产效率低;反之,若设备吨位选得过大,不仅浪费动力,而且由于大设备的工作速度低,同样也影响生产率和锻件成本。因此,锻造设备吨位大小要选择适当。

在自由锻中,锻造所需设备吨位主要与变形面积、材料流动应力等因素有关。变形面积由锻件大小和变形工步性质而定。由于镦粗时的变形面积最大,并且很多锻造过程与镦粗有关,因此,常以镦粗力(镦粗功)的大小来选择设备。

确定设备吨位的方法有理论计算法和经验类比法两种。

1. 理论计算法

理论计算法是根据塑性成形理论建立的公式来计算变形力和变形功。尽管目前这些计算公式还不够精确,但仍能给确定设备吨位提供一定的参考依据。

(1)在水压机上锻造。用水压机锻造时,由于压力变化比较平稳,故可根据锻件成形

所需的最大变形力来选择设备吨位。水压机锻造时最大变形力可按以下公式计算

$$F = pS \tag{3.13}$$

式中 F——变形力，N；

     p——坯料与工具接触面上的单位流动压力（即平均单位压力），MPa；

     S——坯料与工具的接触面在水平面内的投影面积，mm^2。

计算单位流动压力时，必须根据不同情况分别进行计算：

①圆形截面坯料镦粗

当 $H/D \geqslant 0.5$ 时 $p = \sigma_s \left(1 + \dfrac{\mu}{3} \dfrac{D}{H}\right)$

当 $H/D < 0.5$ 时 $p = \sigma_s \left(1 + \dfrac{\mu}{4} \dfrac{D}{H}\right)$

式中 σ_s——金属在终锻时变形温度和速度下的真实流动应力，MPa；

     μ——摩擦系数，热锻时 $\mu = 0.3 \sim 0.5$，如无润滑，一般取 $\mu = 0.5$；

     D、H——镦粗后锻件的直径和高度。

②长方形截面坯料镦粗，长为 L、宽为 B、高为 H 的锻件，单位流动压力按下式计算：

$$p = 1.15\sigma_s \left[1 + \frac{3L - B}{6L} \mu \frac{B}{H}\right]$$

③矩形截面坯料在平砧间拔长时，单位流动压力按下式计算：

$$p = 1.15\sigma_s \left[1 + \frac{\mu}{3} \frac{l}{h}\right]$$

式中 l——送进量；

     h——锻件高度。

④圆截面坯料在圆弧砧上拔长时，单位流动压力按下式计算：

$$p = \sigma_s \left(1 + \frac{2}{3} \mu \frac{l}{d}\right)$$

式中 d——锻件直径。

（2）在锻锤上锻造。用锻锤锻造时，由于每一次打击其打击力是不相同的，所以应根据锻件成形所需的变形功来选择设备的打击能量或吨位。

①圆柱体坯料的镦粗变形功 W（单位：J）为

$$W = \sigma_s V \left[\ln \frac{H_0}{H} + \frac{1}{9} \left(\frac{D}{H} - \frac{D_0}{H_0}\right)\right] \times 10^{-3} \tag{3.14}$$

式中 V——锻件的体积，mm^3；

     D、H——锻件的直径和高度，mm；

     D_0、H_0——坯料的直径和高度，mm。

②长板形坯料的镦粗变形功 W（单位：J）为

$$W = \sigma_s V \left[\ln \frac{H_0}{H} + \frac{1}{8} \left(\frac{B}{H} - \frac{B_0}{H_0}\right)\right] \times 10^{-3} \tag{3.15}$$

式中 V——锻件的体积；

     B、H——锻件的宽度和高度；

     B_0、H_0——坯料的宽度和高度。

镦粗时,根据最后一击的变形功 W(变形程度可取 $\varepsilon = 3\% \sim 5\%$),考虑锻锤的打击效率 η,便可计算出所需打击能量 E(单位:J),即

$$E = W / \eta \tag{3.16}$$

通常锻锤吨位是以落下部分的质量 m(单位:kg)表示,与打击能量有如下关系:

$$m = \frac{2}{v^2}\frac{W}{\eta} \tag{3.17}$$

式中　g——重力加速度,$g = 9.8\ \text{m/s}^2$;

　　　v——锻锤打击速度,一般取 $v = 6 \sim 7\ \text{m/s}$;

　　　η——打击效率,一般取 $\eta = 0.7 \sim 0.9$。

如取 $v = 6.5\ \text{m/s}, \eta = 0.8$,则得

$$m = W / 16.9 \tag{3.18}$$

2. 经验类比法

经验类比法是在统计分析生产实践数据的基础上,整理出的经验公式、表格或图线,用来估算锻造所需设备吨位的一种方法,应用时根据锻件的某些主要参数(如质量、尺寸、材质等),直接按公式、表格或图线确定设备吨位。

锻锤吨位 m(单位:kg)可按以下公式计算:

①镦粗时

$$m = (0.002 \sim 0.003)KS \tag{3.19}$$

式中　K——与钢料抗拉强度 R_m 有关的系数,按表 3.6 确定;

　　　S——镦粗结束时锻件与工具的接触面积,mm^2。

②拔长时

$$m = 2.5S \tag{3.20}$$

式中　S——坯料横截面面积,cm^2。

表 3.6　系数 K

R_m / MPa	K
400	$3 \sim 5$
600	$5 \sim 8$
800	$8 \sim 13$

自由锻用锻锤的锻造能力范围见表 3.7。

表 3.7　自由锻锤的锻造能力范围

锻件类型		设备吨位/t						
		$0.25\ t$	$0.5\ t$	$0.75\ t$	$1.0\ t$	$2.0\ t$	$3.0\ t$	$5.0\ t$
圆盘	D/mm	<200	<250	<300	≤400	≤500	≤600	≤750
	H/mm	<35	<50	<100	<150	<250	≤300	≤300
圆环	D/mm	<150	<350	<400	≤500	≤600	≤1 000	≤1 200
	H/mm	≤60	≤75	<100	<150	≤200	<250	≤300

续表 3.7

锻件类型		设备吨位/t						
		0.25 t	0.5 t	0.75 t	1.0 t	2.0 t	3.0 t	5.0 t
圆筒	D/mm	<150	<175	<250	<275	<300	<350	≤700
	d/mm	≥100	≥125	>125	>125	>125	>150	>500
	H/mm	≤150	≤200	≤275	≤300	≤350	≤400	≤550
圆轴	D/mm	<80	<125	<150	≤175	≤225	≤275	≤350
	m/kg	<100	<200	<300	<500	≤750	≤1 000	≤1 500
方块	H/mm	≤80	≤150	≤175	≤200	≤250	≤300	≤450
	m/kg	<25	<50	<70	≤100	≤350	≤800	≤1 000
扁方	B/mm	≤100	≤160	<175	≤200	<400	≤600	≤700
	H/mm	≥7	≥15	≥20	≥25	≥40	≥50	≥70
锻件成形	m/kg	5	20	35	50	70	100	300
吊钩	起吊质量/t	3	5	10	20	30	50	75
钢锭直径/mm		125	200	250	300	400	450	600
钢坯边长/mm		100	175	225	275	350	400	550

3.4.5 制订自由锻工艺规程举例

如图 3.61 所示为齿轮零件,材料为 45 钢,生产数量为 20 件,属小批生产,采用自由锻锻制齿轮坯。其工艺规程制订过程如下:

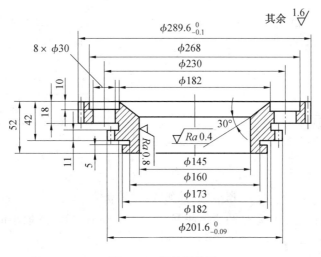

图 3.61 齿轮零件图

1. 设计、绘制锻件图

从图 3.61 可以看出,零件的齿形、狭窄凹槽及 8 个 ϕ30 mm 的孔均不能锻出,应添加余块。

加工余量及公差可从《锤上钢质自由锻件机械加工余量与公差　圆环类》(GB/T 15826.4—1995)上查得：锻件水平方向的双边余量和公差为 $a=(12\pm5)$ mm，锻件高度方向双边余量和公差为 $b=(10\pm4)$ mm，内孔双边余量和公差为 $c=(14\pm6)$ mm，于是便可绘出齿轮的锻件，如图 3.62 所示。

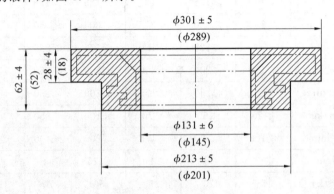

图 3.62　齿轮锻件图

2. 确定变形工序及中间坯料尺寸

根据锻件尺寸、形状，参照图 3.55 变形工序为：镦粗—冲孔—冲子扩孔。根据锻件形状的特点，各工序的坯料尺寸确定如下。

(1)镦粗。由于锻件带有单面凸肩，需采用垫环镦粗，如图 3.63 所示，这时应该确定垫环的孔径和高度尺寸。

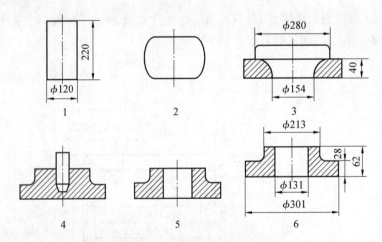

图 3.63　齿轮锻造工艺过程

垫环孔腔体积 $V_{垫}$ 应比锻件凸肩体积 $V_{肩}$ 大 $10\%\sim15\%$（厚壁取小值，薄壁取大值），本例取 12%，经计算，$V_{肩}=753\,253$ mm³，于是

$$V_{垫}=1.12\,V_{肩}=1.12\times753\,253\ \text{mm}^3=843\,643\ (\text{mm}^3)$$

考虑到冲孔时会产生拉缩，垫环高度 $H_{垫}$ 应比锻件凸肩高度 $H_{肩}$ 增大 $15\%\sim35\%$（厚壁取小值，薄壁取大值），本例取 20%。

$$H_{垫} = 1.2H_{肩} = 1.2 \times 34 \text{ mm} = 40.8 \text{ mm},取 40 \text{ mm}$$

垫环内径 $d_{垫}$ 根据体积不变条件求得,即

$$d_{垫} = 1.13\sqrt{\frac{V_{垫}}{H_{垫}}} = 1.13\sqrt{\frac{843\ 643}{40}} \text{ mm} \approx 164 \text{ (mm)}$$

为使坯料从垫环中取出,垫环内壁应有斜度($7°$),上端孔径定为 $\phi 163 \text{ mm}$,下端孔径为 $\phi 154 \text{ mm}$。

为去除氧化皮,在垫环上镦粗前应进行自由镦粗,其工艺过程如图 3.63 所示。自由镦粗后坯料的直径应略小于垫环内径,而经垫环镦粗后上端法兰部分直径应比锻件最大直径小些。

(2)冲孔。为了减少冲孔芯料损耗,同时又不过分增加扩孔次数,冲孔直径 $d_{冲}$ 应小于 $D/3$,即 $d_{冲} \leqslant D/3 = 213/3 \text{ mm} = 71 \text{ (mm)}$,实际选用 $d_{冲} = 60 \text{ mm}$。

(3)扩孔。总扩孔量为锻件孔径减去冲孔直径,即 $131 \text{ mm} - 60 \text{ mm} = 71 \text{ (mm)}$。按表 3.2 每次扩孔量不超过 25 mm,扩孔分三次进行,各次扩孔量分别为 21 mm、25 mm、25 mm。

(4)修整锻件。按锻件图要求进行最后修整。

3. 计算原坯料质量及尺寸

原坯料质量 $m_{坯}$ 包括锻件质量 $m_{锻}$、冲孔芯料质量 $m_{芯}$ 和烧损质量,即

$$m_{坯} = (m_{锻} + m_{芯})(1 + \delta)$$

(1)锻件质量 $m_{锻}$。用锻件体积 $V_{锻}$ 乘以材料的密度 ρ 得锻件质量 $m_{锻}$,锻件体积 $V_{锻}$ 按锻件图公称尺寸计算。锻件质量 $m_{锻}$ 按以下公式计算:

$$m_{锻} = V_{锻}\rho = \frac{\pi}{4}(301^2 \times 28 + 213^2 \times 34 - 131^2 \times 62) \times 7.85 \times 10^{-6} \text{ kg} = 18.58 \text{ (kg)}$$

(2)芯料质量 $m_{芯}$。冲孔毛坯高度 $H_{孔坯} = 1.05H_{锻} = 1.05 \times 62 \text{ mm} = 65 \text{ (mm)}$,$H_{芯} = (0.15 \sim 0.2)H_{孔坯}$,此例系数取 0.2,则 $H_{芯} = 0.2 \times 65 \text{ mm} = 13 \text{ (mm)}$。则芯料质量 $m_{芯}$ 为

$$m_{芯} = \frac{\pi}{4}d_{冲}^2 H_{芯}\rho = \frac{\pi}{4} \times 60^2 \times 13 \times 7.85 \times 10^{-6} \text{ kg} = 0.29 \text{ (kg)}$$

(3)烧损质量 $m_{烧}$。加热二次,烧损率 δ 取 3.5%。

$$m_{烧} = (m_{锻} + m_{芯}) \times \delta = (18.58 + 0.29) \times \frac{3.5}{100} \text{ kg} = 0.66 \text{ (kg)}$$

(4)坯料质量 $m_{坯}$。

$$m_{坯} = m_{锻} + m_{芯} + m_{烧} = (18.58 + 0.29 + 0.66) \text{ kg} = 19.53 \text{ (kg)}$$

由于第一道工步是镦粗,坯料直径按下式计算:

$$D_0 = (0.8 \sim 1.0)\sqrt[3]{\frac{m_{坯}}{\rho}} = (0.8 \sim 1.0)\sqrt[3]{\frac{19.53}{7.85 \times 10^{-6}}} \text{ mm} = 108.4 \sim 135.5 \text{ (mm)}$$

取 $D_0 = 120 \text{ mm}$,则

$$H_0 = \frac{V_{坯}}{\frac{\pi}{4}D_0^2} = \frac{m_{坯}}{\frac{\pi}{4}D_0^2\rho} = \frac{19.53}{\frac{\pi}{4} \times 120^2 \times 7.85 \times 10^{-6}} \text{ mm} = 220 \text{ (mm)}$$

4. 选取锻造设备

齿轮坯为圆环形锻件,$D = 301\ \text{mm}$,$H = 62\ \text{mm}$,查表3.7,应选用0.5 t的自由锻锤。

5. 确定锻造温度范围

45钢属于优质碳素结构钢,查表2.2可知始锻温度为1 200 ℃,终锻温度为800 ℃。

6. 填写工艺卡片

自由锻工艺卡片的内容,主要包括锻件图、锻坯质量尺寸的计算及下料方法、工序安排、火次、加热设备、加热及冷却规范、锻造设备及工具、锻件热处理,最后还须确定工时定额及相应的劳动组织等。齿轮坯锻造工艺卡片见表3.8。

表 3.8 齿轮坯的自由锻工艺卡片

锻件名称	齿轮 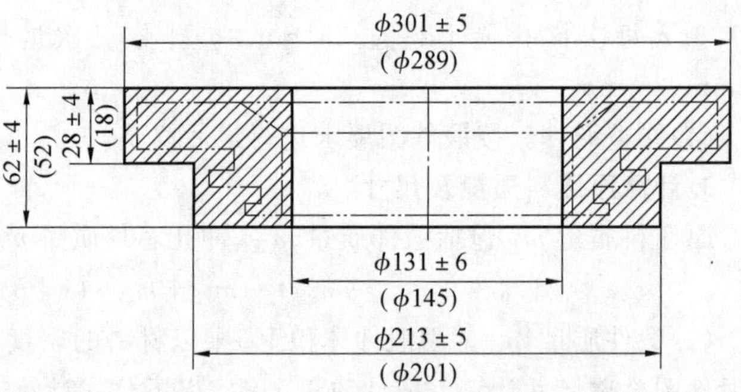
材料	45 钢
坯料质量/kg	19.53
锻件质量/kg	18.58
坯料尺寸/mm	$\phi120\times220$
每坯锻件数	1
生产数量	20

齿轮锻件图

序号	工序名称	成形过程图	设备	工具
1	镦粗	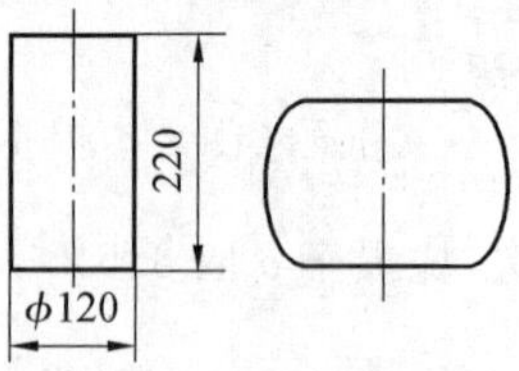	5 kN 自由锻锤	无
2	局部镦粗	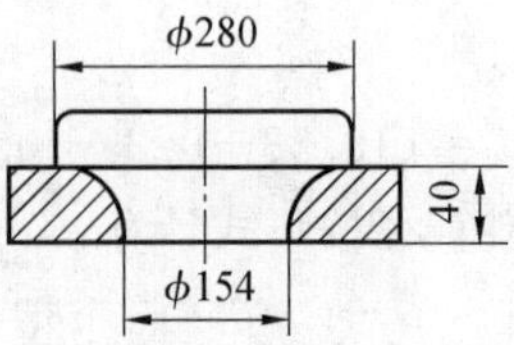	5 kN 自由锻锤	垫环
3	冲孔	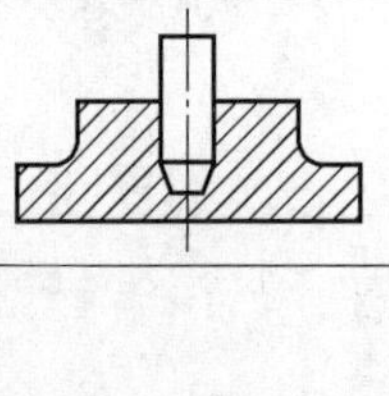	5 kN 自由锻锤	冲头

续表 3.8

序号	工序名称	成形过程图	设备	工具
4	冲头扩孔		5 kN 自由锻锤	冲头
5	修整	$\phi213$　$\phi131$　$\phi301$　28　62	5 kN 自由锻锤	无

思考题与习题

1. 自由锻造有何特点？

2. 自由锻工序如何分类？各工序变形有何特点？

3. 分析镦粗产生鼓形的原因以及改善或消除鼓形采取的措施。

4. 矩形截面坯料拔长时内部横向裂纹和对角线裂纹产生的原因分别是什么？如何防止这些缺陷？

5. 用平砧采用小压缩量拔长圆截面坯料时，易出现的问题有哪些？应当采取什么防止措施？

6. 空心件拔长时孔内壁和端面裂纹产生的原因是什么？应采取哪些防止措施？

7. 如何提高拔长效率？

8. 开式冲孔的质量问题有哪些？应采取什么防止措施？

9. 芯轴扩孔时变形区金属主要沿切向流动的原因是什么？此时锻件尺寸变化特点是什么？应怎样保证壁厚均匀？

10. 弯曲时坯料易产生哪些缺陷？它们产生的原因是什么？

11. 何谓锻造比？锻造比对锻件组织和性能的影响规律是什么？

12. 制订自由锻件图时要考虑哪些因素？

第4章 模锻工艺

模锻是将金属坯料放在锻模的模腔内,使坯料承受冲击或压力而产生塑性变形和流动以获得锻件的锻造方法。

模锻时,金属坯料的变形温度一般高于材料再结晶温度,故常称为热模锻。与自由锻相比,模锻时采用模具控制金属的塑性流动方向,使金属充满模腔,以获得与模腔形状相符的锻件,因而模锻所成形的工件形状比较复杂、尺寸精度高、加工余量较小、材料利用率高。模锻生产率高、操作方便、劳动强度低、容易实现机械化和自动化。但是,受设备吨位限制,锻件质量不能太大,且锻模制造成本高,不适合单件小批量生产,只适用于中小型锻件的大批量生产。模锻广泛应用于汽车、航空、航天、通用机械等行业,在国民经济的发展中占有极重要的地位。汽车上模锻件的典型例子是:发动机连杆和曲轴、前轴、转向节等。

4.1 模锻工艺及模锻件分类

4.1.1 模锻工艺分类

模锻工艺可按不同方法分为以下几类:

(1)按使用的设备不同,模锻工艺可分为锤上模锻、热模锻压力机上模锻、螺旋压力机上模锻、平锻机上模锻等。

(2)按终锻模腔的结构不同,模锻工艺可分为开式模锻和闭式模锻。开式模锻两模间间隙的方向与设备运动的方向垂直;闭式模锻两模间间隙的方向与设备运动的方向平行。

(3)按所用的模腔数目不同,可分为单模腔模锻和多模腔模锻。

(4)按生产的锻件精度不同,可分为普通模锻和精密模锻。普通模锻所生产的锻件应符合对锻件普通级精度的要求;精密模锻所生产的锻件应符合锻件精密级的要求。

4.1.2 模锻件分类

形状相似的锻件,其模锻工艺及锻模结构是基本相同的。因此,为了便于拟定工艺规程,合理设计锻件和锻模,应将各种形状的模锻件进行分类。按照锻件外形和模锻时毛坯的轴线方向,把模锻件分成四类,即长轴类、短轴类(圆盘类)、顶镦类和复合类,见表4.1。

表 4.1 模锻件分类

类别	组别	锻件图例
长轴类锻件	直长轴类锻件	
	弯曲轴类锻件	
	枝芽类锻件	
	叉类锻件	
短轴类锻件	简单形状锻件	
	较复杂形状锻件	
	复杂形状锻件	

续表 4.1

类别	组别	锻件图例
顶镦类锻件	具有粗大部分的杆类锻件	
	具有通孔和不通孔的锻件	$S\phi$
	管类锻件	
复合类锻件	具有粗大头部的长轴类锻件	
	具有等圆截面细长杆部的短轴类锻件	

1. 长轴类锻件

这类锻件主轴线（长度）方向的尺寸明显大于宽度和高度方向的尺寸。毛坯轴线方向与主要变形工步的锻击方向垂直。在模锻模膛中锻造时，金属主要沿高度和宽度方向流动，沿长度（主轴线）方向流动很少，可以近似认为是平面变形。

长轴类锻件的种类很多，根据其外形、主轴线和分模线的特征等可分成以下四组。

第一组：直长轴类锻件。锻件的主轴线和分模线为直线，如连杆和台阶轴等。当锻件的截面变化较小时,采用卡压(或压扁)、预锻、终锻;当锻件的截面变化较大时,采用拔长、滚压(或卡压、预锻)、终锻。

第二组:弯曲轴类锻件。这类锻件的主轴线和分模线,或其中之一呈曲(折)线形状,如曲轴。工艺措施上除要求采用拔长或拔长加滚压制坯外,还需采用弯曲或成形制坯。

第三组:枝芽类锻件。这种锻件上带有突出的枝芽状部分,如离合杆。终锻前除可能需要拔长或拔长加滚压制坯外,为了便于锻出枝芽,还应采用成形制坯或预锻。

第四组:叉类锻件。锻件头部为叉形,杆部或长或短。若杆部较长,需要采用拔长或滚压制坯,还需要采用预锻,预锻模腔在叉口部分有起分料作用的劈料台;若杆部较短,除需要采用拔长或滚压,还要进行弯曲。

2. 短轴类(圆盘类)锻件

在分模面上投影为圆形或长宽尺寸相差不大、主轴线尺寸较短的锻件称为短轴类锻件。毛坯轴线方向与主要变形工步的锻击方向相同。模锻时金属沿高度、宽度和长度三个方向同时变形流动,属于体积变形。短轴类锻件的种类也很多,按其形状复杂的程度,通常分为以下三组。

第一组:简单形状锻件。如法兰盘、筒、环、无薄辐板齿轮等。

第二组:较复杂形状锻件。如十字轴、有薄辐板齿轮等。

第三组:复杂形状锻件。如高毂深孔且有较大突缘的锻件、万向节叉、突缘叉和高肋薄壁锻件等。

对于形状简单的短轴类锻件,采用镦粗制坯,终锻成形;对于形状复杂、有深孔或高肋的锻件,则应增加成形镦粗、卡压、预锻等工步。

3. 顶镦类锻件

这类锻件的一端或两端具有粗大部分,杆部是实心或是空心的。这类锻件常采用顶镦工艺来完成锻件成形。按其形状既可为长轴类锻件,也可为短轴类锻件。热顶镦工艺通常在平锻机上进行,也可在螺旋压力机和热模锻曲柄压力机上进行。冷顶镦可在具有整体凹模或可分凹模的自动冷镦机上完成,用以生产各种标准紧固件。该类锻件可分为三组。

第一组:具有粗大部分的杆类锻件。这类锻件头部无孔或带有不通孔,头部可采用开式模锻或闭式模锻。毛坯直径按锻件杆部直径选用。一般采用单件模锻,采用后挡板定位。通常采用的工步为聚集、预锻、终锻、切边等。聚集(顶镦)可以在凹模内或在凸模的锥形模腔内进行,聚集工步和聚集模腔需按照聚集(顶镦)规则设计,以避免坯料在聚集过程中弯曲和折叠。

第二组:具有通孔和不通孔的锻件。这类锻件可有通孔或不通孔,毛坯直径尽量按孔径选取或保证镦粗比小于7,常用长棒料连续锻造(一坯多件),采用前挡板定位。通常采用的工步为聚集、冲孔。

第三组:管类锻件。这类锻件的管坯直径按锻件杆部直径选取,采用单件后定位模锻。通常采用的工步为聚集、终锻和切边等。

4. 复合类锻件

某些模锻件,兼有上述两类特征。这些锻件可分为两种。一种是具有粗大头部的长轴类锻件,例如汽车转向节。这种锻件的杆部一般都是变截面的或非圆截面的。因此,一般是采用复合模锻工艺,即先按长轴类锻件进行模锻,然后再局部模锻头部。另一种是带等圆截面细长杆部的短轴类锻件,这类锻件具有一段可不变形的等圆截面杆部,仅从头部的几何形状来看,具有短轴类锻件的特征,例如汽车半轴,在大批量生产的情况下,在平锻机上模锻,一端采用两次聚料、预成形和终成形工步,另一端采用终成形、切边工步。若采用一般模锻工艺,则宜于采用能进行局部镦粗成形的胎模锻和摩擦压力机上模锻,对于细长杆部,有时在模锻后还要在空气锤上用摔子进行拔长。

对于复杂类锻件,应根据锻件的形状特点选用前三类锻件所需工步。

4.2 模锻方式及变形分析

按模锻成形工步所用的成形方法的不同,可分为开式模锻、闭式模锻、挤压和顶镦。

4.2.1 开式模锻

开式模锻是金属在不完全受限制的模腔内变形流动,模腔周边带有容纳多余金属的飞边槽。开式模锻变形过程如图4.1所示,模锻过程可以分为三个阶段:第Ⅰ阶段为镦粗变形阶段(若模腔中有凹槽,则称为镦挤阶段),从开始模压到金属与模具侧壁接触为止;第Ⅱ阶段为充满模腔阶段;第Ⅲ阶段为打靠阶段,金属充满模腔后,多余的金属由桥口流出,上下模打靠(接触)。

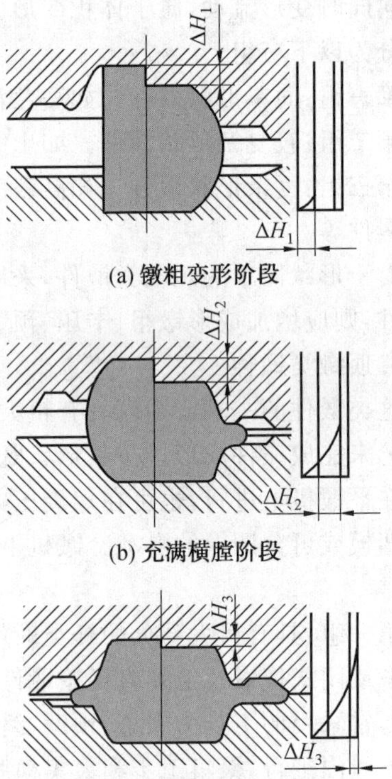

(a) 镦粗变形阶段

(b) 充满横腔阶段

(c) 打靠阶段

图4.1 开式模锻时金属流动过程中的三个阶段

1. 开式模锻各阶段的应力应变分析

(1)第Ⅰ阶段。

第Ⅰ阶段坯料的变形与垫环间镦粗相似(图4.2),变形金属可分为A、B两区。A区的受力情况犹如环形件镦粗,故又可分为内外两区,即$A_内$和$A_外$,其间有一个流动分界面。应当指出,这时由于B区金属的存在使$A_内$区金属向内流动的阻力增大,故与单纯的环形件镦粗相比,流动分界面的位置要向内移。B区内金属的变形犹如在圆形型砧内拔长。各区的应力应变情况如图4.2所示。

各区金属主要沿最大主应力的增大方向流动(如图4.2中箭头所示),即$A_外$区的金属向外流动;$A_内$区和B区的金属向内流动,流入模孔内。在坯料内每一瞬间都有一个流动的分界面,分界面的位置取决于两个方向金属流动的阻力大小。

(2)第Ⅱ阶段。

第Ⅱ阶段,金属也有两个流动方向,金属一方面充填模腔,一方面由桥口处流出形成

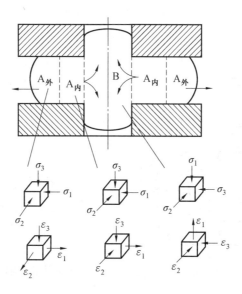

图 4.2　垫环间镦粗时各变形区的应力应变简图

飞边,并逐渐减薄。这时由于模壁阻力,特别是飞边桥口部分的阻力(当阻力足够大时)作用,迫使金属充满模膛。由于这一阶段金属向两个方向流动的阻力都很大,处于明显的三向压应力状态,变形抗力迅速增大。

　　对第Ⅱ阶段变形试验结果的应力－应变分析表明,这一阶段凹圆角充满后变形金属可分为五个区(图 4.3)。A 区和 B 区类似于第一阶段的垫环间镦粗。C 区为弹性变形区,D 区内金属的变形类似外径受限制的环形件镦粗。如图 4.3 所示为各区的应力－应变简图和金属流动方向。

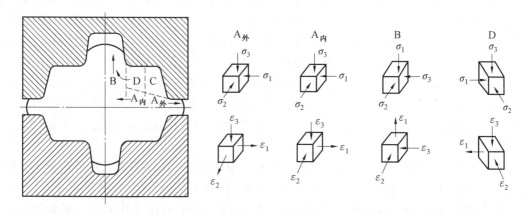

图 4.3　开式模锻时各变形区的应力－应变简图

　　(3)第Ⅲ阶段。

　　第Ⅲ阶段主要是将多余金属排入飞边槽,上下模打靠。此时,变形仅发生在分型面附近的一个区内,其他部位则处于弹性状态(图 4.4)。变形区的应力－应变状态与薄件镦粗一样,如图 4.5 所示。

　　此阶段由于飞边厚度进一步减薄和冷却等关系,多余金属由桥口流出时的阻力很大,变形抗力急剧增大。

第Ⅲ阶段是锻件成形的关键阶段,是变形力最大的阶段,从减小模锻所需的能量来看,第Ⅲ阶段则需尽可能短些。因此,研究锻件的成形问题,主要研究第Ⅱ阶段,而计算变形力时,则应按第Ⅲ阶段。

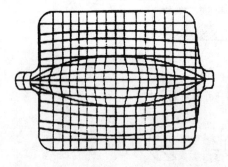
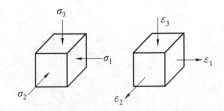

图 4.4　模锻第Ⅲ阶段子午面的网格变化　　图 4.5　模锻第Ⅲ阶段变形区的应力−应变简图

2. 开式模锻时影响金属成形的主要因素

从开式模锻变形金属流动过程的分析中可以看出,变形金属的具体流动情况主要取决于各流动方向上的阻力间的关系,此外,载荷性质(即设备工作速度)等也有一定影响。

(1)模膛(模锻件)形状和尺寸的影响。

通常,金属以镦粗的方式比压入方式更容易充填模膛。压入成形时,影响充填模膛的主要因素有:①摩擦系数;②模壁斜度;③圆角半径;④模膛的宽度与深度;⑤模具温度。

模膛加工的表面粗糙度值小和润滑条件较好时,摩擦阻力小,有利于金属充满模膛。

模膛制成一定的斜度是为了使模锻后的锻件易于从模膛内取出,但是模壁斜度对金属充填模膛是不利的。因为金属充填模膛的过程实质上是一个变截面的挤压过程,金属处于三向压应力状态(图 4.6)。为了使充填过程得以进行,必须使已充填模膛的前端金属满足屈服条件,即 $|\sigma_3| \geqslant \sigma_s$(在上端面 $\sigma_1 = 0$,$\sigma_3 = \sigma_s$)。为保证获得一定大小的 σ_3,当模壁斜度越大时所需的压挤力 F 也越大。在不考虑摩擦的条件下,所需的压挤力 F 与 $\tan \alpha$ 成正比;但如果考虑摩擦的影响,尤其当摩擦阻力较大(等于 τ_s)时,所需压挤力的大小或充填的难易程度就不与 $\tan \alpha$ 成正比关系,因为摩擦力在垂直方向的分力 $\tau_s \cos \alpha$ 随角的增大而减小(图 4.7)。

模具孔口的圆角半径(R)对金属流动的影响很大,当 R 很小时,在孔口外金属质点要拐一个很大的角度再流入孔内,需消耗较多的能量,故不易充满模膛,而且 R 很小时,对某些锻件还可能产生折叠和切断金属纤维。同时,模具孔口处温度升高较快,模锻时容易被压塌,结果使锻件卡在模膛内取不出来,当然孔口处 R 太大要增加金属消耗和切削加工量。总体看来,从保证锻件质量出发,孔口的圆角半径应适当大一些。

在其他条件相同的情况下,模膛越窄,金属向孔内流动时的阻力越大,孔内金属温度的降低也越严重,充满模膛越困难。模膛越深时,充满也越困难。

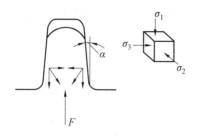

图 4.6　模壁斜度对金属充填模腔的影响

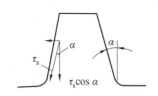

图 4.7　摩擦力对金属充填模腔的影响

模具温度较低时,金属流入孔部后,温度很快降低,变形抗力增大,使金属充填模腔困难,尤其当孔口窄时更为严重。在锤和水压机上模锻铝合金、高温合金锻件时,模具一般均需预热到 $200 \sim 300$ ℃。但是,模具温度过高也不适宜,它会降低模具的寿命。

(2)飞边槽的影响。

常见的飞边槽形式如图 4.8 所示,它包括桥口和仓部。桥口的主要作用是阻止金属外流,迫使金属充满模腔。另外,使飞边厚度减薄,以便于切除。仓部的作用是容纳多余的金属,以免金属流到分型面上,影响上、下模打靠。飞边金属约为锻件质量的 $10\% \sim 50\%$,平均约为 30%。

飞边槽桥口阻止金属外流的作用主要是由于沿上、下接触面摩擦阻力作用的结果,摩擦阻力的大小为 $2b\tau_s$(设摩擦力达最大值,等于 τ_s,如图 4.9 所示)。该摩擦力在桥口处引起的径向压应力(或称桥口阻力)为 $\sigma_1 = 2b\tau_s/h_飞 = b\sigma_s/h_飞$,即桥口阻力的大小与 b 和 $h_飞$ 有关。桥口越宽,高度越小,且 $b/h_飞$ 越大时,阻力也越大。

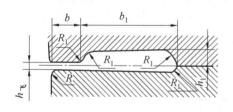

图 4.8　飞边槽

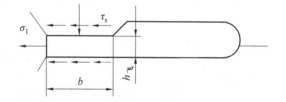

图 4.9　飞边槽桥口处的摩擦阻力

桥口阻力大有利于使金属充满模腔,但是若阻力过大,变形抗力将会很大,可能造成上下模不能打靠等缺陷。因此,要根据模腔充满的难易程度来确定适当的桥口阻力,当模腔较易充满时,$b/h_飞$ 取小一些,反之取大一些。例如,对镦粗成形的锻件(图 4.10(a)),金属容易充满模腔,$b/h_飞$ 应取小一些;对压入成形的锻件(图 4.10(b)),金属较难充满模腔,$b/h_飞$ 应取大一些。

桥口部分的阻力除了与 $b/h_飞$ 有关外,还与飞边部分的变形金属的温度有关,变形过程中,如果此处金属的温度降低很快,则其变形抗力较锻件本体部分要高,从而使桥口处的阻力增大。

在具体设计上,仅考虑 b 与 $h_飞$ 的相对比值是不够的,还应考虑 b 与 $h_飞$ 的绝对值,在实际生产中,b 取得太小,桥口容易被打塌,或很快被磨损掉,具体数据可参考相关资料。

　　同一锻件的不同部分充满的难易程度也不一样,有时可以在锻件上较难充满的部分加大桥口阻力,即增大 b 或减小 $h_{\text{飞}}$。此外,对锻件上难充满的地方,还常常在桥口部分加一个制动槽(图 4.11)。例如模锻带有叉形部分的锻件时,常在叉形部分使用制动槽。

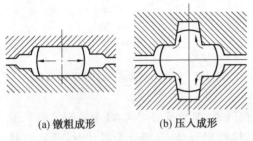

(a) 镦粗成形　　　(b) 压入成形

图 4.10　金属充满模膛的形式

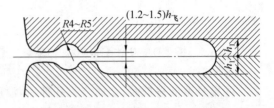

图 4.11　桥口有制动槽的飞边槽

(3)设备工作速度的影响。

　　一般来说,设备工作速度高时,金属变形流动的速度也快,使摩擦系数有所降低,金属流动的惯性和变形热效应的作用也比较大,故设备工作速度的提高利于锻件的成形。

　　在高速锤上模锻时,由于变形金属具有很高的变形速度,所以在模具停止运动时,变形金属仍可以依靠流动惯性继续充填模膛。表 4.2 说明了各种锻压设备工作速度对金属充填模膛的影响。

表 4.2　设备工作速度对金属充填模膛的影响　　　　　　　　　　mm

锻件特征尺寸	锻压设备类型		
	高速锤	模锻锤、螺旋压力机	曲柄压力机
壁厚最小值	1.5	2.0	$3.0 \sim 4.0$
肋厚最小值	$1.0 \sim 1.5$	$1.5 \sim 2.0$	$2.0 \sim 4.0$
腹板厚最小值	1.0	$1.5 \sim 2.0$	$2.0 \sim 3.0$
圆角半径最小值	$0 \sim 1.0$	$2.0 \sim 3.0$	$3.0 \sim 5.0$

4.2.2　闭式模锻

　　闭式模锻无横向飞边,仅有少量纵向飞边。其优点是:①减少飞边材料损耗;②节省切边设备;③有利于金属充满模膛,有利于进行精密模锻;④闭式模锻时金属处于明显的三向压应力状态,有利于低塑性材料的成形等。

　　闭式模锻能够正常进行的必要条件是:①坯料体积准确;②坯料形状合理并能在模膛内准确定位;③能够较准确地控制打击能量或模压力;④有简便的取件措施或顶料机构。

　　闭式模锻的变形过程如图 4.12 所示,可以分为三个变形阶段:①第 Ⅰ 阶段是基本成形阶段(ΔH_1);②第 Ⅱ 阶段是充满阶段(ΔH_2);③第 Ⅲ 阶段是形成纵向飞边阶段(ΔH_3)。各阶段模压力的变化如图 4.13 所示。

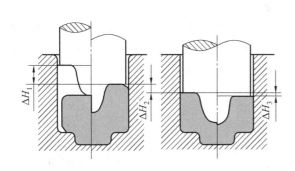
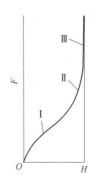

图 4.12 闭式模锻变形过程简图　　　图 4.13 闭式模锻各阶段模压力的变化情况

1. 第 I 阶段——基本成形阶段

第 I 阶段由开始变形至金属基本充满模腔,此阶段变形力的增加相对较慢,而继续变形时变形力将急剧增加。

2. 第 II 阶段——充满阶段

第 II 阶段是由第 I 阶段结束到金属完全充满模腔为止。此阶段结束时的变形力比第 I 阶段末可增大 $2 \sim 3$ 倍,但变形量 ΔH_2 却很小。第 II 阶段开始时,坯料端部的锥形区和坯料中心区都处于近于三向等压应力状态(图 4.14),不发生塑性变形。坯料的变形区位于未充满处附近的两个刚性区之间(图 4.14 中阴影处),并且随着变形过程的进行逐渐缩小,最后消失。

此阶段作用于上模和模腔侧壁的正应力 σ_Z 和 σ_R 的分布情况如图 4.14 所示。模压力 F 和模腔侧壁作用力 F_Q 分别为

$$F = 2 \int_0^R \pi R \sigma_Z \mathrm{d}R \tag{4.1}$$

式中　R——锻件的半径,mm。

$$F_Q = \int_0^H D \sigma_R \mathrm{d}H \tag{4.2}$$

式中　H——锻件的高度,mm。

锻件的高径比 (H/D) 对 F_Q/F 的影响如图 4.15 所示。

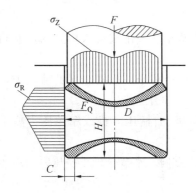
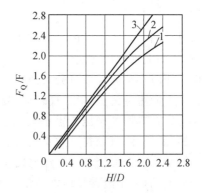

图 4.14 充满阶段变形特点示意图　　图 4.15 锻件高径比 (H/D) 对 F_Q/F 的影响
$1—C/D=1/20$;$2—C/D=1/100$;$3—C/D=1/200$

3. 第Ⅲ阶段——形成纵向飞边阶段

在该阶段,坯料基本上已成为不变形的刚性体,只有在极大的模压力或足够的打击能量作用下,才能使端部金属产生变形流动,形成纵向飞边。飞边的厚度越薄、高度越大,模腔侧壁的压应力 σ_R 也越大。例如,在模锻锤上闭式模锻如图 4.16 所示的低碳钢锻件,当飞边为 0.3 mm × 6.3 mm 时,σ_{Rmax} 可达 1 300 MPa,这样大的 σ_R 将使模腔迅速损坏。

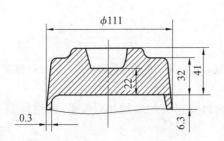

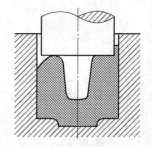

图 4.16　带纵向毛刺的闭式模锻件　　　图 4.17　闭式模锻时金属分布不均的情况

这个阶段的变形对闭式模锻有害无益,不仅影响模具寿命,而且容易产生过大的纵向飞边,清除比较困难。由上述分析可以看出:

(1)闭式模锻变形过程宜在第Ⅱ阶段末结束,即在形成纵向飞边之前结束,应该允许在分型面处有少量充不满或仅形成很矮的纵向飞边。

(2)模壁的受力情况与锻件的 H/D 有关,H/D 越小,模壁受力状况越好。

(3)坯料体积的精确性对锻件尺寸和是否出现纵向飞边有重要影响。

(4)打击能量或模压力是否合适对闭式模锻的成形情况有重要影响。

(5)坯料形状不合适和定位不准确将可能使锻件一边已产生飞边而另一边尚未充满(图 4.17)。生产中,整体都变形的坯料一般以外形定位,而仅局部变形的坯料则以不变形部位定位。为防止坯料在模锻过程中产生纵向弯曲引起的“偏心”流动,对局部镦粗成形的坯料,应使变形部分的高径比 $H_0/D_0 \leqslant 1.4$;对冲孔成形的坯料,一般使 $H_0/D_0 \leqslant 0.9$。

4.2.3　挤压

挤压是金属在三个方向的不均匀压力作用下,从模孔中挤出或流入模腔内以获得所需尺寸、形状的锻件成形方法。

根据挤压时坯料的温度可分为热挤压、温热挤压和冷挤压。根据金属的流动方向与凸模的运动方向可分为正挤压、反挤压、复合挤压和径向挤压。

挤压可以在专用的挤压机上进行,也可以在水压机、曲柄压力机或摩擦压力机上进行,对于较长的制件,可以在卧式水压机上进行。

挤压时金属的变形流动对挤压件的质量有直接的影响。本节分析正挤压时的应力—应变和变形流动,提出改善挤压件质量的措施。

1. 挤压的应力应变分析

挤压时,变形金属也可分为 A、B 两区(图 4.18)。A 区是直接受力区,B 区的受力主要是由 A 区的变形引起的。当坯料不太高时,A 区的变形相当于一个外径受限制的环形件镦粗,B 区的变形犹如在圆形型砧内拔长。两区的应力－应变简图如图 4.18 所示。

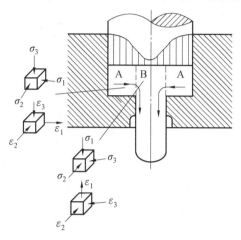

图 4.18 挤压时各变形区的应力－应变简图

根据对 A、B 两区应力和应变情况的分析,很容易算得在 A、B 两区的交界处,两区的轴向应力相差 $2\sigma_s$,即此处存在轴向应力的突变。

在 A 区:
$$\sigma_{径}-\sigma_{轴A}=\sigma_s$$

在 B 区:
$$\sigma_{轴B}-\sigma_{径}=\sigma_s$$

将两式相加后便得

$$\sigma_{轴B}-\sigma_{轴A}=2\sigma_s$$

坯料较低时,该轴向应力突变的情况可以通过试验测出,如图 4.18 所示的应力分布曲线。

2. 挤压时筒内金属的变形流动

挤压时筒内金属的变形流动是不均匀的,如图 4.19 和图 4.20 所示为正反挤压成形时金属的流动特点。在平底凹模内正挤时,金属在挤压筒内的流动有以下三种情况:

(1)第一种情况(图 4.19(a)),当坯料较高但摩擦系数较小或挤压比较小时,仅区域Ⅰ内金属有显著的塑性变形,称为剧烈变形区,在区域Ⅱ内变形很小,可近似地认为金属只是被冲头推移。由图 4.20(a)可看到区域Ⅱ内网格几乎不弯曲。在凹模出口附近的 a 区内(图 4.19(a)),金属变形极小,称为死角或死区。死角区的大小受摩擦力、凹模形状等因素的影响。在第一种情况下死角区较小。

(2)第二种情况(图 4.19(b)),当坯料较高且摩擦系数较大时,由于受筒壁摩擦阻力的影响,轴心部分的金属比筒壁附近的金属流动得快(图 4.20(b)),挤压筒内所有金属都有显著的塑性变形,死角区较第一种情况大。

(3)第三种情况(图 4.19(c)),当坯料很高、摩擦系数也很大且挤压比较大时,由于沿高度方向挤压力损失大,使 A 区轴向压应力的数值在凸模附近比其他部位大,此处较易满足塑性条件,便产生了第三种流动。因轴心部分金属流动的很快,靠近筒壁部分的外层金属流动很慢,死角区也较大。随着凸模向下运动,A 区金属的变形往往先从上部开始,

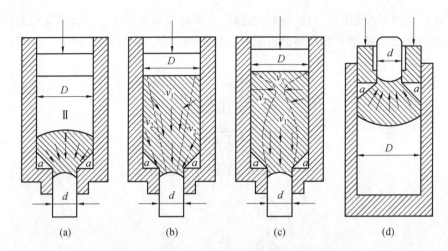

图 4.19　挤压时金属在挤压筒内的流动情况

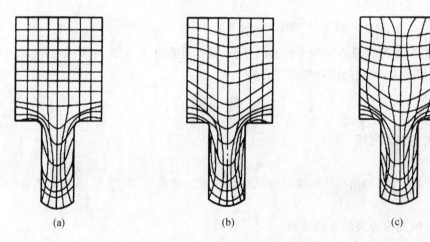

图 4.20　挤压时纵向剖面网格变化图

并向轴心部分流动(图 4.20(c)),于是就形成了图 4.19(c)所示的花瓶状流线。

反挤时(图 4.19(d)),因金属流动不受摩擦阻力和坯料高度的影响,A 区金属在孔口处的轴向压应力数值大,故变形主要集中在孔口附近,与图 4.19(a)和图 4.20(a)中金属的流动相似。

模具的形状对筒内金属的变形和流动有重要影响,由图 4.21 可以看出,中心锥角的大小直接影响金属变形流动的均匀性。中心锥角 $2\alpha = 30°$ 时,变形区集中在凹模口附近,金属流动最均匀,这时挤出部分横向坐标网线的弯曲不大。外层和轴心部分的差别最小,死角区也最小。随着中心锥角增大,变形区的范围逐渐扩大,挤出金属的外层部分和轴心部分的差别也增大,死角区也相应增大。对平底凹模,即当中心锥角 $2\alpha = 180°$ 时,变形区和变形的不均匀程度都将达到最大。

应当指出,采用锥角模具后,筒内金属特别是孔口附近金属的应力应变状态将发生很大的变化。例如 $2\alpha = 150°$ 时,还可能分为 A、B 两区,而 $2\alpha = 30°$ 时,就可能不存在两区了,因为这时在锥角处的径向水平分力很大(图 4.22),变形由挤压变为缩颈了。

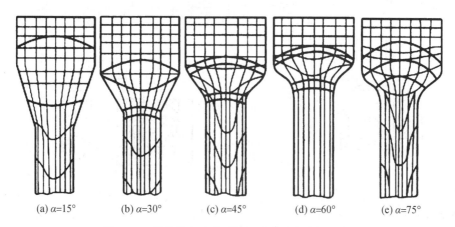

(a) $\alpha=15°$ (b) $\alpha=30°$ (c) $\alpha=45°$ (d) $\alpha=60°$ (e) $\alpha=75°$

图 4.21　凹模锥角大小对挤压时金属流动的影响

　　减小锥角可以改善金属的变形流动情况,但不是在所有情况下都能用的,一方面是受挤压件本身形状的限制;另一方面是某些金属,例如铝合金挤压时,为防止脏东西挤进制件表面,均采用 180°的锥角(即平底凹模)。

　　模具的预热温度越低,变形金属的性能越不均匀(主要指流动应力 σ_s),挤压时的变形流动不均匀性越严重。

　　空心件的挤压模具如图 4.23 所示。图 4.23(a)为正挤压,图 4.23(b)为反挤压。空心件挤压时的应力应变情况与实心件挤压基本相似。

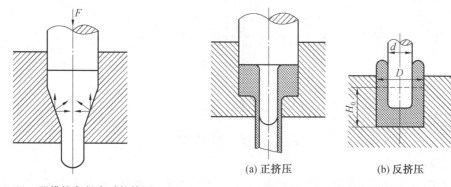

(a) 正挤压　　　　　　(b) 反挤压

图 4.22　凹模锥角很小时的挤压　　　　图 4.23　空心件的挤压模具

　　复合挤压如图 4.24 所示,挤压时,一部分金属的流动方向与凸模的移动方向一致,而另一部分金属的流动方向与凸模的移动方向相反。上部金属材料的流动情况与反挤压相似,下部与正挤压相似。复合挤压主要用于成形杯杆类零件。

　　径向挤压如图 4.25 所示,挤压时,金属的流动方向与凸模的移动方向垂直。径向挤压主要用于成形十字轴、T 形接头等。

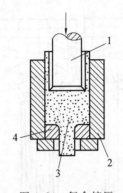
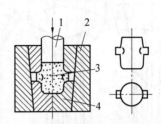

图 4.24 复合挤压 图 4.25 径向挤压
1—凸模；2—挤压筒；3—挤压件；4—凹模 1—凸模；2—模套；3—挤压件；4—凹模

4.2.4 顶镦

对细长杆件沿轴向进行压缩（图 4.26），当压力超过一定数值（临界载荷 F_K）后，杆件便失去稳定而产生弯曲。因此，细长杆形坯料的局部增粗工艺关键是使坯料不产生弯曲，或仅有少量弯曲而不致发展成折叠。

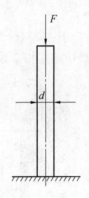

图 4.26 细长杆件的压缩

1. 顶镦

坯料端部的局部镦粗称为顶镦或聚料，顶镦可以在自由锻锤、螺旋压力机、水平锻机和自动冷镦机等设备上进行。螺钉、发动机的气阀、汽车上的半轴等用顶镦生产最为适宜。顶镦的生产效率较高，故在生产中应用较普遍。

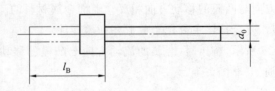

图 4.27 顶镦

坯料顶镦时（图 4.27），如果变形部分长度 l_B 不太长时，不会弯曲。如果 l_B 较长时，则常常由于失稳先产生弯曲，然后发展成折叠，顶镦时的主要问题就是折叠。因此，研究顶镦问题应首先以防止折叠为主要出发点,其次是尽可能减少顶镦次数以提高生产率。

当毛坯上需要顶镦部分长度 l_B 与其直径 d_0 的比值 $\psi(\psi = l_B/d_0)$ 小于允许镦粗比 $\psi_{许}$,以及坯料端部较平时,可以在一次行程中将坯料顶镦到任意大的直径,这就是顶镦(局部镦粗)第一规则。实际生产中由于坯料端面常常有斜度等,容易引起弯曲,生产中一次行程允许的镦粗比 $\psi_{许}$ 的数值按表 4.3 确定。

表 4.3 一次行程 $\psi_{许}$ 的数值

棒料端面情况	平冲头		冲孔冲头	
	$d_0 \leqslant 50$	$d_0 > 50$	$d_0 \leqslant 50$	$d_0 > 50$
$0° \sim 3°$(锯切)	$\psi_{许} = 2.5 + 0.01\,d_0$	$\psi_{许} = 3$	$\psi_{许} = 1.5 + 0.01\,d_0$	$\psi_{许} = 2$
$3° \sim 6°$(剪切)	$\psi_{许} = 2 + 0.01\,d_0$	$\psi_{许} = 2.5$	$\psi_{许} = 1 + 0.01\,d_0$	$\psi_{许} = 1.5$

在平锻机上顶镦时,大多数锻件变形部分长度 l_B 均大于 $3d_0$,例如气阀的 $l_B/d_0 \approx 13$。对这样的细长杆进行顶镦,产生弯曲是不可避免的,关键的问题是如何防止发展成折叠。为此,当 $l_B > 3d_0$ 时,顶镦一般均在模具内进行,靠模壁来限制弯曲的进一步发展。如图 4.28 所示为在凹模内顶镦的情况,如图 4.29 所示为在凸模内顶镦的情况。

在凹模内顶镦,凹模直径与坯料直径之比 D/d_0 不太大时,顶镦初期产生的一些弯曲,在与模壁接触后便不再发展,随着坯料加粗变形而充满模腔。但是,D/d_0 较大时,折叠仍可能产生(图 4.28(b))。因此,对一定直径的坯料,防止折叠产生的关键是控制凹模直径。

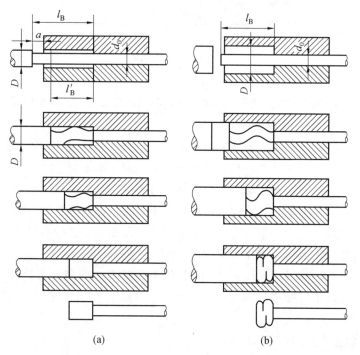

图 4.28 凹模内顶镦

根据生产实践,一般规定如下:

(1)当顶镦后直径 $D \leqslant 1.5 d_0$ 时,则露在外面的坯料长度 $a \leqslant d_0$;

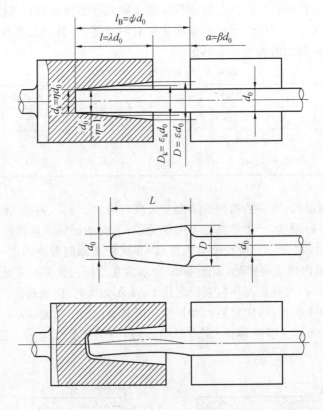

图 4.29 凸模内顶镦

(2)当 $D \leqslant 1.25 d_0$ 时,则取 $a \leqslant 1.5 d_0$。

此即顶镦(局部镦粗)第二规则,通常 $D=1.5 d_0$ 用于 $l_B / d_0 < 10$ 的情况;$D=1.25 d_0$ 用于 $l_B / d_0 > 10$ 的情况。

由该规定可见,每次顶镦的镦缩量是有限的,当坯料的 l_B 较长时,需要经过多次顶镦,使坯料尺寸满足 $l_B \leqslant 2.2 d_0$ 的要求后再顶镦到所需的尺寸和形状。

在凹模内顶镦时,金属易从坯料端部和凹模分模面间挤出形成飞边,这样在下一次顶镦时,飞边被压入锻件内部,形成折叠,所以生产中常采用凸模内顶镦。

在凸模内顶镦时,坯料产生的弯曲也是靠模壁来限制的。模膛直径较大时,也可能产生折叠,防止折叠的产生也是靠控制模膛的直径来实现的。

模膛大头直径 D(或镦缩长度 a)越小时,越不容易产生弯曲和折叠,但是过小了,要增加工步次数,降低生产效率。因此,有必要确定 D(或 $a = \beta d_0$)的临界值(超过此值时就要产生折叠)。

根据实验和生产实践,一般规定如下:

(1)当 $D \leqslant 1.5 d_0$ 时,$a = \beta d_0 \leqslant 2 d_0$;

(2)当 $D \leqslant 1.25 d_0$ 时,$a = \beta d_0 \leqslant 3 d_0$。

此即顶镦(局部镦粗)第三规则。当 $\psi=l_B/d_0$ 较大时,需要进行多次顶镦。

2. 电热镦粗

电热镦粗的变形过程如图 4.30 所示。镦粗过程的某一瞬间变形部分的长度与其平均直径之比均小于 2.5,因此,在一般情况下,不会产生弯曲和折叠。电热镦粗的基本工作原理如图 4.31 所示,垫铁和活动夹头接在降压变压器的副绕组电路上,变压器的初级绕组通过接触器接在 50 Hz 的电力网路上。工作时,活动夹头夹住坯料(夹持的松紧度决定于液压缸的压力)。坯料一端被液压缸的活塞由砧头顶向垫铁,这时垫铁和活动夹头成为变压器的两个电极。通电后坯料 A 段迅速被加热,当达到 900 ~ 1 150 ℃时,A 段由于液压缸的压缩被镦粗,随着砧头向左移动,A 段被连续地镦粗,直到砧头抵住定位挡铁为止。电镦初期,在坯料被镦缩的同时,垫铁 1 也要向左移动一段距离(到挡铁为止)。其目的是为了减小 l_B/d_0。垫铁的向左移动是靠液压缸 5 和液压缸 10 的压力差产生的。

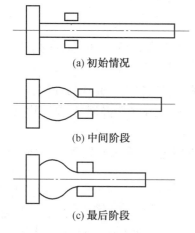

(a) 初始情况

(b) 中间阶段

(c) 最后阶段

图 4.30 电热镦粗变形过程

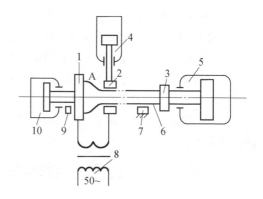

图 4.31 电热镦粗工作原理图

1—垫铁;2—活动夹头;3—砧头;4 、5 、10—液压缸;
6—坯料;7—定位挡铁;8—变压器;9—挡铁

电热镦粗后坯料一般呈蒜头状,温度尚保持在 1 000 ~ 1 200 ℃,立即卸去液压缸 5 和 10 的压力,松开夹头,将坯料运送到摩擦压力机上即可终锻成所需形状的锻件。

电热镦粗的生产率可达 400~500 件/h,电镦的坯料变形部分长度与其直径之比可达 35。

3. 在带有导向的模具中镦粗

在带有导向的模具中镦粗的变形过程如图 4.32 所示。镦粗开始时,坯料稍有变粗和弯曲,并与模具导向部分接触,使弯曲受到限制。继续镦粗时,位于导向部分的坯料(B区)处于三向压应力状态,且横向的变形被限制,而下部的 A 区处于单向压应力状态,因

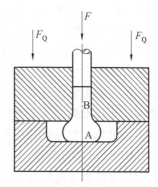

图 4.32 在带有导向的模具中的镦粗

此变形便在 A 区发生。由于 A 区的 l/d 值较小,不会产生失稳弯曲。这种方法可以在一次行程内获得较大的压缩变形,适用于一般通用设备上细长坯料的镦粗。

由于采用这种方法镦粗时,A 区侧表面部分受到的附加拉应力比一般镦粗的大(因为外区金属的切向伸长完全是由中心部分金属的向外扩张引起的),容易开裂。因此,对材料的塑性要求高一些。

4.3 锤上模锻和压力机上模锻的特点

4.3.1 锤上模锻的特点

锤上模锻是在自由锻、胎模锻基础上发展起来的一种锻造方法,适用于中小型锻件的成批或大批量生产。

与其他模锻方法相比,锤上模锻具有下列工艺特点:

(1)由于靠冲击力使金属变形,可以利用金属流动惯性充满模膛,上模模膛较下模模膛具有更好的填充性,锻件上难充满的部分应尽量放在上模。

(2)锤头行程不固定,金属在各模膛中的变形是在锤头多次打击下完成的,因此,可在锤上实现拔长、滚压等各种模锻工步。模锻锤一般不需要其他设备为其制坯,具有广泛的适应性和通用性。

(3)模锻锤的导向精度较差、工作时的冲击和行程不固定、无顶出装置等因素使模锻件的精度不高。

4.3.2 热模锻压力机上模锻的特点

热模锻压力机简称锻压机,它是针对模锻锤的缺点由一般曲柄压力机发展而成的。热模锻压力机上模锻工艺及模具设计有以下特点:

(1)在热模锻压力机上,由于滑块的运动速度低,金属沿高度方向流动的惯性小,且金属在一次行程内完成变形,故金属在水平方向的流动较为强烈,以致形成较大的飞边。对于主要靠压入法充填模膛的锻件,可能在模膛深处产生未充满现象。因此,对于主要靠压入方式成形的锻件,在热模锻压力机上应采用多模膛模锻使坯料逐步成形。此外,锤上模锻时金属充填上模的能力比下模强得多,而在锻压机上并无明显差别,如图 4.33 所示,这是因为压力机滑块工作速度低,惯性作用不明显所致。

(2)金属变形在滑块一次行程中完成,坯料内外层几乎同时发生变形,因此变形深透而均匀,锻件各处的力学性能基本一致,流线分布也较均匀,有利于提高锻件的内部质量。

(3)锻件尺寸精度高。由于滑块行程固定、机架刚性大而保证了锻件高度方向尺寸;滑块导向精确、模具设有导柱和导套保证了水平方向尺寸。此外,热模锻压力机设有上、下顶出机构,故模锻件的模锻斜度较小,甚至可以锻出不带模锻斜度的锻件。

(4)由于具有静压力的特性,金属在模膛内的流动较缓慢,这对变形速度敏感的低塑性合金的成形十分有利,故某些不适宜在锤上模锻的耐热合金、镁合金等金属可在热模锻压力机上进行锻造。

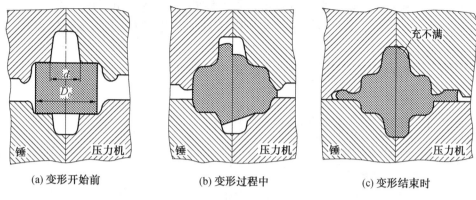

(a) 变形开始前   (b) 变形过程中   (c) 变形结束时

图 4.33　金属在模锻锤及热模锻压力机上的充填情况

（5）由于热模锻压力机行程固定，因此不适合拔长和滚压等制坯工步。它只能完成断面变化不大（为 $10\% \sim 15\%$）的制坯操作，若断面变化较大需采用拔长和滚压等制坯工步时，应利用其他设备制坯，例如采用辊锻机制坯，或利用锻锤、楔横轧机进行制坯，然后在锻压机上模锻成形。

（6）锻压时坯料表面的氧化皮不易去除，因此应尽量采用电加热或少氧化、无氧化加热，在用一般加热方法加热时，需配备氧化皮清除装置，如采用高压水装置或机械刷进行清理。

（7）可以采用镶块组合结构模具，为防止设备闷车，上、下模分型面不能压靠，必须留有间隙。

热模锻压力机的优点使其越来越多地代替模锻锤，并利用辊锻机制坯，采用电感应加热坯料，实现大批量、专业化生产。但热模锻压力机与同样能力的模锻锤相比造价高，在锻件批量不大的情况下采用热模锻压力机生产成本高。

4.3.3　螺旋压力机上模锻的特点

螺旋压力机是介于模锻锤和热模锻压力机之间，并属于锻锤类的一种设备。螺旋压力机上模锻有如下特点：

（1）因螺旋压力机具有锤类设备的工作特性，在一个模腔可进行多次打击变形，从而可为大变形工序（如镦粗、挤压等）提供大的变形能量。同时，也可为小变形工序（如终锻合模阶段、精压、压印等）提供较大的变形力，因而能满足各种主要锻压工序的变形力和变形能要求。螺旋压力机还具有曲柄压力机的工作特性，滑块和工作台之间所受的力由压力机封闭框架所承受。

（2）因滑块行程不固定及有顶出装置，锻件精度不受设备自身弹性变形的影响，所以较宜进行闭式模锻、精密模锻和长杆类锻件的镦锻。在用于挤压、切边及板料冲压时，须在模具上增设限制行程装置。

（3）由于有顶出装置，模锻斜度可减小至约 1°。

（4）由于单位时间内的行程次数少，行程速度较低，所以，金属变形过程中的再结晶现象进行得充分一些，因而较适合一些再结晶速度较低的低塑性合金钢和有色金属材料。

（5）在一般情况下，螺旋压力机只能进行单模腔锻造，用自由锻锤、辊锻机等设备制坯。也可在偏心力不大的情况下布置两个模腔，如压弯和终锻模腔，或者镦粗和终锻模腔。但是两个模腔的中心距离不应超过螺杆节圆的半径。

（6）由于打击速度低，可采用组合式锻模，从而简化模具制造过程，缩短生产周期，并可节省模具钢和降低成本。

4.3.4 平锻机上模锻的特点

平锻机按其凹模分模方式不同，可分为垂直分模平锻机和水平分模平锻机。

1. 平锻机上模锻的特点

（1）锻造时坯料水平放置，其长度不受设备工作空间的限制，可锻出立式锻压设备不能锻出的长杆类锻件，也可用长棒料逐个连续锻造。

（2）有两个分型面，因而可以锻出一般立式锻压设备难以锻出的，在两个方向有凹档、凹孔的锻件（如双凸缘轴套等），锻件形状更接近零件形状。

（3）平锻机导向性好、行程固定，锻件长度方向尺寸稳定性比锤上模锻高。但传动机构受力产生的弹性变形随锻压力的增大而增加。所以，要合理预调模具闭合尺寸，否则将影响锻件长度方向尺寸的精度。

（4）平锻机可进行开式模锻和闭式模锻，可进行终锻成形和制坯，也可进行弯曲、压扁、切料、穿孔、切边等工步。

2. 平锻机上模锻的缺点

（1）平锻机是模锻设备中结构最复杂的一种，价格贵、投资大。

（2）靠凹模夹紧棒料进行锻造成形，一般要用高精度热轧钢材或冷拔整径钢材，否则会夹不紧或在凹模间产生大的纵向飞边。

（3）锻前需用特殊装置清除坯料上的氧化皮，否则锻件表面粗糙度比锤上锻件高。

（4）平锻机工艺适应性差，不适宜模锻非对称锻件。

由于各种模锻设备的工作特性不同，其锻模设计也有所差异。

4.4 模锻件图设计

模锻件图是编制模锻工艺、设计和制造锻模、指导生产、检验锻件的依据。锻件图是根据产品零件图设计的，它可分为冷锻件图和热锻件图。冷锻件图是用于最终锻件检验，也是机械加工部门制订加工工艺、设计加工夹具的依据，一般冷锻件图简称锻件图。热锻件图是根据冷锻件图设计的，用于锻模的设计和制造，所以又被称为"制模用锻件图"。

本节主要介绍锤上模锻件图设计，其他设备上模锻件图只介绍其设计特点。

4.4.1 锤上模锻锻件图设计

1. 确定分型面

分型面位置和形状选择的正确与否会影响到锻件成形、锻件出模、锻件质量、材料利用率和模具制造的复杂程度等。选择分模位置的最基本原则是：保证锻件容易从锻模模腔中取出,锻件形状尽量与零件形状相同,并应争取获得镦粗充满成形的良好效果。为此,锻件分模位置应选在具有最大水平投影尺寸的位置上,如图 4.34 所示。

在保证上述分模原则的基础上,确定开式模锻的分模位置时,为提高锻件质量和生产过程的稳定性,还应满足下列要求:

(1)为了便于发现上下模在模锻过程中的错移,分模位置应设在锻件侧面的中部,如图 4.34 所示的连杆锻件,分模位置在 A—A 线上,而不是在 B—B 或 C—C 线上。如图 4.35 所示的齿轮类锻件分模位置应设在 A—A 线上,而不应在 B—B 线上。

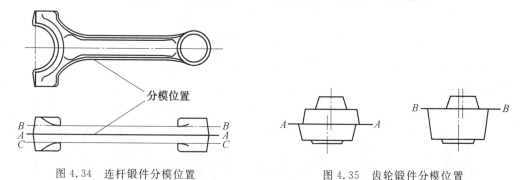

图 4.34 连杆锻件分模位置　　　　图 4.35 齿轮锻件分模位置

(2)为了使锻模结构简单和模具制造方便,并防止上下模错移,尽量采用平面分模,如图 4.36(a)所示,而不宜选用图 4.36(b)所示的情况。

(3)头部尺寸较大的长轴类锻件,不宜用平面分模,如图 4.37 所示。为使模腔较深的底部圆角能充满,应用折线分模,使上下模的模腔深度大致相等。

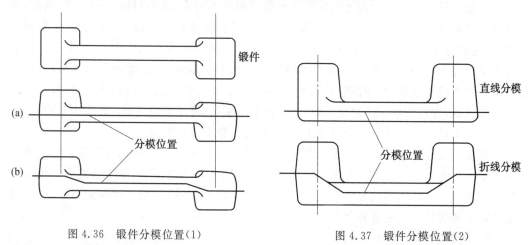

图 4.36 锻件分模位置(1)　　　　图 4.37 锻件分模位置(2)

(4)为了便于锻模、切边模加工制造和减少金属损耗,当短轴类锻件的 $H \leqslant D$ 时,应取径向分模,如图 4.38(b)所示,不应选图 4.38(c)所示的轴向分模。

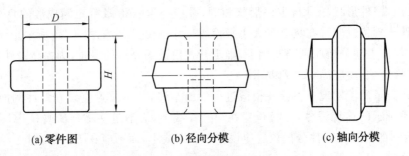

(a)零件图   (b)径向分模   (c)轴向分模

图 4.38　短轴类锻件分模位置

（5）对于有金属流线方向要求的锻件，应考虑锻件工作时的受力特点。如图 4.39 所示的锻件，Ⅱ—Ⅱ处在工作中承受剪应力，其流线方向应与剪切方向相垂直，因此取Ⅰ—Ⅰ为分模位置。

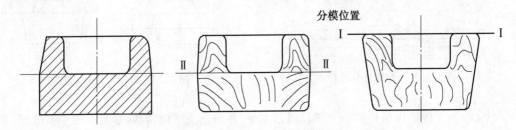

图 4.39　对金属流线方向有要求的锻件分模位置

2.确定锻件的机械加工余量和公差

普通模锻方法尚不能满足机械零件对形状和尺寸精度、表面粗糙度等要求，因此，普通模锻件都要经过机械加工成为合格的零件。普通模锻件达不到零件要求的主要原因是：①坯料在高温下产生表面氧化、脱碳以及合金元素蒸发或其他污染现象，甚至产生表面力学性能不合格或其他缺陷；②坯料体积变化及终锻温度波动，锻件尺寸不易控制；③由于锻件出模的需要，模膛侧壁必须带有斜度，因此锻件侧壁需增加敷料；④模膛磨损和上下模错移，导致锻件尺寸出现偏差；⑤零件形状复杂，难于锻造成形。由以上分析可知，锻件尺寸不仅要在零件上加上机械加工余量，还要规定合适的公差。

钢质模锻件机械加工余量及公差在标准 GB/T 12362—2003 中已有规定。标准所列出的主要公差项目有：长度、宽度和高度公差；错差；残留飞边公差；厚度公差等。根据锻件的基本尺寸、质量、形状复杂系数、分模线形状、锻件材质以及精度等级诸因素，用查表法确定标准所规定的余量和公差。

（1）各影响因素的确定方法。

①锻件质量。根据锻件公称尺寸计算锻件的质量，在锻件图未设计前可根据锻件大小初定余量进行计算。

②锻件形状复杂系数。锻件形状复杂系数（S）是锻件质量或体积（m_d，V_d）与其外廓包容体的质量或体积（m_b，V_b）的比值，即

$$S = \frac{m_d}{m_b} = \frac{V_d}{V_b} \tag{4.3}$$

圆形锻件的外廓包容体质量 m_b 和体积 V_b(图 4.40)为

$$m_b = \frac{\pi}{4}d^2h\rho; \quad V_b = \frac{\pi}{4}d^2h$$

式中 ρ——锻件所用材料的密度。

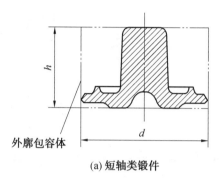

(a) 短轴类锻件

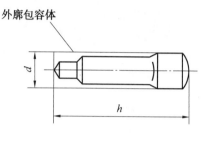

(b) 长轴类锻件

图 4.40 圆形锻件的外廓包容体

非圆形锻件的外廓包容体质量 m_b 和体积 V_b(图 4.41)为

$$m_b = lbh\rho; \quad V_b = lbh$$

锻件形状复杂系数可分为四个等级,见表 4.4。

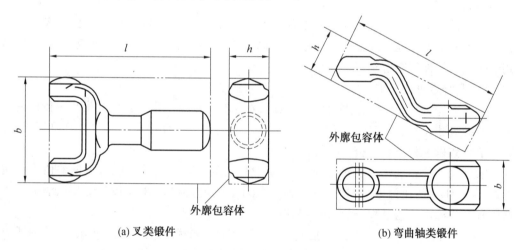

(a) 叉类锻件

(b) 弯曲轴类锻件

图 4.41 非圆形锻件的外廓包容体

表 4.4 锻件形状复杂程度等级

级别	代号	形状复杂系数值	形状复杂程度
I	S_1	0.63 ~ 1	简单
II	S_2	0.32 ~ 0.63	一般
III	S_3	0.16 ~ 0.32	较复杂
IV	S_4	$\leqslant 0.16$	复杂

当锻件为薄形圆盘或法兰时,其圆盘厚度和直径之比等于或小于 0.2 时,可不必计算

锻件形状复杂系数，直接采用 S_4 级。

③分模线形状。分模线形状分为两类：a. 平直或对称弯曲分模线（图 4.42(a)、(b)）；b. 不对称分模线（图 4.42(c)）。

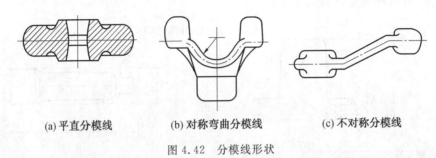

(a) 平直分模线　　　(b) 对称弯曲分模线　　　(c) 不对称分模线

图 4.42　分模线形状

④锻件材质系数 M。材质系数是按材料可锻性难易程度而划分等级的。材质系数不同，公差不同。钢质模锻件的材质系数分为 M_1 和 M_2 两级。

M_1——碳的质量分数小于 0.65% 的碳钢或合金元素总质量分数小于 3.0% 的合金钢。

M_2——碳的质量分数大于或等于 0.65% 的碳钢或合金元素总质量分数大于或等于 3.0% 的合金钢。

⑤锻件公差等级。钢质模锻件公差一般分为两级：普通级和精密级。普通级公差是指用一般模锻方法能达到的精度公差，适用于开式模锻件。精密级公差有较高的精度，适用于闭式模锻件和精密模锻件。

(2)几种常见的公差。

①长度、宽度和高度尺寸的公差。长度、宽度和高度尺寸指的是在分模线一侧同一块模具上的尺寸。长度、宽度和高度尺寸的公差，可根据锻件公称尺寸、质量、公差等级、形状复杂系数以及材质系数查表确定。

锻件尺寸公差规定为非对称分布，对于锻件上的外表面尺寸，其正、负偏差值大致按 +2/3 和 -1/3 的比例分配；对于内表面尺寸，正、负偏差值按 +1/3 和 -2/3 的比例分配。这样有利于稳定工艺过程，提高锻模使用寿命。

②厚度公差。厚度尺寸是指通过分模线的尺寸。由模锻工艺特点可知，锻件的所有厚度尺寸公差应该是一致的，因此，厚度公差可按锻件的最大厚度尺寸查表确定，其正、负偏差值一般按 +3/4、-1/4 或 +2/3、-1/3 的比例分配。

③冲孔公差。冲孔尺寸属内表面尺寸，冲孔直径的正、负偏差按 +1/4 和 -3/4 的比例分配。

④错移公差。错移是指锻件在分模线上半部的任一点和下半部对应点之间所偏移的允许范围，其值只与锻件质量和分模线形状有关。

⑤残留飞边公差。锻件切边后，其横向残留的飞边公差值也是只与锻件质量和分模线形状有关。

⑥表面缺陷。表面缺陷是指锻件表面的凹坑、脱碳等。锻件在加工表面的表面缺陷深度一般允许不超过加工余量的 1/2，非加工表面的表面缺陷最大深度一般为厚度公差

的 1/3。

3. 模锻斜度

为使锻件成形后可顺利地由模膛中取出,锻件侧表面必须带有斜度,称为模锻斜度。模锻斜度可以是锻件侧表面上附加的斜度,也可以是侧表面上的自然斜度。锻件外壁上的斜度称为外模锻斜度(α),锻件内壁上的斜度称为内模锻斜度(β),如图 4.43 所示。

模锻时金属被压入模膛后,锻模也受到弹性压缩,外力去除后,模壁弹性回复而夹紧锻件,对锻件产生很大的压力 F(图 4.44)。取出锻件时,要克服模壁对锻件的摩擦阻力以及锻件自重。模锻斜度 α 使模壁产生一个脱模分力 $F\sin\alpha$ 以抵消模壁对锻件的摩擦阻力 $F_{\mathrm{T}}\cos\alpha$,从而减少取出锻件所需的力。如忽略锻件本身质量,则取出力 $F_{取}$ 为

$$F_{取} = F_{\mathrm{T}}\cos\alpha - F\sin\alpha = F(\mu\cos\alpha - \sin\alpha) \tag{4.4}$$

当 $\mu\cos\alpha = \sin\alpha$,即 $\tan\alpha = \mu$ 时,$F_{取} = 0$,此时具备自然脱模条件,即 α 越大,$F_{取}$ 越小,α 达到一定值时,锻件不需外力就可自行脱模。但是,模锻斜度增大会增加金属的消耗和机械加工余量,同时,模锻时金属所受到的模壁阻力也增大,使金属充填困难。因此,在保证锻件能顺利取出的前提下,要尽量选用较小的模锻斜度。

模锻斜度与锻件形状和尺寸、斜度的位置、锻件材料等因素有关。钢质模锻件的模锻斜度可按《钢质模锻件 通用技术条件》(GB/T 12361—2003)的规定确定。对于窄而深的模膛,锻件难以取出,应采用较大的斜度。锻件内模锻斜度 β 应比外模锻斜度 α 大一级,因锻件在冷缩时,外壁趋向于离开模壁,而内壁则包在模膛突出部分不易取出。不同锻件材料所需斜度不同,铝、镁合金较钢锻件和耐热合金锻件所需模锻斜度小。

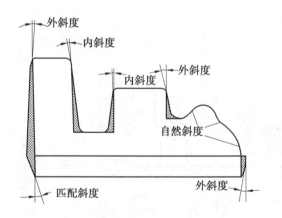

图 4.43 锻件上的模锻斜度

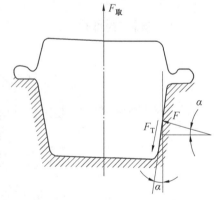

图 4.44 锻件出模受力分析

模膛上的斜度是用指状标准铣刀加工而成,所以模锻斜度应选用 3°、5°、7°、10°、12°、15°等标准度数,以便与铣刀规格一致。同一锻件上的外模锻斜度或内模锻斜度不宜用多种斜度,一般情况下,内外模锻斜度各取其统一数值。

在确定模锻斜度时还应注意到以下几点:

①为使锻件容易从模膛中取出,对于高度较小的锻件可以采用较大的斜度。如生产中对于高度小于 50 mm 的锻件,若查得的斜度为 3°时,均改为 5°;对高度小于 30 mm 的锻件,若查得的斜度为 3°或 5°时,均改为 7°。

②应注意上、下模模膛深度不同的模锻斜度的匹配关系,此时称为匹配斜度(图 4.43)。匹配斜度是为了使分模线两侧的模锻斜度相互接头,而人为增大了斜度。

③自然斜度是锻件倾斜侧面上固有的斜度,或是将锻件倾斜一定角度后所得到的斜度。只要锻件能够形成自然斜度,就不必另外增设模锻斜度。

4. 圆角半径

锻件上的圆角半径对于保证金属流动、提高锻模寿命、提高锻件质量和便于出模等十分重要。因此,在锻件上各相交表面处必须做出圆角,不允许呈尖角状(图 4.45)。

锻件上的凸圆角半径 r 称为外圆角半径,凹圆角半径 R 称为内圆角半径。可以看出,r 的作用是避免锻模在热处理和模锻过程中因应力集中导致开裂(图 4.46),并保证金属充满模膛。R 的作用是使金属易于流动充填模膛,防止模膛过早被压塌和产生折叠(图4.46、图 4.47),并防止纤维被割断(图 4.48),导致锻件力学性能下降。

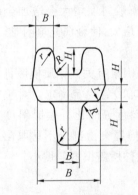

图 4.45 模锻件的圆角半径

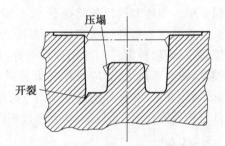

图 4.46 圆角半径过小对模具的影响

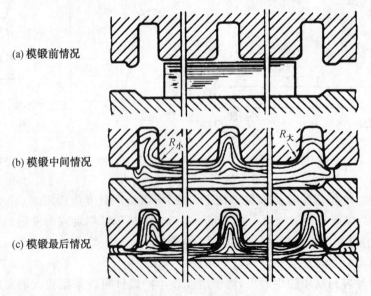

(a) 模锻前情况

(b) 模锻中间情况

(c) 模锻最后情况

图 4.47 折叠与圆角半径的关系

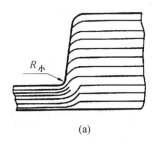 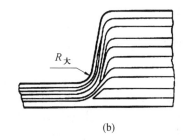

(a)   (b)

图 4.48 圆角半径对金属纤维的影响

圆角半径的大小与锻件的形状尺寸有关。锻件高度尺寸大,圆角半径也应增大,其值可按(GB/T 12361—2003《钢质模锻件 通用技术条件》)的有关规定确定。

在确定锻件圆角半径时应注意以下三点:

①为了适应制造模具所用刀具的标准化,圆角半径(单位:mm)应按以下标准数值选取:1.0、1.5、2.5、3.0、4.0、5.0、6.0、8.0、10.0、12.0、15.0、20.0、25.0、30.0。

②为保证锻件外圆角处的最小余量,外圆角半径可按下式确定:

$$r = a + s$$

式中 a——余量;

  s——零件相应处圆角半径或倒角值。

③锻件上的内圆角半径 R 应比外圆角半径 r 大,一般取 $R = (2 \sim 3)r$。

5. 冲孔连皮

对于有内孔的模锻件,锤上模锻不能直接锻出透孔,必须在孔内保留一层连皮,形成不通孔,然后在切边压力机上冲除。连皮厚度应设计合理,若连皮过薄,锻件成形需要较大的打击力并容易发生锻不足现象,从而导致模膛凸出部分加速磨损或打塌;若连皮太厚会使锻件冲除连皮困难,使锻件形状走样并造成金属浪费。所以在设计有内孔的锻件时,必须正确设计连皮的形状和尺寸。

(1)平底连皮(图 4.49)。平底连皮是较常用的一种形式,通常用于 $d < 2.5h$,或 $25~\text{mm} < d < 60~\text{mm}$ 的孔。连皮厚度 s(单位:mm)可按下式计算:

$$s = 0.45\sqrt{d - 0.25h - 5} + 0.6\sqrt{h}$$

式中 d——锻件内孔直径,mm;

  h——锻件内孔深度,mm。

连皮上的圆角半径 R_1,可按下式确定:

$$R_1 = R + 0.1h + 2~\text{mm}$$

(2)斜底连皮(图 4.50)。斜底连皮用于较大的内孔,一般在 $d > 2.5h$ 或 $d > 60~\text{mm}$ 时采用。对于较大的孔,平底连皮不利于锻件内孔处的多余金属向四周排除,且容易在连皮周边处产生折叠,冲头也容易过早磨损或压塌。而采用斜底连皮,连皮周边的厚度大,既有助于排除多余金属,又可避免形成折叠。但斜底连皮在被冲除时容易引起锻件变形。斜底连皮主要尺寸为

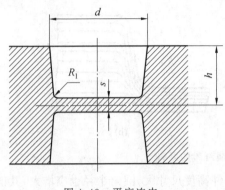

图 4.49 平底连皮

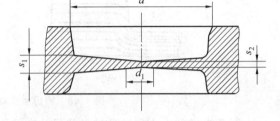

图 4.50 斜底连皮

$$d_1 = (0.25 \sim 0.3)d$$
$$s_1 = 1.35s; \quad s_2 = 0.65s$$

式中　d_1——考虑坯料在模膛中定位所需的平台直径；

　　　s——按平底连皮计算的厚度。

（3）带仓连皮（图 4.51）。若锻件需采用预锻成形，对于比较大的孔，可在预锻模膛中采用斜底连皮，而在终锻模膛中采用带仓连皮。终锻成形时，内孔中多余的金属不是全部向外排出，而是挤入连皮仓部，这样可避免折叠产生。带仓连皮的优点是周边薄、易于冲除，且锻件形状不走样。

带仓连皮的厚度 s 和宽度 b，由飞边槽桥口高度 $h_{\text{飞}}$ 和桥口宽度 b 确定。仓部体积应足够容纳预锻后斜底连皮上多余的金属。

（4）拱底连皮（图 4.52）。锻件内孔大（$d > 15h$），且高度又较小时，金属向外流出更为困难，宜采用拱底连皮。拱底连皮可避免在连皮周边产生折叠或穿筋裂纹，可以容纳更多的金属，且冲切时比较省力。其尺寸可由下式确定：$s = 0.4d^{0.5}$，$R_2 = 5h$，R_1 由作图选定。

模锻件的连皮将损耗一部分金属。为了节约金属，在生产中可把连皮用于生产其他小锻件，或者同时模锻出两种锻件，常称为合锻或复合模锻。

对于直径小于 25 mm 的小孔一般不在锻件上做出，以避免冲头部分压塌磨损。

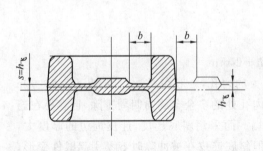

图 4.51 带仓连皮

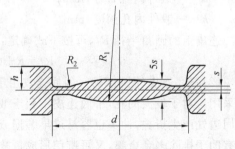

图 4.52 拱底连皮

6. 模锻锻件图和锻件技术条件

模锻锻件图（冷锻件图）也是在零件图的基础上，加上机械加工余量、余块或其他特殊留量后绘制的，图中锻件外形用粗实线表示，零件外形用双点划线表示，以便了解各处的加工余量是否满足要求。锻件的公称尺寸与公差注在尺寸线的上面，而零件的尺寸注在尺寸线的下面的括号内。锻件图中无法表示的有关锻件质量和检验要求的内容，均应列入技术条件中说明。模锻件技术条件可参照《钢质模锻件 公差及机械加工余量》（GB/T 12362—2003）和《钢质模锻件 通用技术条件》（GB/T 12361—2003）的有关规定制订。一般包括以下内容：

①未注明的模锻斜度和圆角半径。

②允许错移量和残余飞边的宽度。

③允许的表面缺陷深度。

④锻后热处理方法及硬度要求。

⑤表面清理方法。

⑥需要取样进行金相组织和力学性能试验时，应注明在锻件上的取样位置。

⑦其他特殊要求，如直线度、平面度等。

图 4.53 所示为齿轮锻件实例，该图为示意图，未详细注明尺寸公差。

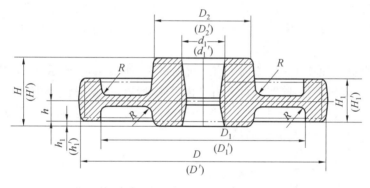

图 4.53 齿轮锻件

4.4.2 热模锻压力机上模锻件图设计特点

热模锻压力机上模锻件图设计的原则、内容、方法与锤上模锻基本相同。锻件的机械加工余量和公差仍按 GB/T 12362—2003 确定。根据热模锻压力机的特点，其锻件图设计有以下特点。

（1）由于热模锻压力机有顶出装置，使锻件可顺利地从较深的模膛内取出，因此可按成形要求较灵活地选择分模面。如图 4.54 所示带有大头部的杆形锻件，在锤上模锻时应以 $A—A$ 为分型面，头部沿轴向的内孔无法锻出，飞边体积较多，金属浪费大。若在压力机上模锻，因模锻后可用顶杆将锻件顶出，则可选取 $B—B$ 为分型面，将坯料垂直放在模膛中局部镦粗并冲孔成形，可节约金属，减少机械加工量。

（2）热模锻压力机上模锻不用顶杆时，模锻件斜度与锤上模锻相同。若采用顶杆取出锻件，模锻斜度一般比锤上模锻件小一级，外斜度为 $3°\sim 7°$，内斜度为 $7°\sim 10°$。

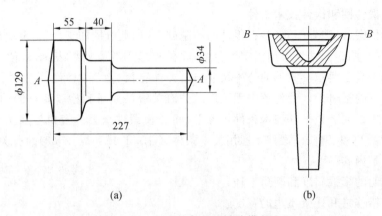

(a)　　　　　　　　　　(b)

图 4.54　杆形锻件的两种分模方法

4.4.3　螺旋压力机上模锻件图设计特点

螺旋压力机上模锻件图设计过程和设计原则与锤上模锻件基本相同。但考虑到螺旋压力机结构及模锻件特点,对于分型面位置和模锻斜度等参数的选择应有所区别。

1. 分型面

对于长轴类锻件,分型面的选择原则与锤上模锻相同。但是,由于螺旋压力机上开式模锻多为无钳口模锻,当不采用顶杆装置时,应特别注意减小模膛深度方向的尺寸,以利于锻件出模。

对于顶镦类锻件和在两个方向上有凹坑的锻件,如图 4.55 所示,由于螺旋压力机带有顶出装置,可顶出锻件或凹模,可采用组合凹模,所以,根据锻件形状的不同,分型面的数目可以是一个或多个。同时,对于上述两种锻件多采用无飞边或小飞边模锻,上下模的分模位置基本固定,一般设在金属最后充满处。

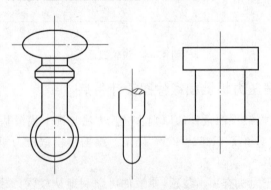

图 4.55　两个方向有凹坑的锻件

2. 机械加工余量和锻件公差

锻件机械加工余量和公差与锤上模锻相同,可按 GB/T 12362—2003 确定。对于带有杆部的顶镦类锻件,因杆部不变形,可参考平锻机上模锻的有关标准。

3. 模锻斜度和圆角半径

螺旋压力机上模锻斜度的大小主要取决于有无顶杆装置,同时也与锻件尺寸和材料种类有关。采用顶杆时，其模锻斜度可减少 1～2 级。钢质模锻件的模锻斜度可按 GB/T 12361—2003 确定。圆角半径(r、R)大小主要取决于锻件材质和尺寸，钢质模锻件的圆角半径按 GB/T 12361—2003 选用。有色金属模锻件的模锻斜度和圆角半径可查阅有关资料确定。

4.4.4　平锻机上模锻件图设计特点

由于平锻机设备的特点，主要适用于生产顶镦类锻件，其锻件图的设计方法与模锻锤、热模锻压力机、螺旋压力机上模锻有较多区别。

1. 分型面选择

平锻机具有两个互相垂直的分型面，分别由凸模与凹模、固定凹模与活动凹模组成。因此，可模锻出带双凸缘的锻件(图 4.55)。

平锻机常采用闭式模锻与开式模锻两种形式。对于使用前挡板的锻件，因能控制变形金属的体积，多采用闭式模锻(图 4.56(a))。对于使用后挡板或钳口挡板的锻件，多采用开式模锻(图 4.56(b))。对于形状复杂的锻件，虽然使用前挡板，但也采用开式模锻，以便利用飞边槽容纳多余金属。

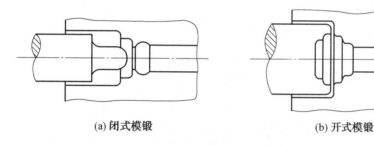

(a) 闭式模锻　　　　　　　　　　(b) 开式模锻

图 4.56　模锻形式

分型面位置应选择在锻件最大轮廓处。如图 4.57 所示Ⅰ、Ⅱ、Ⅲ分别为分型面选在锻件最大轮廓的前端面、中间和后端的三种形式。形式Ⅰ的优点是凸模结构简单，可保证头部和杆部的同心度，缺点是在切边时易产生纵向飞边；形式Ⅱ的锻件切边质量好，但当凸凹模调整不好时，易产生错移；形式Ⅲ的锻件全部在凸模内成形，能获得内外径和前后台阶(若锻件形状要求)同心度好的锻件，但锻件在切边模膛内不易定位，并且锻件和坯料之间易产生错差，故较少采用。

2. 机械加工余量和公差

平锻件的机械加工余量和公差按标准 GB/T 12362—2003 确定。

3. 模锻斜度

平锻件具有两个相互垂直的分型面，因

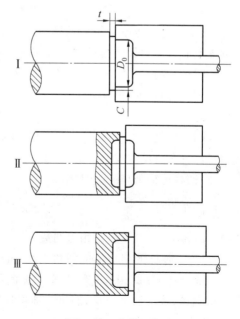

图 4.57　分模面位置

此模锻斜度与锤上模锻件有所区别。

(1)模锻斜度 γ。由于平锻机具有"有效后退行程",所以凸模内成形模锻斜度 γ 可取较小值(图 4.58(a)),其值根据 H/d 选定,见表 4.5。

(2)模锻斜度 θ。为保证冲头在平锻机回程时,锻件内孔不被冲头"拉毛",内孔中应有模锻斜度 θ(图 4.58(b)),其值按 H/d 选定,见表 4.5。

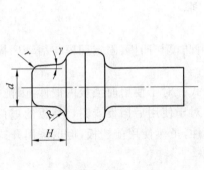
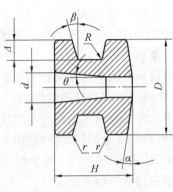

(a) 凸模内成形   (b) 凹模内成形

图 4.58　平锻件模锻斜度与圆角半径

表 4.5　平锻件模锻斜度

H/d	$\leqslant 1$	$1\sim 3$	$3\sim 5$	Δ/mm	$\leqslant 10$	$10\sim 20$	$20\sim 30$
γ	$15'$	$30'$	$1°$	α	$3°\sim 5°$	$3°\sim 5°$	$3°\sim 5°$
θ	$30'$	$30'\sim 1°$	$1°30'$	β	$5°\sim 7°$	$7°\sim 10°$	$10°\sim 12°$

(3)模锻斜度 α、β。由于平锻机没有上下顶料装置,所以,凹模内成形的带双凸缘的锻件,在外侧壁上应设置较大的模锻斜度 α(图 4.58(b));由于锻件夹紧凹模凸出部分,在内侧壁上应设置更大的模锻斜度 β(图 4.58(b)),其值由凸缘高度 Δ 确定,见表 4.5。

4. 圆角半径

(1)凸模内成形(图 4.58(a))。

外圆角半径　　　　　　　　　　$r=0.1H+1\ \text{mm}$

内圆角半径　　　　　　　　　　$R=0.2H+1\ \text{mm}$

式中　H——凸模内成形部分深度。

(2)凹模内成形(图 4.58(b))。

外圆角半径为　　　　　　　　　$r=\dfrac{a_1+a_2}{2}+s$

式中　a_1、a_2——组成圆角相邻两边的余量值,mm;

　　　s——零件的倒角值或圆角半径,mm。

一般应使 $r\geqslant 3\ \text{mm}$,若按上式计算的圆角半径过小,可以增大相邻两边的余量以增大圆角半径,若不加大余量,而过分地增加圆角半径,就会过多地减少圆角部分的加工余量,并且容易由于黑皮而产生废品。

内圆角半径为 $R = 0.2\Delta + 1\ mm$

式中 Δ——凸肩高度,mm。

一般 $R \geqslant 3\ mm$,但 R 不可过大,R 过大将使锻件质量和机械加工余量增加。

4.5 模锻工艺设计

4.5.1 模锻工艺设计的内容

模锻工艺设计过程即由坯料经过一系列加工工序制成模锻件的整个生产过程。由以下几种工序组成:

(1)备料工序。按锻件所要求的坯料规格尺寸下料,必要时还需对坯料表面进行除锈、防氧化和润滑处理等。

(2)加热工序。按变形工序所要求的加热温度和生产节拍对坯料进行加热。

(3)锻造工序。可分为制坯和模锻两种工序(步)。制坯的方法较多,模锻工步有预锻和终锻,终锻是必不可少的工步。

(4)锻后工序。其作用是弥补模锻工序和其他前期工序的不足,使锻件最后能完全符合锻件图的要求。包括:切边、冲孔、热处理、校正、表面清理、磨残余飞边、精压等。

(5)检验工序。包括工序间检验和最终检验。工序间检验一般为抽检。检验项目包括:锻件的几何形状与尺寸、表面质量、金相组织和力学性能等,具体的检验项目需根据锻件的要求确定。

模锻工艺设计包括以下内容:

①根据产品零件的形状、尺寸、技术要求和生产批量,结合具体生产条件,合理选择模锻工艺方案。

②设计锻件图。

③确定所需的工序,并选择所用设备。

④确定模锻工艺流程并填写模锻工艺卡片。

4.5.2 模锻工艺方案选择

选择合理的模锻工艺方案是锻造工艺设计的关键。选择模锻工艺方案的基本原则是从具体生产条件出发,首先保证锻件生产的技术可行性,在工艺上满足对锻件质量和数量的要求,同时要考虑降低锻件生产成本,经济性好。这里主要从技术角度讨论模锻工艺方案的选择。

1. 模锻工艺的选择

同一锻件可以在不同设备上采用不同的工艺制造。在工厂设备条件允许的情况下,当生产批量较大时,可以采用模锻锤或热模锻压力机;若批量不太大时,可采用螺旋压力机或自由锻锤上胎模锻及固定模模锻。但无论采用哪种工艺都必须保证锻件的质量要求。

2. 模锻方法的选择

模锻方法即在某种设备上生产锻件所采用的方法,如单件模锻、调头模锻、一火多件、一模多件、合锻等。合理选择模锻方法可以提高模锻生产率、简化模锻工步和降低材料消耗。

(1)单件模锻。对于模锻锤、热模锻压力机、螺旋压力机上模锻的锻件,通常一个坯料只锻一个锻件,尤其是较大的锻件都采用单件模锻。

(2)调头模锻。毛坯下料长度可锻两个锻件,坯料整体加热,在第一个锻件锻完后,调转180°,用钳子夹住锻件,余下的坯料锻另一个锻件,如图4.59所示。此种方法适用于单个锻件重2 ~ 3 kg,长度不超过350 mm的中、小锻件,否则锻打、切边操作不便,劳动强度大。对于细长、扁薄或带落差的锻件,不宜采用调头模锻,因在锻第二件时会使夹持着的第一个锻件变形。

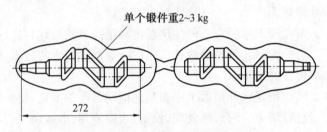

图4.59 调头模锻

(3)一火多件。用一根加热好的棒料连续锻几个锻件,每锻完一个锻件从棒料上分离下来,再锻另一个锻件。一火多件是平锻机上模锻常用的锻造方法,带杆锻件采用切断、空心锻件采用穿孔的方法使锻件分离。锤上一火多件模锻法利用切断模膛将锻件切下。

锤上一火多件模锻适用于单件质量小于2.5 kg的小锻件,连续锻打的锻件数为4 ~ 6件,件数太多时棒料过长操作不便,而且由于最后锻造的温度过低,影响锻模寿命和锻件质量。

(4)一模多件。在同一模块上一次模锻数个锻件。适用于质量在0.5 kg以下、长度不超过80 mm的小型锻件。同时,模锻的件数一般为2 ~ 3件(图4.60)。一模多件有时结合一火多件,一根棒料所能锻造出的锻件为4 ~ 10件。

对于截面差较大的某些锻件,采用一模多件可通过合理的排布,使金属分布均匀,减小截面差,简化模锻工步,使锻件容易成形并可节约金属,如图4.61所示。一模多件可以大大提高生产率,但对几个终锻模膛之间的位置精度应有更加严格的要求。

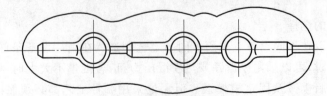

图4.60 一模多件模锻

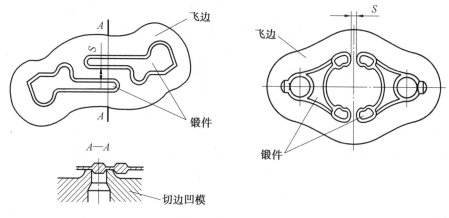

图 4.61　一模多件模锻

（5）合锻。将两个不同的锻件组合在一起同时锻出,然后再分开的锻造方法称为合锻。合锻可以使锻件易成形、节约金属、减少模具品种、提高生产效率。

如图 4.62(a)、(b)所示分别是连杆和连杆盖合锻、曲轴左拐和右拐合锻的实例。如图 4.63 所示是两种大小不同的圆形锻件组合一起锻造的实例。大锻件的内孔连皮用于生产小锻件,这样可节约金属,同时模锻出两个锻件,提高了生产率。该方法也可称为套锻。

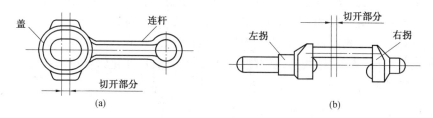

图 4.62　锻件的合锻

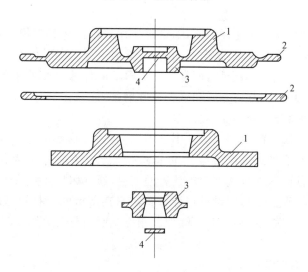

图 4.63　锻件的合锻

1—大锻件；2—飞边；3—小锻件；4—连皮

4.6　模锻变形工步的确定

模锻时,坯料在锻模的一系列模膛中变形,坯料在每一模膛中的变形过程称为模锻工步。工步的名称和所用的模膛的名称相一致。例如,拔长工步所用的模膛叫拔长模膛。

模锻工步根据其所用不同可分为模锻工步、制坯工步、切断工步三类。

模锻工步包括预锻工步和终锻工步,其作用是使经制坯的坯料得到最终锻件所要求的形状和尺寸。每类锻件都需要终锻工步,而预锻工步应根据具体情况决定是否采用。例如,模锻时容易产生折叠和不易充满的锻件常采用预锻工步。

制坯工步的作用是改变原毛坯的形状,合理地分配坯料,以适应锻件横截面形状的要求,使金属能较好地充满模锻模膛。每类锻件所需的制坯工步是不同的,如直长轴类锻件常用拔长、滚压、卡压等制坯工步(通常称第一类制坯工步)。而弯轴类和带枝芽的锻件除需采用第一类制坯工步外,还需采用弯曲、成形等制坯工步(通常称第二类制坯工步)。短轴类锻件一般都采用镦粗等制坯工步(通常称第三类制坯工步)。

顶镦类锻件常用的制坯工步主要有积聚、冲孔。此外还有弯曲、压扁等。

主要模锻设备常用工步如下:

①模锻锤模锻:拔长、滚压、卡压、成形、镦粗、压扁、预锻、终锻、切断等;

②热模锻压力机模锻:镦粗、弯曲、卡压、压扁、成形、预锻、终锻等;

③螺旋压力机上模锻:镦粗、压扁、卡压、弯曲、成形、预锻、终锻等;

④平锻机模锻:积聚、预成形、预成形冲孔(预锻)、成形冲孔(终锻)、切边、压肩、弯曲、穿孔、切芯头、切断等。

4.6.1　长轴类锻件制坯工步选择

1. 计算毛坯

对于长轴类锻件,以模锻连杆为例,如果直接用等断面坯料在模锻模膛内锻造,坯料变形时,金属沿轴向流动的少,沿横向流动的多,近似于平面变形。因此,杆部有大量金属流入飞边槽。不仅浪费了很多金属,而且使上下模不能打靠。头部由于金属不足,不能充满。为了得到合格的锻件、节约金属和减少模膛磨损,应采用制坯工步,预先改变坯料的形状,改变金属沿轴向分配的情况。

坯料沿轴向的金属分配对不同锻件要求不同,合适的形状应该是在保证模膛充满的条件下,在模锻之后,锻件各处飞边均匀,亦即应使坯料上各截面的面积等于锻件上相应截面积加上飞边的截面积。按这一要求计算的坯料,通常称为计算毛坯。

计算毛坯是根据平面变形假设进行计算并经修正所得的具有圆形截面的中间坯料,其长度与锻件相等,而横截面积应等于锻件上相应截面积与飞边的截面积之和。即

$$S_{\text{计}} = S_{\text{锻}} + 2\eta S_{\text{飞}} \tag{4.5}$$

式中　$S_{\text{计}}$——计算毛坯截面积,mm²;

　　　$S_{\text{锻}}$——锻件截面积,mm²,对于冲孔连皮及叉形锻件的内飞边应算在锻件内;

　　　η——充满系数,形状简单的锻件取 0.3 ~ 0.5,形状复杂的取 0.6 ~ 0.8,常取

0.7；

$S_飞$——飞边横截面积，mm^2。

一般根据冷锻件图作计算毛坯图。首先应根据锻件的复杂程度及具体情况，从锻件图上选定具有代表性的若干个截面，计算出各截面面积 $S_计$ 值，然后，以计算毛坯的长度 $L_计$ 为横坐标，以算得的 $S_计$ 为纵坐标，在坐标纸上绘制计算毛坯的截面图。截面图作法如下：

通常用缩尺比 M 除 $S_计$，得到用直线段 $h_计$ 来表示的所取各截面面积值：

$$h_计 = \frac{S_计}{M} \tag{4.6}$$

式中　M——缩尺比，通常取为 $20 \sim 50$ mm^2/mm。

将计算出的 $h_计$ 绘制在坐标纸上，并连接各端点成光滑曲线，即得计算毛坯截面图，如图 4.64 所示。

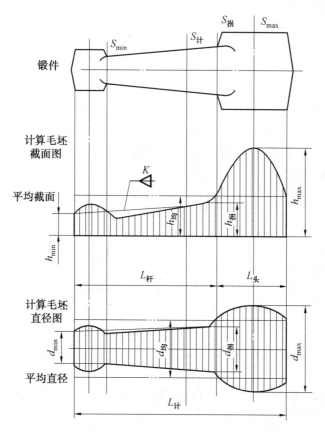

图 4.64　计算毛坯截面图

因此，计算毛坯截面图的每一处高度代表计算毛坯的截面积，截面图曲线下的整个面积就是计算毛坯（锻件与飞边之和）的体积。

$$V_计 = MA_计 \tag{4.7}$$

式中　$V_计$——计算毛坯体积，mm^3；

　　　M——缩尺比，mm^2/mm；

$A_计$——计算毛坯截面图曲线下的面积，mm^2。

计算毛坯任一截面的直径 $d_计$ 可由下式计算：

$$d_计 = 1.13\sqrt{S_计} \tag{4.8}$$

以 $L_计$ 为横坐标，$d_计$ 为纵坐标，在截面图的下方绘制计算毛坯直径图，如图 4.64 所示。计算毛坯图包括三个组成部分，即锻件图、截面图和直径图。

根据计算毛坯截面图和直径图可计算出平均截面积 $S_均$ 和平均直径 $d_均$：

$$S_均 = \frac{V_计}{L_计} = \frac{V_计}{L_件} = \frac{V_锻 + V_飞}{L_件}, \quad h_均 = \frac{S_均}{M}$$

$$d_均 = 1.13\sqrt{S_均} \tag{4.9}$$

通常将平均截面积 $S_均(h_均)$ 和平均直径 $d_均$ 分别在计算毛坯截面图和直径图上用双点划线表示出来。在计算毛坯直径图上，$d_计 > d_均$ 处，称为头部；$d_计 < d_均$ 处，称为杆部。头部和杆部也可由截面图上划分。

从计算毛坯截面图和直径图上都能较直观地看出中间坯料横截面积及外形的变化情况，也说明了沿长度上的分配情况。所以，计算毛坯图是长轴类锻件选择制坯工步、设计制坯模膛和确定坯料尺寸的重要依据，在模锻工艺及模具设计中有着重要作用。

实际生产中遇到的锻件形状是千变万化的，其计算毛坯也要较图 4.64 所示计算毛坯复杂，因此，设计中应根据其形状特点进行简化。

(1)头部带内孔的长轴类杆件。如连杆，其计算坯料的截面图和直径图在头部具有突变的轮廓线，为使制坯模膛制造简便和有利于终锻成形，应按体积不变条件将截面图和直径图简化成圆滑的形状，如图 4.65 所示。

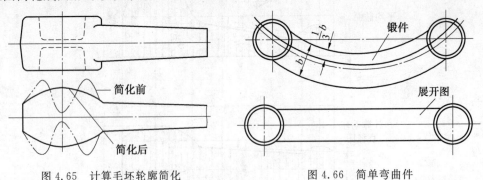

图 4.65　计算毛坯轮廓简化　　　　　图 4.66　简单弯曲件

(2)具有弯曲轴线的锻件。应先将轴线展开成直线，然后作计算毛坯的截面图和直径图。

对于曲率半径较大的简单弯曲件，如图 4.66 所示，应从锻件图上宽度内侧 1/3 处作为中性线将其展开成直线。

对于复杂弯曲件，如多拐曲轴，坯料在变形过程中明显被拉长，因此，不应将轴线展直，而是当作直轴线锻件作计算毛坯。

对于锻件为 90°弯曲的情况，如图 4.67 所示，轴线展开时，两端的 L_1 和 L_3 长度不变，只有 90°弯曲部分 L_2 要考虑到拉长现象。有以下三种展直方案：

①$L_2 = A12345B$ 折线长度,用于弯曲部分带有枝芽的锻件。1、2、3、4、5 各点是断面上的重心。

②$L_2 = \overset{\frown}{AB}$,圆弧半径为 OA,用于弯曲时拉长现象较明显的情况。

③$L_2 = \overline{AB}$,用于没有枝芽的弯曲件,即 $x = 0$。

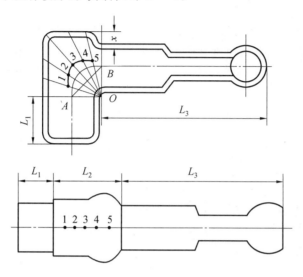

图 4.67　90°弯曲锻件展直

（3）复杂计算毛坯的简化。对于某些形状比较复杂的锻件,其计算毛坯具有多头多杆时,称为复杂计算毛坯,如图 4.68 所示。

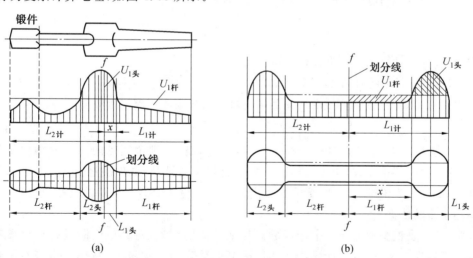

图 4.68　复杂计算毛坯的简化

对于复杂计算毛坯,应根据截面图上面积相等的原则将其转化成几个简单计算毛坯,再按简单计算毛坯选择制坯工步。以图 4.68 所示的锻件为例,转化从一端开始,使杆部多余的金属 $U_{1杆}$ 与头部缺少的金属 $U_{1头}$ 相等（图 4.68(a)）,或头部缺少的金属 $U_{1头}$ 与杆部多余的金属 $U_{1杆}$ 相等（图 4.68(b)）,从而找出两个简单计算毛坯的分界线 $f—f$。

2. 制坯工步选择

长轴类锻件常需要采用第一类制坯工步,即拔长、滚压和卡压工步,使原坯料获得近似计算毛坯的形状。从对改变坯料的横截面和使金属作轴向流动的能力来看,拔长工步最大,滚压工步次之,卡压工步最小。至于选用哪一种工步制坯需根据具体锻件的计算毛坯来确定。

如果计算毛坯的头部相对尺寸越大,则金属需要在头部的积聚量越多;若锻件的相对长度越长,则金属需要流动的距离也越大;如果锻件大,原坯料重,则在其他条件相同时金属需要转移的绝对量也大。制坯变形工作量的大小可以用以下繁重系数表示:

$$\alpha = \frac{d_{max}}{d_{均}} \tag{4.10}$$

$$\beta = \frac{L_{计}}{d_{均}} \tag{4.11}$$

$$k = \frac{d_{拐} - d_{min}}{L_{杆}} \tag{4.12}$$

式中 α——金属流入头部的繁重系数;

d_{max}——计算毛坯的最大直径,mm;

β——金属沿轴向流动的繁重系数;

k——杆部斜率;

$d_{拐}$——杆部与头部转接处的直径,即拐点直径,mm;

d_{min}——计算毛坯的最小直径,mm。

拐点直径按照杆部体积守恒转化为锥形的大头直径(图 4.64),可按下式计算:

$$d_{拐} = \sqrt{3.82 \frac{V_{杆}}{L_{杆}} - 0.75 d_{min}^2} - 0.5 d_{min} \tag{4.13}$$

式中 $V_{杆}$——计算毛坯杆部体积,mm³;

$L_{杆}$——计算毛坯杆部长度,mm。

拐点直径 $d_{拐}$ 也可以直接由计算毛坯的直径图或截面图求出近似值。

$$d_{拐} = 1.13 \sqrt{h_{拐} M} \tag{4.14}$$

α 值越大,表明流到头部的金属体积越多;β 值越大,则金属轴向流动的路程越长;k 值越大,表明杆部锥度大,小头或杆部一端的金属越为过剩;锻件质量 m 越大,表明金属量越大,制坯更为困难。因此,繁重系数代表了所需制坯变形工作量的大小,可以作为选择制坯工步的依据。

图 4.69 是根据锤上模锻生产经验总结而绘成的图表,对其他模锻设备也可参考使用。选择制坯工步时,可由计算毛坯计算得繁重系数(α、β、k、m)。从图表中查对出长轴类锻件所需的第一类制坯工步的初步方案。

必须强调指出,上述方法所得出的方案,还应针对具体锻件和生产条件将工步方案作出必要的修改。

(1)直长轴类锻件制坯工步的选择。直长轴类锻件制坯工步可根据其计算毛坯确定繁重系数,按照图 4.69 选择制坯工步。对于有较丰富实践经验的技术人员,可以根据经验采用类比的方法选择制坯工步。图 4.70 所示为连杆锻件的模锻工步。

图 4.69 长轴类锻件制坯工步选择图

模锻锤上模锻制坯工步和模锻工步(预锻和终锻工步)可在同一模块上做出,因模锻锤行程不固定,有较好的制坯工艺性。对于热模锻压力机,由于行程固定,不适于采用拔长、滚压等制坯工步,因此,若锻件需要采用拔长、滚压等制坯工步时,应利用辊锻机制坯或其他设备制坯。对于螺旋压力机,由于设备行程次数少且抗偏载能力差,因此,如需拔长、滚压工步也应在其他设备上进行。

(2)弯曲轴类锻件制坯工步的选择。弯曲轴类锻件应根据展开成直线的计算毛坯,按上述方法选择第一类制坯工步。若锻造时锻件弯曲轴线方向与打击方向垂直,则应增加弯曲工步,坯料弯曲后再进入模锻模腔成形(图4.71)。若锻造时,锻件弯曲轴线方向与打击方向一致,不需弯曲工步,此时弯曲和锻件成形同时在模锻模腔中进行。

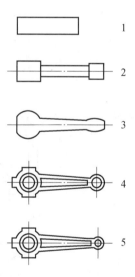

图 4.70 直长轴类锻件变形工步

(3)枝芽类锻件制坯工步选择。直长轴类锻件带有枝芽时,除需采用拔长、滚压工步外,还应根据枝芽大小和所处位置选用其他工步。若枝芽在分模面上,如图 4.72 所示,还要用成形制坯或不对称滚压工步,迫使部分金属流向枝芽一边。

(4)叉类锻件制坯工步的选择。对于带尾柄的叉形锻件,除需拔长、滚压制坯工步外,还应视尾柄长短选择其他工步。若叉形锻件的尾柄不长,可作为弯曲轴线锻件看待,采用弯曲工步,如图 4.73(a)所示;若尾柄较长,为了压出叉部,必须利用预锻模腔将头部劈开,如图 4.73(b)所示。

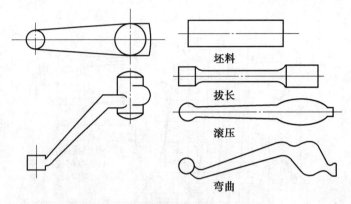

图 4.71　弯曲轴线锻件变形工步

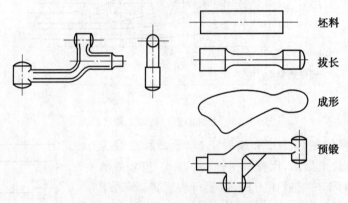

图 4.72　带枝芽长轴类锻件变形工步

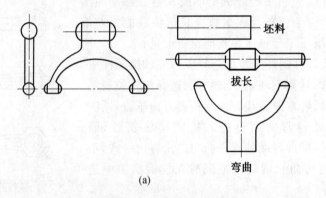

(a)

图 4.73　叉形锻件变形工步

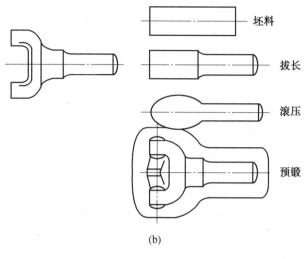

(b)

续图 4.73

4.6.2 短轴类锻件制坯工步选择

短轴类（圆饼类）锻件一般采用镦粗制坯，形状较复杂的宜用成形镦粗制坯。在特殊情况下，采用拔长、滚压或压扁制坯工步。

镦粗制坯的目的是避免终锻时产生折叠，并兼有去除氧化皮从而提高锻件表面质量和提高锻模寿命的作用。

根据锻件成形特点，坯料镦粗后的尺寸应按以下原则确定：

（1）轮毂较矮的锻件（图 4.74），如齿轮、十字轴等，常采用镦粗制坯，终锻成形。为了防止轮辐和轮缘间过渡区产生折叠，镦粗后坯料直径 $D_镦$ 应在 $D_1 > D_镦 > D_2$ 范围内。

（2）轮毂较高的锻件（图 4.75），为保证轮毂成形和防止产生折叠，镦粗后坯料直径 $D_镦$ 应在 $(D_1 + D_2)/2 > D_镦 > D_2$ 范围内。

（3）轮毂高且有内孔和突缘的锻件，为便于坯料在终锻模膛中定位，有利于轮毂处充满，需采用镦粗—成形镦粗—终锻工步，如图 4.76 所示。成形镦粗后坯料尺寸与锻件尺寸间应满足以下关系（图 4.77）：

$$H'_1 > H_1 \quad D'_1 \leqslant D_1 \quad d' \leqslant d$$

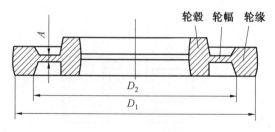

图 4.74 轮毂矮的锻件

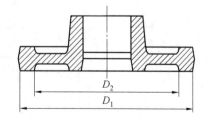

图 4.75 轮毂高的锻件

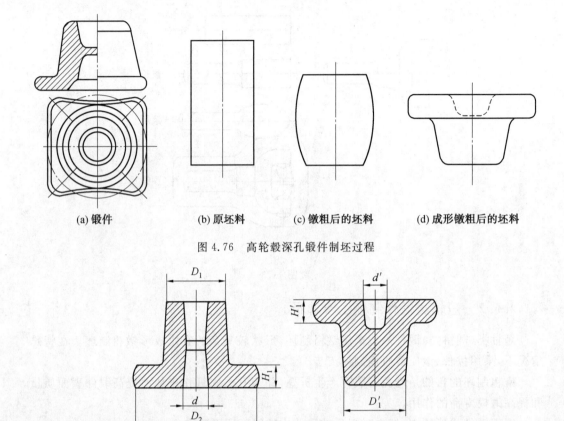

(a) 锻件　　(b) 原坯料　　(c) 镦粗后的坯料　　(d) 成形镦粗后的坯料

图 4.76　高轮毂深孔锻件制坯过程

(a) 锻件　　　　　　(b) 坯料

图 4.77　高轮毂深孔锻件制坯形状尺寸

热模锻压力机上模锻圆饼类锻件时,为防止金属大量沿径向流动,多采用成形镦粗,即在具有一定形状的模膛内镦粗。成形镦粗常被称为预成形。

热模锻压力机具有良好的顶出装置,因此可进行挤压成形,如图 4.78 所示为经镦粗、挤压终成形的工件,简单锻件也可一次挤压成形(终挤)。图 4.78(a)所示锻件可视为由圆饼类锻件经挤压出尾部而成形,是圆饼类锻件转化的结果,如汽阀用正挤压得到阀杆。图 4.78(b)所示为杯形锻件用反挤压法得到直立的周壁。

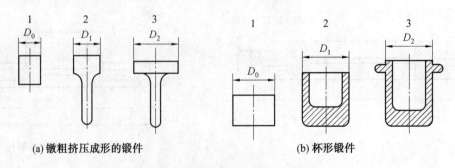

(a) 镦粗挤压成形的锻件　　　　　　(b) 杯形锻件

图 4.78　热模锻压力机挤压成形过程

4.6.3 顶镦类锻件变形工步确定

顶镦类锻件通常可分为三组,见表 4.1。顶镦类锻件多在平锻机和螺旋压力机上模锻。积聚(局部镦粗)是其模锻的基本工步。一次行程积聚金属量大小受顶镦规则的限制,顶镦规则是在实践中总结出的一次行程顶镦坯料不产生折叠的限制条件。顶镦类锻件的制坯工步主要依据顶镦规则选择。平锻机上模锻与立式锻压设备上的一些局部镦粗工步的根本区别是棒料并非自由放入型槽,而是在局部夹紧的情况下使金属变形,所以它具有更大的稳定性。在本章中已给出了顶镦类锻件的顶镦规则。

1. 具有粗大部分杆类锻件的变形工步确定

此类锻件通常采用的工步是:积聚、预锻、终锻、切边等,基本变形工步是积聚。当坯料的变形部分长度与直径之比 l_B/d_0 小于表 4.3 中允许的 $\psi_{许}$ 时,可以在一次行程内顶镦到任意尺寸。当 $l_B/d_0 > \psi_{许}$ 时,则需先在凹模或凸模内积聚,直到满足顶镦第一规则 $l_B/d_0 < \psi_{许}$ 时再顶镦到所需尺寸。

在凹模内积聚时,金属易从坯料端部和凹模分模面间挤出形成毛刺,在下一次积聚时,毛刺会被压入锻件内部而形成折叠,所以生产中若需要多次积聚通常采用凸模内积聚。凸模内积聚尚有金属镦粗变形和充满模膛较好的优点,所以凸模内积聚应用较广。

在凸模内积聚时,所需的积聚工步次数和工步尺寸根据顶镦第三规则和体积不变条件进行计算。如图 4.79 所示,凸模锥形体积 $V_{锥}$ 与坯料变形部分体积 $V_{坯}$ 应相等,即

$$V_{锥} = V_{坯} \tag{4.15}$$

$$\frac{\pi}{12}(D_k^2 + d_k^2 + D_k d_k)l = \frac{\pi}{4}d_0^2 l_B$$

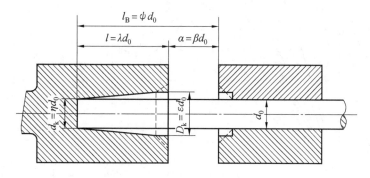

图 4.79 锥形模膛的相对尺寸

等号两边同除以 d_0^3 得

$$\frac{1}{3}\left(\frac{D_k^2}{d_0^2} + \frac{d_k^2}{d_0^2} + \frac{D_k d_k}{d_0^2}\right)\frac{l}{d_0} = \frac{l_B}{d_0}$$

设 $\quad \dfrac{l}{d_0} = \lambda; \quad \dfrac{D_k}{d_0} = \varepsilon; \quad \dfrac{d_k}{d_0} = \eta; \quad \dfrac{l_B}{d_0} = \psi; \quad \dfrac{a}{d_0} = \beta$

则 $\qquad\qquad\qquad \dfrac{1}{3}(\varepsilon^2 + \eta^2 + \varepsilon\eta)\lambda = \psi$

$$\varepsilon^2 + \varepsilon\eta + \frac{1}{4}\eta^2 + \frac{3}{4}\eta^2 = \frac{3\psi}{\lambda}$$

$$\varepsilon = \sqrt{\frac{3\psi}{\lambda} - \frac{3}{4}\eta^2} - \frac{\eta}{2}$$

上式中,ψ 为已知数,$\eta = 1.05 \sim 1.2$,第一道工步取小值。如图 4.79 所示,$\lambda = \psi - \beta$。由实践经验给定 $\beta = (1.2 + 0.2\psi) < 3$,所以,上式仅有一个未知数 ε。如图 4.80 所示为 $\varepsilon = f(\psi, \beta)$ 的线图。如图 4.80 所示,abc 线是依据顶镦第三规则给出的限制曲线。设计时采用 abc 曲线以下的系数,可得到合格的产品,否则将产生积聚弯曲折叠缺陷。根据 ψ 值与 abc 曲线的交点,即可求得 β、ε 的极限值,进而设计出积聚工步的尺寸,即

$$\left.\begin{array}{l} d_k = \eta d_0 \\ D_k = \varepsilon d_0 \\ l = \lambda d_0 = (\psi - \beta) d_0 \end{array}\right\} \tag{4.16}$$

在第一次积聚后,是否需要进行第二次、第三次、……、第 n 次积聚,可根据 $d_{均} = (D_k + d_k)/2$,$\psi_1 = l/d_{均}$,检验 ψ_1 是否大于 $\psi_{许}$。若 $\psi_1 < \psi_{许}$,就不再进行第二次积聚;若 $\psi_1 > \psi_{许}$,还需要进行第二次积聚,依此类推,直到满足顶镦第一规则为止。

为避免由于坯料尺寸偏差,引起变形金属体积大于锥形模膛体积而产生毛刺,模膛体积应比变形金属的体积大些,一般增大 4% ~ 8%,随着积聚工步次数增多而减小。

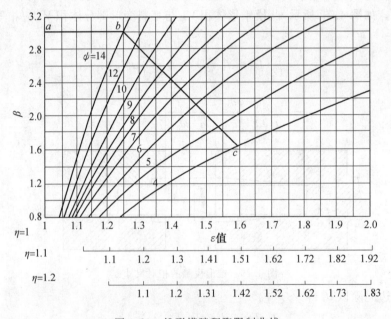

图 4.80　锥形模膛积聚限制曲线

在设计积聚工步时,还应注意以下问题:

①$\psi \leqslant \psi_{许}$ 时,按顶镦规则棒料可一次成形,但有时为清除氧化皮,获得表面光洁的锻件,可附加采用一次积聚工步。

②当镦粗比 $\psi > 4.5$ 时,在锥形模膛小端部分需设计一段长度为 5 ~ 30 mm 的圆柱(ψ 值大时,取大值),其目的是在凸模内装塞子,以便于调整积聚坯料的体积,并增加积聚

的稳定性(图 4.81(a))。

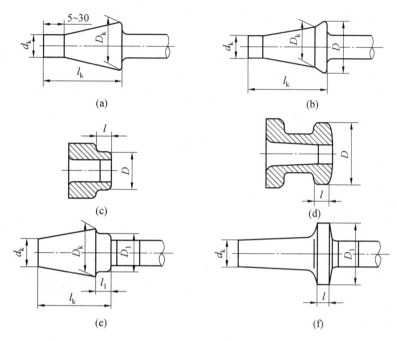

图 4.81 凸模锥形积聚形式

③当镦粗比 $\psi > 7$ 时,在压缩系数 β 值允许的前提下,为了增加积聚压缩量,可以在锥形大端部分设计一个较大的锥体(图 4.81(b))。

④当锻件有台阶 D 时(图 4.81(c)),且直径 D 小于积聚规则允许的大端直径 $D_k = \varepsilon d_0$,即 $D \leqslant \varepsilon d_0$,并又在压缩系数 β 的允许范围内,台阶 D 必须在第一次积聚时予以成形,否则在终锻时将为挤压成形,同时也便于在下一道工步定位。

$$D_1 = D - (0 \sim 1)\text{mm}, \quad l_1 = l。$$

⑤对于具有后法兰的锻件(图 4.81(d)),如汽车倒挡齿轮,在第一道积聚时就应把法兰锻出,否则以后工步难以成形。后法兰所需坯料镦粗比 ψ 不能超过自由积聚允许镦粗比 $\psi_{许}(\psi \leqslant \psi_{许})$。

⑥对于同时在凸模和凹模的模腔中积聚时,例如汽轮发动机涡轮叶片的榫头,应首先将坯料按单锥形设计(图 4.82),然后再按体积不变条件换算成双锥体。由于坯料产生纵向弯曲处发生在自由端一侧,所以 $L_{锥1} > L_{锥2}$。

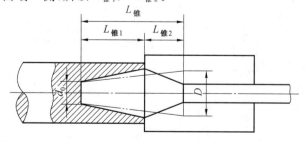

图 4.82 双锥体积聚

2. 具有通孔和不通孔锻件的变形工步确定

此类锻件通常采用的工步是：积聚、冲孔（1～4）、终锻、穿孔等，如图 4.83 所示，其中基本变形工步是积聚和冲孔。制订该类锻件工艺时，首先要确定终锻成形（冲孔成形），并在此基础上确定冲孔次数、冲孔尺寸及坯料尺寸等。

设计终锻成形时，冲孔芯料（连皮）不能太厚，否则冲孔费力，冲头寿命短。当冲穿力大且锻件支撑面较小时，可能引起锻件底面压皱变形。若芯料太薄，在终锻成形的冲头回程时，可能将芯料拉断而将锻件带走，并可能增加冲孔次数。为此，合适的冲孔芯料尺寸，应使冲穿力大于终锻成形的卸件力，而小于锻件支撑面上的压皱变形力。

终锻成形形状如图 4.84 所示。生产中采用的冲孔连皮尺寸按下列经验公式确定：

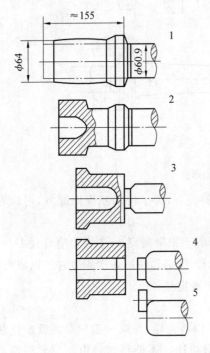

图 4.83　通孔锻件联轴节滑套平锻工步
1—积聚；2—预锻；3—终锻；4—穿孔；5—切芯料

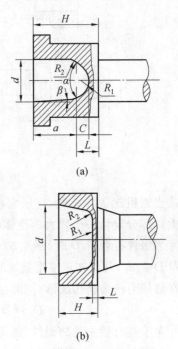

图 4.84　终锻（冲孔）成形形状

对于尖冲头（图 4.84(a)）：

$$L = Kd$$
$$C = 0.5L$$
$$R_1 = 0.2d$$
$$R_2 = 0.4d$$

对于平冲头（图 4.84(b)）：

$$L = 2\sim8 \text{ mm}$$
$$R_1 = (0.8\sim1.8)d$$
$$R_2 = (0.1\sim0.15)d$$

平冲头冲孔适用于 $H/d \leqslant 1$ 的深孔类环形锻件。平冲头冲孔具有一定的反挤压成形性质,需较大的终锻变形能力,且易造成锻件冲孔的壁厚差,但冲穿连皮省力、切面质量好、冲头寿命长。尖冲头冲孔适用于 $H/d>1$ 的深孔类环形锻件。冲孔时省力、壁厚均匀,但冲穿费力、冲头寿命短。

系数 K 可按表 4.6 选取。冲头锥角 α 常用 $60°、75°、90°、110°、120°$ 等。

表 4.6 系数 K

H/d	0.4	0.8	$\geqslant 1.2$
K	0.2	0.4	0.5

在冲孔过程中,根据冲孔力的变化情况可以分为三个阶段,如图 4.85 所示。第一阶段,从冲头和金属坯料开始接触到冲孔部分直径达到孔径 d 时,相当于图 4.85 中曲线 $O—\text{I}$ 段,随冲孔深度增加,冲孔力急速增大。第二阶段相当于曲线上的 $\text{I}—\text{II}$ 段,随冲孔深度的增加,冲孔力稍有增大,直到冲孔过程基本结束。第三阶段相当于曲线上的 $\text{II}—\text{III}$ 段,因冲孔过程接近于闭式模锻阶段,冲孔深度即使略为增加,也将引起冲孔力急剧增大。

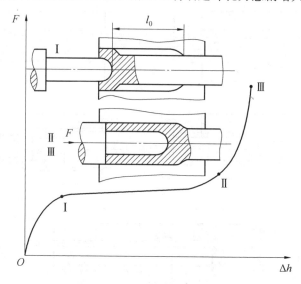

图 4.85 冲孔力－行程关系图

平锻机的压力－滑块行程允许负荷图是给定的,若在一次行程中完成的冲孔深度过大,则需要很大的变形功。当平锻机及其飞轮储存的动能不足时,将引起平锻机飞轮转速急剧降低,甚至停车。另外,若在平锻机一次行程中冲孔深度过大,坯料和冲头容易发生弯曲变形和冲偏。所以,对于深冲孔锻件,必须多次冲孔。生产中机器一次行程的冲孔深度常取为 $(1\sim 1.5)d$。冲孔次数取决于冲孔深度 $l'=a+C$ 和冲孔直径的比值,冲孔次数按表 4.7 确定。

表 4.7 确定冲孔次数

l'/d	<1.5	$1.5\sim 3.0$	$3.0\sim 5.0$
冲孔次数	1	2	3

3. 管类锻件的变形工步确定

此类锻件通常采用的工步是:积聚、终锻和切边等,其基本变形工步也是积聚。管料顶镦根据其内外径变化不同和在凹模及凸模内成形不同可有如图 4.86 所示的五种情况。由于锻件形状不同,管料顶镦可在凹模中进行,也可在凸模中进行,但以在凹模内为主。在顶镦过程中,管坯难于夹紧,同时为保证凸模有良好的导向性,常采用后定料装置。

管料局部顶镦时,同样要满足管料顶镦规则,其基本参数与棒料有所不同。

当管坯变形部分长度 l_0 与壁厚 t 的比值 $l_0/t \leqslant 3$ 时,可在设备一次行程中自由顶镦到任意形状和尺寸。当 $l_0/t > 3$,应进行积聚。

壁厚 t 的变化规则为

$$t_n = (1.5 \sim 1.3)t_{n-1} \tag{4.17}$$

式中 t_n——第 n 次积聚时的管壁厚度,mm;

t_{n-1}——第 $n-1$ 次积聚时的管壁厚度,mm。

锻前加热长度不应超过变形区长度过多。成形中应先增加管壁厚度,再顶镦成形。

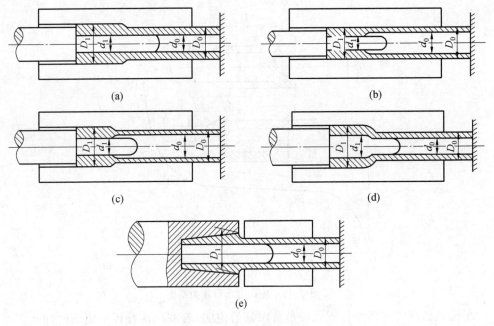

图 4.86 管料顶镦方式

4.6.4 预锻工步的确定

1. 预锻工步的作用

(1)制坯后的中间坯料在终锻前进一步变形,使其更加接近锻件形状,改善金属在终锻模腔中的流动条件,使金属易于充填终锻模腔,避免在锻造时产生折叠、裂纹、充不足等缺陷。

(2)减少终锻模腔的磨损,提高整套模具的寿命(通常能提高 30% 左右)。

2. 预锻工步引起的不利影响

(1)使终锻时产生偏心打击,上下模膛容易错移,降低锻件精度。

(2)使锤杆承受偏心冲击力,工作寿命降低。

(3)增大模块尺寸。

(4)对于宽度较大的锻件,需在两台锤上用两副模具联合锻造,增加设备数量。

(5)降低生产率。

可见,应根据具体情况决定是否采用预锻工步。当锻件带有高肋、枝芽、深孔以及宽腹板等难以成形的部位时,为改善金属在终锻模膛的流动条件,通常选用预锻工步。

4.7 坯料尺寸的确定

模锻所需原坯料尺寸应依据坯料体积、锻件形状尺寸及模锻方法确定。坯料体积应包括锻件、飞边、连皮、氧化皮及钳料头等部分。坯料截面尺寸与模锻方法有关,计算出坯料体积和截面尺寸,就可以确定下料长度。不同类别的锻件,由于其变形特点不同,所需坯料尺寸的计算方法亦不同。

4.7.1 长轴类锻件

长轴类锻件的坯料尺寸确定应以计算毛坯图为依据,并考虑到不同制坯的需要,计算出各种模锻方法所需的坯料截面积,然后再选取标准规格钢材,并确定坯料长度。

1. 坯料截面积

(1)不用制坯工步。

$$S_坯 = (1.02 \sim 1.05) S_均 \tag{4.18}$$

(2)用卡压或成形制坯。

$$S_坯 = (1.05 \sim 1.3) S_均 \tag{4.19}$$

(3)用滚压制坯。

$$S_坯 = S_滚 = (1.05 \sim 1.2) S_均 \tag{4.20}$$

式中　$S_坯$——坯料截面积;

　　　$S_均$——计算毛坯平均截面积。

锻件只有一头一杆时,应选用大系数;锻件为两头一杆时,应选用小系数。

(4)用拔长制坯。

$$S_坯 = S_拔 = \frac{V_头}{L_头} \tag{4.21}$$

式中　$V_头$——包括氧化皮在内的锻件头部体积;

　　　$L_头$——锻件头部长度。

(5)用拔长和滚压制坯。

$$S_坯 = S_拔 - K(S_拔 - S_滚) \tag{4.22}$$

在进行制坯操作时,是先拔长后滚压,拔长过程中金属沿轴向流动而使长度增加,滚压时头部得到一定的聚料。所以,确定原坯料截面积时要考虑滚压的作用,适当减少坯料的截面积,减少部分为 $K(S_{拔}-S_{滚})$。计算时,分别求 $S_{拔}$ 和 $S_{滚}$,然后计算 $S_{坯}$。K 是计算毛坯直径图杆部的锥度。求 $S_{滚}$ 时,应取系数等于 1.2。

(6)用辊锻制坯。辊锻制坯时没有聚料作用,故坯料截面积按计算毛坯最大截面积确定。

$$S_{坯}=S_{计\,max} \tag{4.23}$$

式中 $S_{计\,max}$——计算毛坯头部最大尺寸处截面积。

根据以上各式计算的坯料截面积,确定圆坯料的直径 $d_{坯}$ 或方坯料的边长 $a_{坯}$:

$$d_{坯}=1.13\sqrt{S_{坯}} \tag{4.24}$$

$$a_{坯}=\sqrt{S_{坯}} \tag{4.25}$$

按标准《热轧圆钢和方钢尺寸、外形、重量及允许偏差》(GB/T 702—2004)选取圆钢直径或方钢边长。

2.坯料长度

坯料体积按下式计算:

$$V_{坯}=(V_{件}+V_{飞}+V_{连})(1+\delta) \tag{4.26}$$

式中 $V_{坯}$——坯料体积;

$V_{件}$——锻件体积,计算时取锻件正公差之半;

$V_{飞}$——飞边体积;

$V_{连}$——连皮体积;

δ——火耗率,按表 3.4 选取。

因此,坯料长度 $L_{坯}$ 为

$$L_{坯}=\frac{V_{坯}}{S'_{坯}}+L_{钳} \tag{4.27}$$

式中 $S'_{坯}$——所选规格钢号坯料的截面积;

$L_{钳}$——钳夹头长度。

4.7.2 短轴类锻件

短轴类锻件常用镦粗制坯,所以坯料尺寸应以镦粗变形为依据进行计算。

坯料体积为

$$V_{坯}=(1+k)V_{件} \tag{4.28}$$

镦粗时常用的高径比 m 为

$$m=\frac{L_{坯}}{d_{坯}}=1.8\sim2.2 \tag{4.29}$$

因此,坯料直径为

$$d_{坯}=1.08\sqrt[3]{\frac{(1+k)V_{件}}{m}}=(0.86\sim0.98)\sqrt[3]{V_{坯}} \tag{4.30}$$

对于方坯: $\qquad a_{坯}=(0.80\sim0.91)\sqrt[3]{V_{坯}} \tag{4.31}$

式中 k——宽裕系数,考虑到锻件复杂程度影响飞边体积,并计入火耗量。若为圆形锻件,$k=0.12\sim0.25$;若为非圆形锻件,$k=0.2\sim0.35$。

坯料下料长度(高度)为

$$L_坯 = \frac{V_坯}{S_坯} = 1.27\frac{V_坯}{d_坯^2} \qquad (4.32)$$

式中　　$d_坯$——按所选用的规格尺寸计算。

对于方坯：

$$L_坯 = \frac{V_坯}{a_坯^2} \qquad (4.33)$$

式中　　$a_坯$——按所选用的规格尺寸计算。

4.7.3　顶镦类锻件

具有粗大部分的杆类锻件和管类锻件,应尽量选取杆部直径和管子直径作为原坯料的直径。

穿孔类锻件要在平锻机上冲孔成形,为了确保冲孔成形质量,冲头直径和坯料直径应有适当的比值,否则,冲孔过程中坯料形状畸变严重。例如,当冲孔直径和坯料直径相等时。先产生镦粗变形,而后是反挤变形。这样,金属急剧地反复流动加速了模具的磨损,降低了模具寿命。

根据上述原理,为了保证冲头对坯料仅起分流作用,而无明显的轴向流动,要求有一个合适的冲孔坯料——计算毛坯。计算毛坯的长度与锻件长度相等,各个截面积与相应的锻件截面积相等。因平锻件多为轴对称锻件,计算毛坯直径图比锤上模锻要简单得多。首先将终锻成形工步图依其几何图形特征分为三部分,如图4.87所示。第Ⅰ部分为简单圆筒(忽略内壁斜度),第Ⅱ部分为锥形空心

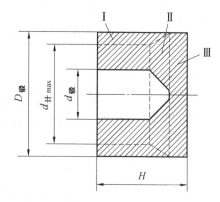

图 4.87　穿孔锻件计算毛坯图

体,第Ⅲ部分为圆柱体。这样划分后,计算毛坯直径图的第Ⅲ部分不变,第Ⅱ部分为过渡区,所以,绘制计算毛坯图的关键为第Ⅰ部分,该处计算毛坯直径 $d_计$ 为

$$d_计 = \sqrt{D_锻^2 - d_锻^2} \qquad (4.34)$$

对于带孔锻件,坯料直径的确定应遵循以下原则：

(1)当 $d_计/d_锻 = 1.0 \sim 1.2$ 时,取

$$d_坯 = (0.82 \sim 1.0)d_计$$

即　　　　$d_坯 = (0.82 \sim 1.0)d_计 = (0.82 \sim 1.0)(1.0 \sim 1.2)d_锻 \approx d_锻$

坯料直径与锻件内孔直径基本相等,这样可省去卡细、胀粗及切芯料工步,大大简化了平锻工步及模具结构。

(2)当 $d_计/d_锻 > 1.2$ 时,为减少积聚工步,选取 $d_坯 > d_锻$,此时坯料需卡细后再进行穿孔。为了减少坯料卡细程度和材料头损失,在不增加积聚工步的前提下,力求用较小直径的棒料。

（3）当 $d_{计} / d_{锻} < 1.0$ 时，为了防止金属在冲孔过程中先镦锻后挤压产生的倒流现象，应选用较大直径的坯料，并使 $d_{坯} < d_{锻}$，此时坯料应在与冲孔芯料相连处扩径，以便连续生产。

坯料直径按标准规格选定后，可确定每一锻件所需坯料长度 $L_{坯}$，即

$$L_{坯} = 1.27 \frac{V_{坯}}{d_{坯}^2} \tag{4.35}$$

式中　$V_{坯}$——坯料体积。

$$V_{坯} = (V_{锻} + V_{飞} + V_{芯})(1 + \delta) \tag{4.36}$$

式中　$V_{锻}$——锻件体积，按锻件图名义尺寸加正公差之半计算；

　　　$V_{飞}$——飞边体积；

　　　$V_{芯}$——冲孔芯料体积；

　　　δ——火耗率，按表 3.4 选择。

4.8　模锻设备吨位的确定

常用锻压设备及其用途和特点见表 4.8。

表 4.8　常用锻压设备的用途和特点

类别		适用范围	特点
锻锤	空气锤	可用于完成自由锻造的镦粗、拔长、冲孔、弯曲、扭转和错移等工步，也用于胎模锻造	通用性好、工艺适应性强、设备投资小，但设备噪声大、劳动条件差、对厂房和地基的要求高
	蒸汽－空气自由锻锤		
	蒸汽－空气模锻锤	用于各种锻件模锻、可进行多型槽模锻	
	螺旋压力机	用于模锻、精压、校正、冲孔、切断等多种工步，通常使用单型槽模锻	结构简单、造价低、有顶料装置、锻件精度高、可实现机械化生产
	热模锻压力机	用于单型槽或多型槽模锻，不易进行拔长和滚压制坯	有顶出装置、锻件精度高、易实现机械化和自动化生产，结构复杂、造价高
	平锻机	用于顶镦、成形、挤压、冲孔和切边等工步，适用于带头部的杆类和有孔锻件的模锻	生产率较高、通用性差、结构复杂、造价高
	辊锻机	用于模锻前的制坯。亦用于杆类锻件的模锻	生产率高、结构简单、通用性差
	液压机	用于大锻件钢锭的自由锻造或大型模锻件的模锻	通用性强、可制成大吨位的压力机，结构复杂、价格高

4.8.1 模锻锤吨位的确定

模锻锤的吨位是指模锻锤落下部分的质量，目前模锻锤吨位通常用经验公式或简化理论公式进行估算，并根据生产实际进行修正。

1. 经验公式

双作用锤：
$$m = (3.5 \sim 6.3)KS \qquad\qquad (4.37)$$

单作用锤：
$$m_1 = (1.5 \sim 1.8)m \qquad\qquad (4.38)$$

无砧座锤：
$$E = (20 \sim 25)m \qquad\qquad (4.39)$$

式中　m、m_1——模锻锤落下部分质量，kg；

　　　　K——材料系数（表 4.9）；

　　　　S——锻件和飞边（飞边仓部按 50% 计算）在水平面上的投影面积，cm^2；

　　　　E——无砧座锤的能量，J。

表 4.9　材料系数 K

材料	碳素结构钢		低合金结构钢		高合金结构钢	合金工具钢
	$w_C < 0.25\%$	$w_C > 0.25\%$	$w_C < 0.25\%$	$w_C > 0.25\%$	$w_C > 0.25\%$	
K	0.9	1.0	1.0	1.15	1.25	1.55

注：w_C 为碳的质量分数。

2. 简化理论公式

分型面上投影为圆形的锻件（直径小于 60 cm）：

$$m_\text{圆} = (1 - 0.005D)\left(1.1 + \frac{2}{D}\right)^2 (0.75 + 0.001D^2)D\sigma \qquad (4.40)$$

分型面上投影为非圆形的锻件：

$$m = m_\text{圆}\left(1 + 0.1\sqrt{\frac{L_\text{件}}{B_\text{均}}}\right) \qquad\qquad (4.41)$$

式中　$m_\text{圆}$、m——双作用锤落下部分质量，kg；

　　　　D——锻件直径，cm；

　　　　σ——锻件在终锻温度时的变形抗力（MPa），按表 4.10 选取；

　　　　$L_\text{件}$——分型面上锻件的最大长度；

　　　　$B_\text{均}$——锻件平均宽度。

表 4.10　终锻温度下部分材料的变形抗力 σ

材料	终锻温度 / ℃	σ/MPa		
		锤上模锻	曲柄压力机模锻	平锻机上模锻
碳素结构钢 $w_C < 0.25\%$	700	55	60	70
碳素结构钢 $w_C > 0.25\%$	750	60	65	80
低合金结构钢 $w_C < 0.25\%$	800	60	65	80
低合金结构钢 $w_C > 0.25\%$	800	65	70	90
高合金结构钢 $w_C > 0.25\%$	850	75	80	100
合金工具钢	850	$90 \sim 100$	$100 \sim 120$	$120 \sim 140$

计算非圆锻件的 $m_圆$ 时，D 用当量直径 D_r 代替，$D_r=1.13S^{0.5}$。计算单作用锤吨位时应在双作用锤的计算吨位的基础上乘以 $(1.5 \sim 1.8)$。式 (4.40) 和式 (4.41) 只适用于直径小于 60 cm 的锻件。

4.8.2　热模锻压力机吨位的确定

热模锻压力机的吨位用公称压力表示，锻件终锻时的最大变形力必须小于公称压力，否则常会发生闷车事故，造成设备损坏。终锻时所需压力按如下方法计算。

1. 理论—经验公式

在分型面上投影为圆形的锻件，其模锻所需压力 F（单位：N）为

$$F=8(1-0.001D)\left(1.1+\frac{20}{D}\right)^2 SR_m \tag{4.42}$$

在分型面上投影为非圆形的锻件，其模锻所需压力 F（单位：N）为

$$F=8(1-0.001D_r)\left(1.1+\frac{20}{D_r}\right)^2\left(1+0.1\sqrt{\frac{L_件}{B_均}}\right)SR_m \tag{4.43}$$

式中　D——在分型面上投影为圆形的锻件直径，mm；

　　　S——锻件在分型面上的投影面积，mm²；

　　　R_m——金属在终锻温度下的抗拉强度，MPa；

　　　D_r——非圆形锻件的换算直径，$D_r=1.13S^{0.5}$，mm；

　　　$L_件$——非圆形锻件的长度，mm；

　　　$B_均$——非圆形锻件的平均宽度，$B_均=S/L_件$，mm。

式 (4.43) 中 $(1-0.001D)\geqslant0.7$，即当 $D>300$ mm 时，$(1-0.001D)$ 就以 0.7 计算。

2. 经验公式

$$F=(64\sim73)KS \tag{4.44}$$

式中　F——模锻所需压力，kN；

　　　K——钢种系数，按表 4.9 选取；

　　　S——包括飞边桥部在内的锻件在分型面上的投影面积，cm²。

4.8.3　螺旋压力机吨位的确定

根据实际生产经验，螺旋压力机的吨位可按下式计算：

$$F=\frac{KS}{q} \tag{4.45}$$

式中　F——螺旋压力机的公称压力，kN；

　　　K——系数，在精压或热锻时，约为 80 kN/cm²，锻件轮廓比较简单时，约为 50 kN/cm²；

　　　S——锻件总变形面积（包括锻件、冲孔连皮和飞边），cm²；

　　　q——变形系数，变形程度小的精压件取 1.6；变形程度不大的锻件取 1.3；变形程度大的锻件取 $0.9\sim1.1$。

式 4.45 适用于滑块下行一次成形时所需设备的吨位，若采用 $2\sim3$ 次成形，则应按

计算值减小一半。

4.8.4　平锻机吨位的确定

一般用平锻机主滑块所产生的模锻力来表示平锻机的吨位。根据下式计算所得的模锻力选择平锻机的吨位。

1. 经验－理论公式

按终锻成形工步顶镦变形所需力计算：

$$F_{闭}＝0.005(1-0.001D)D^2R_m \tag{4.46}$$
$$F_{开}＝0.005(1-0.001D)(D+10)^2R_m \tag{4.47}$$

式中　$F_{闭}$——闭式模锻时平锻机的压力,kN；

　　　D——锻件镦锻部分的最大直径,mm,应考虑收缩量和正公差尺寸；

　　　R_m——金属在终锻时的抗拉强度,MPa；

　　　$F_{开}$——开式模锻时平锻机的压力,kN。

式(4.46)和式(4.47)只适用于 $D\leqslant300$ mm 的锻件。如锻件镦锻部分为非圆形,可用换算直径 $D_r=1.13S^{0.5}$ 代入公式计算,S 为包括飞边的锻件在主分型面上的投影面积。

2. 经验公式

$$F＝57.5KS \tag{4.48}$$

式中　F——平锻机的压力,kN。

　　　K——钢种系数,对于中碳钢和低碳合金钢,如 45、20Cr,取 $K=1$；对于高碳钢及中碳合金钢,如 60、45Cr、45CrNi,取 $K=1.15$；对合金钢,如 GCr15、45CrNiMo,取 $K=1.3$；

　　　S——包括飞边的锻件最大投影面积,cm²。

思考题与习题

1. 模膛形状对金属变形和流动的主要影响有哪些？

2. 开式模锻时影响金属流动的主要因素有哪些？

3. 分析开式模锻时金属的流动过程、飞边槽的作用及飞边槽桥部高度与宽度尺寸对金属流动的影响。

4. 为什么锤上模锻的上模模膛比下模模膛容易充填饱满？

5. 闭式模锻进行的必要条件是什么？

6. 在平底凹模内正挤压时,金属的流动变形情况受哪些因素影响？

7. 挤压时常见的缺陷有哪些？ 如何防止挤压缺陷？

8. 分析挤压时"死区"形成的原因,以及对挤压件质量的影响及应采取的措施。

9. 分析在带有导向的模具中镦粗时的变形过程。

10. 顶镦的三个规则是什么？ 在生产中如何应用？

11. 锤上模锻的工艺特点有哪些？

12. 锻压机模锻工艺及模具设计的特点有哪些？

13. 螺旋压力机模锻有哪些特点？

14. 平锻机上模锻有哪些特点？

15. 确定分型面的基本原则有哪些？对锻件质量有何影响？

16. 模锻工艺过程制订包括哪些内容？

17. 模锻工艺方案选择的基本原则是什么？

18. 模锻工步有哪几类？阐述各类工步的作用。

19. 长轴类锻件制坯工步选择的依据是什么？

20. 如何选择短轴类锻件制坯工步？

21. 简述确定模锻所需原坯料尺寸的方法。

22. 模锻设备吨位确定的方法有哪些？

23. 查阅资料，简述热锻与冷锻的主要特点与区别。

24. 为什么锻件公差呈非对称分布？

25. 在什么情况下采用预锻工步？

第5章 精密体积成形技术

5.1 概　述

精密体积成形技术也称为精密锻造技术,它是在普通的体积成形技术的基础上发展起来的一项新技术。精密锻造工艺突破了毛坯生产的范畴,它能生产与成品零件尺寸很接近的产品,甚至直接生产成品零件。

精密体积成形技术已在汽车、航空、航天、电子、机械等领域的零部件制造中发挥重要的作用。目前,普通热模锻件的径向尺寸精度为$\pm(0.5\sim 1.0)$mm,而热精模锻件为$\pm(0.2\sim 0.4)$mm,温精锻件为$\pm(0.1\sim 0.2)$mm,冷精锻件为$\pm(0.01\sim 0.1)$mm。普通热模锻件的表面粗糙度也只能达到$Ra12.5$,而冷精锻件的表面粗糙度可达$Ra(0.2\sim 0.4)$。

目前,精密模锻主要用于如下两个方面。

(1)精化毛坯。生产精度较高的零件时,利用精密模锻工艺取代粗切削加工,即将精密模锻件进行精机加工得到成品零件。

(2)精密模锻零件。精密模锻用于生产精密模锻能达到其精度要求的零件,多数情况下用精密模锻成形零件的主要部分,以省去切削加工,而零件的某些部分仍需少量切削加工。有时也可完全采用精密模锻方法生产成品零件。

与普通模锻件相比,精密模锻件有以下特点:

(1)精密锻件的形状比普通模锻件复杂,普通模锻件可以通过在零件上添加余块来简化形状,而精锻件则接近于零件的形状。

(2)由于普通模锻件留有加工余量,而精锻件一般少留加工余量或不留加工余量,所以精锻件的壁厚、肋宽等尺寸比普通模锻件的小。

(3)精锻件的尺寸精度高于普通模锻件,精锻件的表面粗糙度低于普通模锻件。

在拟定精密锻造工艺时应注意以下几个问题:

(1)在设计精锻件图时,不应当要求所有部位尺寸都精确,而只需保证主要部位尺寸精确,其余部位尺寸精度要求可低些。这是因为现行的备料工艺不能准确保证坯料的尺寸和质量,而塑性变形是遵守体积不变条件的,因此必须利用某些部位来调节坯料的质量误差。

(2)对某些精锻件,适当地选用成形工序,不仅容易保证成形质量,而且可以有效地减小成形力和提高模具寿命。

(3)坯料的表面质量(指氧化、脱碳、合金元素烧损和表面粗糙度等)是实现精密模锻的前提。另外,坯料形状和尺寸的正确与否以及制坯的质量等,对锻件的成形质量也有重要影响。

（4）设备的精度和刚度对锻件的精度有重要影响，但是模具精度的影响比设备更直接、更重要。有了高精度的模具，在普通设备上也能成形精度较高的锻件。

（5）在精密模锻工艺中，润滑是一项极为重要的工艺因素，良好的润滑可以有效地降低成形力，提高锻件精度和锻模寿命。

（6）模具结构的正确设计、模具材料的正确选择以及模具的精确制造是影响锻模寿命的重要因素。

（7）在高温和中温精密模锻时，应对模具和坯料的温度场进行测量和控制，它是确定模具材料、模具和精锻件热胀冷缩率以及坯料变形抗力的依据。

5.2　锻件尺寸精度的影响因素分析

锻件的精度是一个综合性的技术问题，影响锻件精度的原因有很多，比如锻件的精度与坯料体积的偏差、模具和锻件的弹性变形、模具和坯料（锻件）的热胀冷缩、模具设计和模具加工精度、设备精度等有关。正确分析这些因素的影响并采取有效的解决措施是保证锻件精度的重要环节。

1. 坯料体积的偏差

在开式精密模锻中，坯料体积的偏差不影响锻件的尺寸偏差。但在闭式精密模锻中，当模膛的水平尺寸不变和不产生毛刺或毛刺体积不变时，坯料体积的偏差将引起锻件高度尺寸的改变。

坯料体积的偏差是由两方面因素引起的：①下料不准确；②坯料加热时，各个坯料烧损的程度不一样。目前精密下料可使坯料的质量偏差控制在 1% 以内，而一般下料方法为 3% ～ 5% 或更大。

因此，要提高锻件精度，首先要提高下料精度和改善加热情况，其次在锻件图设计和工艺设计时，应根据坯料体积可能的变化范围采取适当的措施。例如，增大锻件某一方向尺寸公差或采用开式模锻，使多余金属流入飞边槽；对某些带孔的锻件，在设计模具时，可利用冲孔芯料来调节体积偏差。

2. 模膛的尺寸精度和磨损

模膛的尺寸精度和使用过程中的磨损对锻件尺寸精度有直接影响。在同一模膛的不同部位，由于金属的流动情况和所受到的压力不同，其磨损程度也不相同。

在开式模锻中，模膛水平方向的磨损会引起锻件外径尺寸增大和孔径尺寸减小，模膛垂直方向的磨损会引起锻件高度尺寸增大。

在闭式模锻时，模膛磨损对锻件尺寸有影响。如图 5.1 所示，模膛磨损将引起锻件水平方向尺寸 $[L(D)]$ 增大。若坯料体积不变，且不产生飞边（或飞边体积不变），此时为了获得充填良好的锻件，其高度尺寸（H）将减小。在这种情况下，锻件高度尺寸的公差（ΔH）就不能由模膛垂直方向的磨损来决定，而应该是锻件水平方向尺寸磨损公差的函数。在模具设计时，锻件水平方向尺寸应取最小值，而高度方向尺寸应取最大值。当模具磨损达最大值时，锻件水平方向尺寸达最大值，而高度方向尺寸达最小值。按体积不变条件，锻件高度尺寸公差由水平尺寸公差决定，其关系式为

矩形截面锻件

$$-\Delta H = \Delta L \frac{H}{L} + \Delta B \frac{H}{B} \qquad (5.1)$$

正方形截面锻件($L = B$)

$$-\Delta H = 2\Delta L \frac{H}{L} \qquad (5.2)$$

圆柱形锻件

$$-\Delta H = 2\Delta D \frac{H}{D} \qquad (5.3)$$

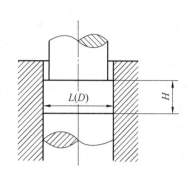

图 5.1 闭式模锻件的尺寸

式中　L、B——锻件长边和短边尺寸；

　　　ΔL、ΔB——锻件长边和短边尺寸的偏差；

　　　D、ΔD——锻件的直径和其偏差。

3. 模具温度和锻件温度的波动

模具温度的波动将引起模腔容积的变化，其变化值可按下式计算：

$$\frac{\Delta V_1}{V_0} = \varepsilon_1 + \varepsilon_2 + \varepsilon_3 \qquad (5.4)$$

式中　ΔV_1——模腔容积变化值，$\Delta V_1 = V_1 - V_0$；

　　　V_0——预定温度下的模腔容积；

　　　V_1——锻造时实测温度下的模腔容积；

　　　ε_1、ε_2、ε_3——3 个互相垂直方向上模腔尺寸的相对改变量。

如果模具温度分布均匀，当模具实测温度与预定温度相差 Δt 时，则

$$\frac{\Delta V_1}{V_0} = 3\varepsilon = 3\alpha\Delta t \qquad (5.5)$$

式中　α——模具材料的线膨胀系数。

对于淬硬钢，可取 $\alpha \approx 0.000\,012$，则有

$$\frac{\Delta V_1}{V_0} = 0.000\,036\Delta t \qquad (5.6)$$

由模具温度和锻件温度波动引起的锻件尺寸改变，可按下式计算：

$$\Delta L = L_1\alpha_1\Delta t_1 + L_2\alpha_2\Delta t_2 \qquad (5.7)$$

式中　ΔL—— L 方向锻件尺寸对公称尺寸的波动值；

　　　L_1——在预定温度下 L 方向的锻件尺寸；

　　　Δt_1——模锻结束时锻件温度对预定温度的波动值；

　　　L_2——在预定温度下 L 方向的模腔尺寸；

　　　Δt_2——模锻结束时模具温度对预定温度的波动值；

　　　α_1、α_2——锻件材料和模具材料的线膨胀系数。

计算 ΔL 时应注意，提高终锻时的锻件温度将使锻件尺寸减小，而提高模具温度则使锻件尺寸增大。

4. 模具和锻件的弹性变形

精密模锻时，由于应力作用，模具和坯料均产生弹性变形，这对锻件的尺寸精度有较

大的影响。模锻时,模膛因受内压力作用,尺寸增大,而坯料受压则产生压缩弹性变形。

外力去除后,两者都向相反方向弹复,结果使锻件尺寸增大。其数值是模具和锻件弹性变形量的总和。模具和锻件的弹性变形量可根据材料的弹性模量、应力的数值和相应部分的尺寸来确定。但是,应用弹性理论算出弹复值是十分困难的,实际的弹复值通常是通过各种工艺试验来确定的。

目前,可以采用塑性有限元法来模拟计算出锻件成形时对模膛所产生的作用力,然后通过弹性有限元法对模膛的弹性变形量做出预测,进而做出修正与补偿。

5. 锻件的形状与尺寸

锻件的形状与尺寸对可能达到的尺寸精度有一定的影响。例如,具有薄壁高肋的锻件,模锻时常常不易充满;又如,呈扭曲形状的汽轮机叶片,模锻后锻件上各处的弹复量和冷收缩量均不一样;再如,某些轴线弯曲的轴类锻件,模锻时由于分型面不在同一平面内,有时产生的错移力较大,即使采取平衡错移力的措施,也不能完全消除,使尺寸偏差增大。

6. 成形方案

对一定形状的锻件,成形方案是否合理对尺寸精度有很大影响。例如,轴承套圈在一般扩孔机上进行开式辗扩时,径向尺寸很难准确控制,椭圆度和锥度较大。如果辗扩后增加一道精整工序,或在外径受限制的模具中辗扩时,尺寸精度和形位精度均可大幅度提高。又如,用辊锻方法生产的叶片和连杆锻件,尺寸精度较低,如果辊锻后再增加一道精整工序,则可使锻件精度有较大提高。再如,齿轮类锻件,如齿形位于端面且齿高较矮时,可利用带齿槽的冲头,在室温或中温(视材料硬度而定)直接压出齿形,而不必再精整形。对于齿形在端面且齿较高的锥齿轮,该类零件一般为钢件,变形抗力较大,应先采用高温(1 000 ~1 100 ℃)初成形,经切边和清理后再进行温热(700~ 850 ℃)精压。温热精压是保证该类锻件尺寸精度和表面粗糙度的关键。而对于一端带齿的小尺寸电机齿轮,采用挤压工艺可较好地保证齿形精度,不带齿的部分可作为挤压时的余料。

7. 模膛和模具结构的设计

模膛和模具结构的设计对锻件的精度有很大影响。如模膛的设计精度、冷缩量和弹复量采用的是否适当、模具的导向精度和刚度都会影响锻件的尺寸精度。

8. 润滑情况

润滑条件直接影响金属充满模膛的难易程度以及金属的变形抗力和弹复量的大小,从而影响锻件的尺寸精度。

9. 锻造设备

锻造设备的精度、刚度及其吨位大小对锻件尺寸精度也有影响。

10. 工艺操作

实际的工艺操作是否符合技术操作规范,对锻件尺寸精度也有影响。例如,在坯料成形过程中,实际变形温度偏高或偏低都将影响冷缩量和弹复量的大小,从而引起锻件尺寸的波动。

从上述影响因素分析可知,坯料的形状和尺寸、模具、锻造设备、润滑条件、工艺操作等对锻件的精度都有重要的影响。成形方案、模具的正确设计和精确加工是保证锻件精度的最重要的环节。所以,精密模锻时应该控制上述各种因素。

5.3　精密模锻的成形方法

目前,已用于生产的精密体积成形新工艺很多。根据温度不同,在再结晶温度以上进行的称热精密成形;在稍低于再结晶温度进行的称中温精密成形;在室温下进行的称冷精密成形。按照成形原理来分,则有小飞边开式模锻、闭式模锻、挤压、闭塞式锻造、多向模锻、径向锻造、摆动辗压、粉末锻造、体积精压、等温模锻和超塑性模锻等。闭式模锻和挤压成形的原理和变形规律在第4章中已有介绍,此处不再重复。本章重点介绍闭塞式锻造、多向模锻、等温模锻、超塑性模锻和精压。

1. 闭塞式锻造

闭塞式锻造是近年来发展十分迅速的一种精密塑性体积成形方法。与普通模锻和挤压不同,闭塞式锻造需要在多动压力机或者通用压力机上通过专用的模具来实现。闭塞式锻造可以用来成形十字轴、三叉轴、锥齿轮和其他复杂零件。

闭塞式锻造过程如图 5.2 所示,先将可分凹模闭合(图 5.2(a)),并对闭合的凹模施以足够的合模力,然后用一个冲头或多个冲头,从一个方向或多个方向对模腔内的坯料进行挤压成形(见图 5.2(b)(c))。这种方法也称为闭模挤压,是具有可分凹模的闭式模锻。

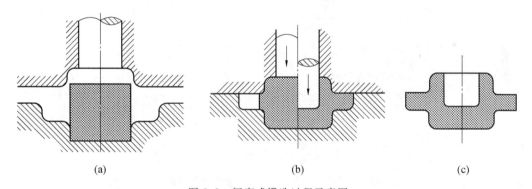

|(a)|(b)|(c)|

图 5.2　闭塞式锻造过程示意图

闭塞式锻造是从径向挤压发展过来的,最初用于汽车十字轴等带有枝杈的锻件的成形,目前已发展到锥齿轮、轮毂螺母等零件的成形。国外开发的锥齿轮冷态闭塞式锻造新工艺,使所锻齿轮的精度达到了轿车齿轮的要求,而且可以获得比热精锻更高的模具寿命。由于闭塞式锻造时在一次变形工序中可以获得较大的变形量和复杂的型面,因此特别适合复杂形状零件的成形。

对不同形状的零件,闭塞式锻造时金属的变形流动情况是不一样的。冲头下部(或前端)被挤出的金属或仅沿径向流动,或同时沿径向和轴向流动。

如图 5.3 所示为十字接头的锻件图,如图 5.4 和图 5.5 所示为其成形模具和变形过程示意图。该件的变形过程分四个阶段:①镦粗变形阶段;②稳定侧挤阶段;③充填侧腔阶段;④成形完成阶段。各阶段力的变化曲线如图 5.6 中 OA、AB、BC、CD 所示。图中 F_Q 是力图使上、下凹模张开的力,称为张模力。在镦粗变形阶段和稳定侧挤变形阶段,由于挤压筒内金属向下流动时,借助摩擦的作用,带着挤压筒下移,张模力为负值;在充填侧

腔阶段,张模力变为正值,并迅速增加;在最后阶段,张模力与压挤力一样,急剧上升,最后
达到最大值。

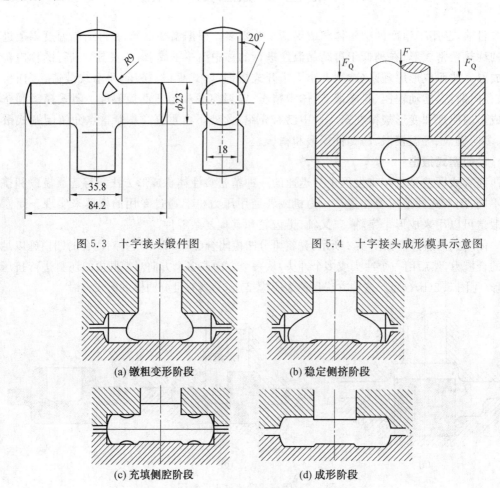

图 5.3　十字接头锻件图　　　　　　　　　图 5.4　十字接头成形模具示意图

(a) 镦粗变形阶段　　　　　　　　　(b) 稳定侧挤阶段

(c) 充填侧腔阶段　　　　　　　　　(d) 成形阶段

图 5.5　十字接头的变形过程示意图

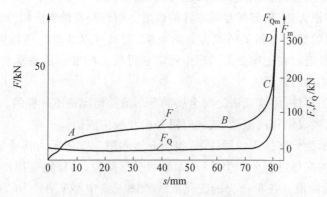

图 5.6　压挤力和张模力随工作行程变化的曲线

F—压挤力;F_Q—张模力

十字接头件成形最后阶段的张模力的计算公式如下：

$$F_Q = (A_锻 - A_筒) p_张 + 4d_k l_k \sigma_s \qquad (5.8)$$

式中　$A_锻$——锻件的水平投影面积，mm^2；

　　　$A_筒$——挤压筒的横截面积，mm^2；

　　　$p_张$——张模单位压力，MPa；

　　　d_k——侧腔端部分流孔的直径，mm；

　　　l_k——分流孔的长度，mm；

　　　σ_s——金属在成形温度下的流动应力，MPa。

$p_张$ 可按下式计算：

$$p_张 = (1 \sim 0.8) p_{平均} \qquad (5.9)$$

$$p_{平均} = \frac{F}{\dfrac{\pi D^2}{4}}$$

式中　$p_{平均}$——平均压挤力，MPa；

　　　F——总压挤力，N；

　　　D——挤压筒直径，mm。

由上述可以看出，闭塞式锻造时的张模力是很大的。而且锻件的水平投影面积越大时，张模力也越大。因此，在进行闭塞式锻造时，应当有可靠的压模机构或采用双动压力机。

锥齿轮过去一直是用开式模锻的方法进行精密成形的，其过程是先初步热模锻，经切边和清理后再温热精压或冷精压。现在国外已改用闭塞式锻造法，从而一次锻造成形，如图 5.7 所示。

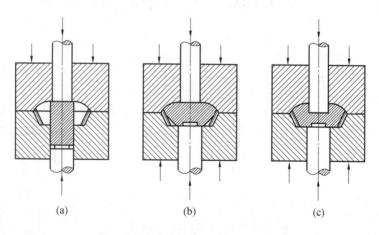

图 5.7　锥齿轮的闭塞式锻造示意图

汽车轮毂螺母过去通常是用冷挤压方法成形的，由于该件形状复杂，需进行多次挤压，每次挤压后需进行退火处理，直至挤成所需产品。后来发展到采用多工位冷挤压，毛坯进入机床后，由机械手从一个工位传向下一个工位，利用变形热效应降低变形抗力，所以不用中间退火，大大缩短了加工周期，降低了成本。目前发展到单工位多动作挤压，即闭塞式锻造,如图5.8所示。这样,压机一个冲程就能挤压出原来要多次挤压才能加工成的产品。

由上述可见,闭塞式锻造的优点是:①生产效率高,一次成形就可以获得形状复杂的精锻件;②由于成形过程中坯料处于强烈的三向压应力状态,适合于成形低塑性材料;③金属流线沿锻件外形连续分布,锻件的力学性能好。

闭塞式锻造的使用条件是:①下料要求准确;②要求采用少氧化或无氧化加热;③成形时应有良好的润滑;④要求在模腔内金属最后充满的部位设置仓部,以容纳模腔充满后多余的金属。

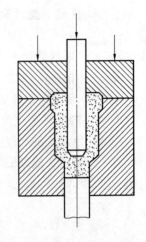

图5.8 轮毂螺母的闭塞式锻造示意图

闭塞式锻造可以在多动压力机上进行,但多动压力机价格昂贵,且多为液压机,生产效率低。应用闭塞式锻造专用模具,可以在通用压力机上实现闭塞式锻造,生产效率高,投资少。用于闭塞式锻造的模具可以采用全液压式专用模具,也可采用液压—刚性元件机械传动式模具或刚性元件机械传动式模具,或弹性元件机械传动式模具。

2. 多向模锻

多向模锻是在几个方面同时对坯料进行锻造的一种工艺,主要用于生产外形复杂的中空锻件。

多向模锻的过程如图5.9所示,当坯料置于工位上后(图5.9(a)),上下两模块闭合,进行锻造(图5.9(b)),使毛坯初步成形,得到凸肩,然后水平方向的两个冲头从左右压入,将已初步成形的锻坯冲出所需的孔。锻成后,冲头先拔出,然后上下模分开(图5.9(c)),取出锻件。

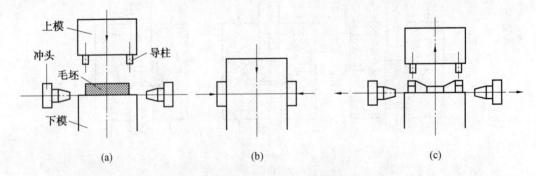

图5.9 多向模锻过程示意图

(1)多向模锻的变形过程分析。多向模锻属于闭式模锻。它实质上是以挤压为主,是挤压和模锻复合成形的工艺。其变形过程也可为三个阶段:第Ⅰ阶段是基本成形阶段,第Ⅱ阶段是充满阶段,第Ⅲ阶段是形成飞边阶段。具体分析如下:

①第Ⅰ阶段——基本成形阶段。由于多向模锻件大都是形状复杂的中空锻件,而且通常坯料是等截面的,第Ⅰ阶段金属的变形流动特点主要是反挤—镦粗成形和径向挤压

成形。以三通管接头为例,其第Ⅰ阶段的变形如图 5.10 所示。当棒料置于可分凹模的封闭型腔后,三个水平冲头同时工作(图 5.10(a)),冲头Ⅰ、Ⅱ首先接触坯料,坯料两端在挤孔的同时被镦粗,直至与模壁接触(图 5.10(b)),随着冲头Ⅰ、Ⅱ继续移动,迫使坯料中部的金属流入凹模的旁通型腔,直至流入旁通的金属与正在向前运动的冲头Ⅲ相遇(图5.10(c))。在这段过程中,金属的变形特点是坯料中部的纯径向挤压。当挤入旁通的金属与冲头Ⅲ相遇后,随着三个冲头继续前进,坯料中部的金属被继续挤入旁通,而冲头Ⅲ对流入旁通的金属进行反挤压和镦粗,直至金属基本充满模腔(图 5.10(d))。

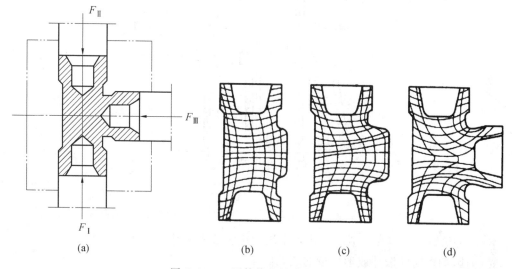

图 5.10 三通管接头的成形过程图

②第Ⅱ阶段——充满阶段。由第Ⅰ阶段结束到金属完全充满模腔为止为第Ⅱ阶段,此阶段的变形量很小,但此阶段结束时的变形力比第Ⅰ阶段末可增大 2～3 倍。

无论第Ⅰ阶段以什么方式成形,第Ⅱ阶段的变形情况都是类似的。变形区位于未充满处的附近区域,此处处于差值较小的三向不等压应力状态,并且随着变形过程的进行该区域不断缩小。

③第Ⅲ阶段——形成飞边阶段。此时坯料已极少变形,只是在极大的模压力作用下,冲头附近的金属有少量变形,并逆着冲头运动的方向流动,形成纵向飞边。如果此时凹模的合模力不够大,还可能沿凹模分型面处形成横向飞边。此阶段的变形力急剧增大。这个阶段的变形对多向模锻有害无益,是不希望出现的,它不仅影响模具寿命,而且产生飞边后,清除也非常困难。

因此,多向模锻时应当在第Ⅱ阶段末结束锻造。

(2)多向模锻的设备和装置。多向模锻的设备主要是多向模锻液压机,它是在普通液压机的基础上发展起来的。在普通液压机的基础上增设两个侧向水平工作缸。在活动横梁、工作台上和水平侧向工作缸上各装一块模块(或冲头),最多能装四块模块(或冲头),并由模块和冲头组成一副具有封闭型腔的模具,这种水压机称为四工位多向模锻水压机(图 5.11)。除四工位多向模锻水压机外,还有由一种普通液压机与四个水平工作缸组成的专用水压机,称为六工位多向模锻水压机。

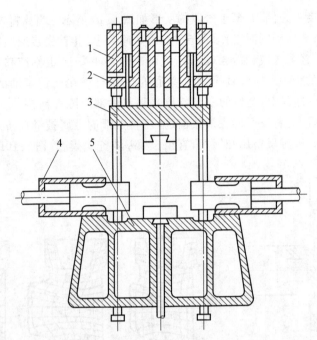

图 5.11 四工位模锻水压机

1—拉杆;2—上横梁;3—活动横梁;4—侧向水平工作缸;5—工作台

多向模锻还可以在一般压力机上采用专用装置来实现。

(3)影响多向模锻件成形质量的工艺因素。

①合模力的大小。多向模锻时凹模是组合结构,在成形过程中变形金属对凹模有一个作用力,力图使两部分分开,该力称为张模力。由于该方向的受力面积很大,所以张模力通常都大于冲头的作用力,甚至达到冲头作用力的 2~3 倍以上。因此,为了保证锻件在该方向的尺寸精度和避免产生飞边,多向模锻时应当有足够的合模力。

多向模锻过程中张模力的变化情况和计算公式可参考闭塞式锻造部分。

②坯料体积和模腔体积。坯料体积和模腔体积的变化对多向模锻的尺寸精度,特别是对冲头运动的尺寸精度有较大的影响。影响坯料体积的因素是坯料的直径和下料长度偏差,以及烧损量和实际锻造温度的变化等。影响模腔实际体积的因素是模腔的磨损、合模力的大小(即两部分凹模被压紧的程度),工作时压机和模具的弹性变形量以及锻模温度的变化等。因此,为了保证锻件的尺寸精度,应当保证足够吨位的合模力和规定坯料允许的体积(质量)公差。

③坯料的形状和尺寸。多向模锻时,用棒料毛坯直接成形是最简便的。但是,有些多向模锻件的形状非常复杂,模锻时锻件各部分需要的金属量不相等,因此用棒料毛坯直接成形往往不能满足成形质量要求,这时应当将坯料先进行预锻,得到形状和尺寸较为合适的中间毛坯,然后再进行模锻。

④坯料在模腔中的定位。多向模锻时,金属在模腔中的流动相当复杂,如果坯料定位不合适,将使模腔中有些部位金属量过多,而另一些部位则金属量不足,结果造成锻件"缺肉"现象。因此,为保证锻件的成形质量,多向模锻时应根据成形要求采用可靠的定位措

施。

多向模锻有以下优点：

①与普通模锻相比，多向模锻可以锻出形状更为复杂、尺寸更加精确的无飞边、无模锻斜度（或很小模锻斜度）的中空锻件，使锻件最大限度地接近成品零件的形状尺寸。从而显著地提高材料利用率，减少机械加工工时，降低成本。

②多向模锻只需坯料一次加热和压机一次行程便可使锻件成形，因而可以减少模锻工序，提高生产效率，并能节省加热设备和能源，减少贵重金属的烧损、锻件表面的脱碳及合金元素的贫化。

③由于多向模锻不产生飞边，从而可避免锻件流线末端外露，提高锻件的力学性能，尤其是抗应力腐蚀的性能。

④多向模锻时，坯料是在强烈的压应力状态下变形的，因此可使金属塑性大为提高，这对锻造低塑性的难变形合金是很重要的。

多向模锻使用的条件是：

①需要使用刚性好、精度高的专用设备或在通用设备上附加专用的模锻装置。

②要求坯料的尺寸与质量精确。

③要求对坯料进行少氧化、无氧化加热或设置去氧化皮的装置。

3. 等温模锻与超塑性模锻

等温模锻是指坯料在几乎恒定的温度条件下模锻成形。为了保证恒温成形的条件，模具也必须加热到与坯料相同的温度。

等温模锻常用于航空、航天工业中钛合金、铝合金、镁合金等零件的精密成形，其原因有以下两个方面：

（1）在常规锻造条件下，这些金属材料的锻造温度范围比较窄，尤其在锻造具有薄的腹板、高肋和薄壁零件时，坯料的热量很快地向模具散失，温度降低、变形抗力迅速增加，塑性急剧降低，不仅需要大幅度地提高设备吨位，而且也易造成锻件和模具开裂。尤其是钛合金更为明显，它对变形温度非常敏感，对 Ti-6Al-4V 钛合金，当变形温度由 920 ℃ 降为 820 ℃ 时，变形抗力几乎增加一倍。钛合金等温模锻时的变形力大约是普通模锻变形力的 $1/5 \sim 1/10$。

（2）某些铝合金和高温合金对变形温度很敏感，如果变形温度较低，变形后为不完全再结晶的组织，则在固溶处理后易形成粗晶，或晶粒粗细不均的组织，致使锻件性能达不到技术要求。

等温锻造常用的成形方法也是开式模锻、闭式模锻和挤压等，它与常规锻造方法的不同点在于：

（1）锻造时，模具和坯料要保持在相同的恒定温度下。这一温度是介于冷锻和热锻之间的一个中间温度，对某些材料也可等于热锻温度。

（2）考虑到材料在等温锻造时具有一定的黏性，即应变速率敏感性，等温锻造时的变形速度应很低。

根据生产实践，采用等温锻造工艺生产薄腹板的筋类、盘类、梁类、框类等精锻件具有很大的优越性。目前，普通模锻件筋的最大高宽比为 6：1，一般精密成形件筋的最大高宽比为 15∶1,而等温精锻时筋的最大高宽比达 23∶1,筋的最小宽度为 2.5 mm,腹板厚度可达 1.5~2.0 mm。

等温锻造时,常采用电感应法或电阻法加热模具,如图 5.12 所示。

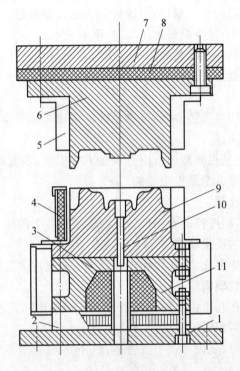

图 5.12　等温锻造模具图

1—下模板;2—中间垫板;3、8—隔热层;4、5—加热圈;
6—凸模;7—上模板;9—凹模;10—顶杆;11—垫板

等温开式模锻时,由于桥口处坯料的温度高,流动阻力小,因此桥口的宽高比比一般开式模锻大 3 ~ 4 倍。

等温模锻通常是在行程速度很慢的设备上进行的,因为这样可以保证变形金属充分再结晶,使变形抗力降低,如图 5.13 所示为等温条件下 Ti-6Al-6V-2Sn 合金变形抗力与变形温度和变形速度的关系。由图 5.13 可见,在接近 β 转变的温度范围内,当滑块速度由 1.27 m/s 降至 0.015 m/s 时,Ti-6Al-6V-2Sn 合金的变形抗力大约下降 70%。

用于等温模锻的模具材料应具有良好的高温强度、高温耐磨性、耐热疲劳以及良好的抗氧化能力。对铝合金和镁合金,模具材料可用 5CrNiMo、4Cr5W2SiV、3Cr2W8V 等模具钢。钛合金等温模锻时,要求把模具加热到 760~980 ℃,某些镍基合金(如我国的 K3 合金、美国的 In-100 和 MAR-M200)可满足工作要求。

超塑性模锻也是在恒温条件下成形的,但是要求在更低的变形速度和适宜的变形温度下进行,因此要求设备的行程速度更慢。而且超塑性模锻前坯料需进行超塑性处理以获得极细的晶粒组织。

由于在闭式模锻和挤压时,金属处于强烈的三向压应力状态,工艺塑性较好,因此塑

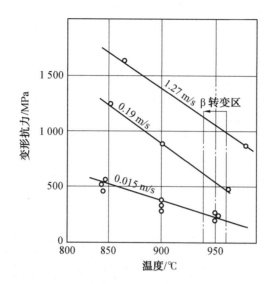

图 5.13 等温条件下 Ti - 6Al - 6V - 2Sn 合金变形抗力与变形温度和变形速度的关系

性大小不是主要矛盾,而超塑性模锻的生产效率低,超塑性处理工艺复杂,因此除个别钛合金零件外,超塑性模锻远远不如等温模锻和超塑性胀形应用普遍。

4. 精压

精压是为了提高锻件精度和降低表面粗糙度的一种锻造方法。其特点如下:

①一般模锻件所能达到的合理尺寸精度,其公差范围为 ±0.5 mm。通过精压,可提高锻件的尺寸精度并降低表面粗糙度,尺寸公差可达到 ±0.25 mm。

②精压可全部或部分代替零件的机械加工,因而可节省机械加工工时,提高劳动生产率;还可以节约原料,降低成本。

③由于精压使锻件表层变形而产生硬化,可提高零件的表面强度和耐磨性能。

(1)精压的分类及变形特点。根据金属的流动情况,可将精压分为平面精压和体积精压两大类。

①平面精压。如图 5.14 所示,在两精压板之间,对锻件上一对或数对平行平面加压,使变形部分尺寸精度提高、表面粗糙度值降低的工序,称为平面精压。实质上,平面精压是平板间的自由镦粗。

平面精压后,精压件平面中心有凸起现象(图 5.15)。凸起值$[f = (H_{max} - H_{min})/2]$可达 0.3 ~ 0.5 mm,对精压件尺寸精度影响很大。产生凸起的主要原因是压板的局部弹性形变,这与压板上正应力分布不均匀有直接关系(图 5.16),而且随着锻件的高径比(H/D)的减小和外摩擦的增大,受压面中心的压应力与边缘的压应力之差也越大,这种应力分布的不均匀性,导致模板产生不均匀的弹性凹陷和弹性弯曲。这两种弹性变形的叠加,使得精压平板的工件表面在压缩时变成凹形的曲面,于是所压出的工件表面是凸起曲面。锻件硬度越高,变形程度越大,凸起越明显。

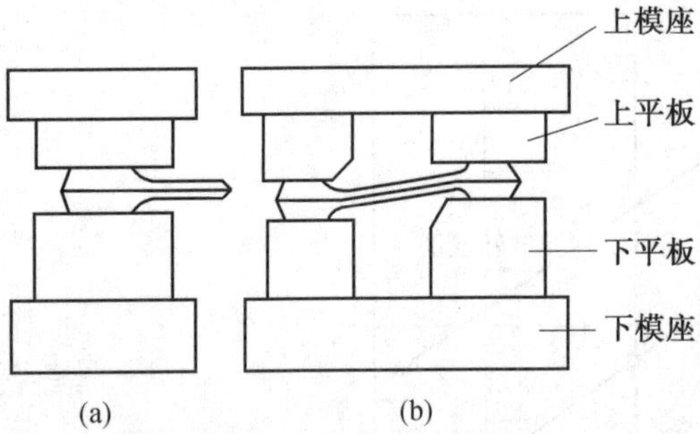

图 5.14 平面精压

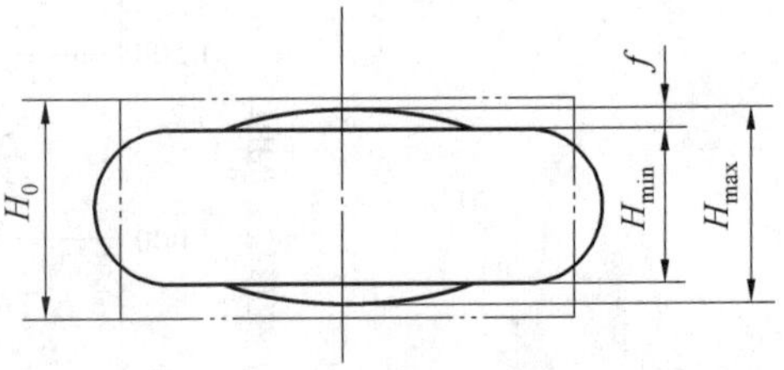

上模座
上平板
下平板
下模座

(a)   (b)

图 5.15 平面精压时工件的变形

为了减小凸起,应采取以下工艺措施。

降低精压时工件的平均单位压力:降低锻件的硬度(钢件采用退火或正火;铝件采用淬火,但须在时效前精压);控制每次精压时的变形程度和精压余量;在冷精压之前先热精压一次;改善润滑条件(钢件在精压前进行磷化处理和润滑处理;铝件精压时可用蜂蜡或猪油做润滑)。

减小精压面积:如果工件允许,在精压面中部预先模锻出凹形弧面或在模板上做成凸形,对中间有孔的精压面先做出孔来(若孔径不大,模锻时则应压出浅穴),以减小精压面积,这样可以大大降低精压力。

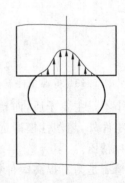

图 5.16 精压面上的应力分布

提高精压模的结构刚度和模板材料的硬度:改善模具结构、减小模具的零件数,以提高模具的刚度;采用限程块以减小模具的弹性弯曲;选用淬透性高的材料(如 Cr12MoV 等)做精压模板,淬火后硬度一般为 58 ~ 62HRC。

②体积精压。将锻件放入尺寸精度高、表面粗糙度值小的模膛内(尺寸公差在 ± 0.1 mm 以下,表面粗糙度 $Ra < 0.2\ \mu m$)进行锻压,使其整个表面都受到压挤,产生少量变形,这一过程称为体积精压。经体积精压后,锻件的全部尺寸精度都得到提高,同时可提高锻件的质量精度。

由于体积精压的变形抗力较大,模具寿命成为突出的问题,并需要较大吨位的设备,因而一般只适用于小型锻件,特别是有色金属锻件。

(2)精压压力的确定。精压时所需压力主要与材料种类、精压温度和受力状态等有关,其值可按下式计算:

$$F = pS \tag{5.10}$$

式中　　F——精压力,N;

　　　　p——平均单位压力,MPa,按表 5.1 确定;

　　　　S——锻件精压时的投影面积,mm^2。

(3)精压工序的安排。钢锻件的精压应安排在锻件正火或退火之后进行。铝合金锻件当变形程度较小(小于 15%)时,由于冷作硬化不明显,可在淬火时效后精压;若变形程度较大时,应于热处理前精压,或热处理前预精压一次,热处理后作最后冷精压,以减少精压变形量。

表 5.1 不同材料精压时的平均单位压力

材　　　料	单位压力/MPa	
	平面精压	体积精压
2A11、2A50 及类似铝合金	1 000 ～ 1 200	1 400 ～ 1 700
10、15CrA、13Ni2A 及类似钢	1 300 ～ 1 600	1 800 ～ 2 200
25、12CrNi3A、12Cr2Ni4A、21Ni5A、13CrNiWA、18CrNiWA、40CrVA	1 800 ～ 2 200	2 500 ～ 3 000
35、45、30CrMnSiA、20CrNi3A、37CrNi3A、38CrMoAlA、40CrNiMoA	2 500 ～ 3 000	3 000 ～ 4 000
铜、金和银		1 400 ～ 2 000

注:热精压时,可取上表数值的 50% ～ 30%;曲面精压时,可取平面精压与体积精压的平均值。

(4)精压件图和精压坯料图。精压件图根据零件图绘制,并作为制造精压模具和检验精压件的依据。精压坯料图即模压件图,作为检验精压件坯料和制造锻模的依据,是根据精压件图并考虑到精压时的精压余量和精压后水平方向尺寸的变化等因素而绘制的,如果平面精压只在模锻件的局部地方进行,大部分仍保持着锻件的外形尺寸和公差,则可在模锻件图上注明精压尺寸和要求,如图 5.17 所示,不必另绘制精压件图。

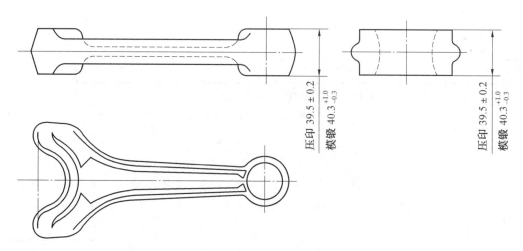

图 5.17 精压尺寸和要求的标注

5.4 精密模锻工艺设计特点

精密模锻工艺的设计程序基本上与常规的模锻工艺相同,但工艺设计的内容有所差异。

1. 精锻件图的设计特点

(1)机械加工余量。精密模锻件的机械加工余量比一般模锻件小,应根据加工方法预留加工余量,见表 5.2。

(2)模锻斜度。精锻件的模锻斜度比一般模锻件小,铝合金精锻件的模锻斜度为

1°～3°,钢质精锻件的模锻斜度为 3°～5°,模锻斜度公差为±0.5°或±1.0°。

(3)圆角半径。精锻时模锻件的最小圆角半径见表 5.3。

(4)筋和腹板厚度。筋的工艺性主要取决于它的高度和宽度。目前,普通模锻件筋的最大高宽比 $h:w=6:1$。对于投影面积小于 0.26 m² 的铝合金精锻件,推荐采用的最大高宽比为 15:1,通常采用的范围是 $h:w=8:1～15:1$。等温模锻时,高宽比最大达 23:1。

表 5.2 钢质精密模锻件的机械加工余量(单边余量) mm

机械加工 工序名称		锻件尺寸						
		碳素钢				不锈钢		
		1～5	5～10	10～20	20 以上	1～10	10～20	20 以上
车、铣、刨		0.6	0.8	1.0	1.2	0.5	0.8	1.0
锉削或 用砂轮 粗磨	重要部分	0.3	0.3	0.5	0.75	0.2	0.3	0.5
	不重要 部分	0.15～0.25				0.15～0.25		
磨削		0.10～0.20				0.1～0.15		
抛光		0.1				0.1		
滚光		0.10～0.20				0.10～0.20		

注:有色金属及合金锻件,其加工余量比钢锻件小 25%。

表 5.3 精锻件的最小圆角半径 mm

锻件高度 H	一般精度		较高精度	
	R_1、R_2	R_3、R_4、R_5	R_1、R_2	R_3、R_4、R_5
5.0 以下	0.5～0.8	0.4～0.6	0.4～0.5	0.3～0.5
5.0～10.0	1.0～1.5	0.8～1.0	0.8～1.0	0.5～0.6
10.0～15.0	1.5～2.5	1.0～1.5	1.2～1.5	0.8～1.0
15.0～25.0	2.5～3.0	2.0～2.5	2.0～2.5	1.5～2.0
25.0～40.0	3.0～4.0	2.5～3.0	2.5～3.0	2.0～2.5
40.0～80.0	4.0～5.0	3.0～4.0	3.0～4.0	2.5～3.0

锻件上的腹板厚度是锻件上的薄板部分。腹板过薄难以锻造成形。精密模锻件腹板厚度的设计与普通模锻件相同。其最小厚度 t 是根据腹板宽度 B 及其与筋高 h 的比值($B:h$)和锻件投影面积来确定的。设计时可参考腹板厚度的线图选取,线图如图 5.18 所示。

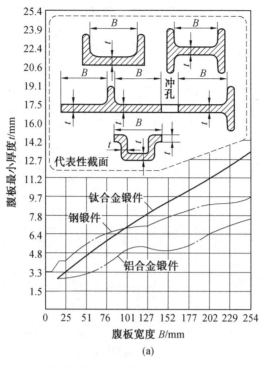

(a)

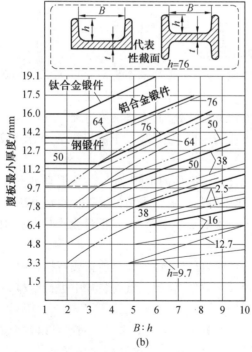

(b)

图 5.18 腹板最小厚度 t 的线图

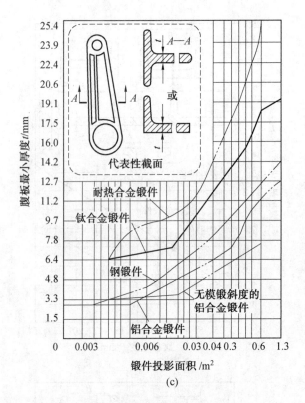

续图 5.18

2. 加热、清理和冷却

在高温和中温精密模锻前,坯料必须采用少氧化或无氧化加热。加热前的坯料不应有氧化皮,否则应予清除。必要时还应除去表面脱碳层。

去除坯料氧化皮的方法有酸洗处理、干法滚筒清理、喷砂、车削、无心磨削等。

清除锻件氧化皮的方法一般也采用酸洗、干法滚筒清理、湿法滚筒清理、喷砂或喷丸等。

精密模锻件的冷却与普通模锻件的不同之处,主要是防止热锻件在冷却过程中发生氧化。因此,应在保护介质中冷却。通常采用如下三种冷却方法:

①一般是把锻件放入干燥的细沙中冷却,在批量生产中是把锻件有次序地分放在有格子的沙箱中;

②当需要缓慢冷却锻件时,可把锻件放在热沙箱或石棉粉中冷却;

③为了更有效地保护锻件,可在保护气氛的装置中进行冷却。

3. 润滑

润滑在塑性成形过程中有着极为重要的作用。润滑可以减少金属在模腔中的流动阻力,提高金属充填模腔的能力,以及便于从模腔中取出锻件。合理地选用润滑剂,可以有效地提高产品质量,提高模具寿命,降低变形力和变形功的消耗等。

精密模锻对润滑剂的要求可概括如下:

①对摩擦表面具有最大的活性和足够的黏度,使润滑剂在摩擦表面形成牢固的足够

厚的润滑层,而且在塑性变形的高压作用下,保证润滑剂不被挤出;

②有良好的润滑性。选用接触表面摩擦系数小的润滑剂,以减小变形金属与模腔表面间的摩擦;

③具有良好的热稳定性和绝热性;

④具有良好的脱模性能,使成形的锻件与模具及时分离,减少锻件向模具传递的热量,提高模具寿命和生产效率;

⑤有良好的悬浮分散性和可喷射性;

⑥有较高的化学稳定性,金属成形时不分解,不氧化变质、无毒、无公害、无污染,对锻件和模具无腐蚀作用;

⑦加工后便于从模具上和锻件上清除;

⑧来源丰富,价格便宜。

目前,温锻和热锻时通常采用二硫化钼(MoS_2)、石墨和玻璃粉等配置的润滑剂。表5.4和表5.5为生产中常用的润滑剂。

表 5.4　常用的热锻润滑剂(成分配比为质量分数)

润滑剂成分	使用方法	锻件材料
石墨水悬浮液	A、B	钢、钛
石墨＋机油 50%	A、B	钢
MoS_2 粉剂 15%＋铝粉 5%～10%＋胶体石墨 20%～30%＋炮油余量	A	碳钢、不锈钢、耐热钢
石墨 3%＋食盐 10%＋水 87%	A	钢
银色石墨 34%＋亚硫酸盐纸浆溶液 34%＋水(余量)	A	钢
碳酸锂 28%＋甲酸锂 14%＋胶体石墨 25%＋水 28%＋次生烃基硫酸盐 5%	A	耐热钢
$ZnSO_4$ 49.5%与 KCl 50.5%共熔物＋ K_2CrO_4 2.3%	A	钛及钛合金
氧化硼	A	钛及钛合金
C-9 玻璃[①] 57%＋苏州黏土 3%～5%＋水 40%＋水玻璃 5%	C[②]	碳钢、不锈钢、耐热钢
豆油磷脂＋滑石粉＋38# 汽缸油＋石墨粉微量	B	纯铜及黄铜
机油 95%＋石墨粉 5%	B	纯铜及黄铜
机油＋松香＋石墨 30%～40%	A、B	铝、镁及其合金

注:A 表示喷涂于模具上;B 表示喷涂于热坯料上;C 表示加热前喷涂于坯料上。

① 表中 C-9 玻璃成分:$w(SiO_2)=43.2\%$、$w(Al_2O_3)=0.9\%$、$w(BaO)=43.8\%$、$w(CaO)=3.9\%$、$w(ZnO)=5.1\%$、$w(MoO)=3.1\%$。

② 另外采用 MoS_2 润滑剂喷涂模腔。

表 5.5　常用的温锻润滑剂和表面预处理

温度范围/℃	预处理膜层	润滑剂	润滑剂喷涂处
200～400	磷酸盐[①]	二硫化钼或石墨	坯料
400～700	磷酸盐[①](可用,但加热要迅速)	石墨或水剂石墨	坯料[②]、模腔
700～850	无	石墨或水剂石墨	坯料[②]、模腔

注:①磷酸盐适用于碳素钢;不锈钢采用草酸盐或镀铜处理。

②对于镦粗和变形不大的反挤压,只需把润滑剂喷涂在模具上。

思考题与习题

1. 精密模锻主要用于哪些方面？
2. 精密模锻件的特点是什么？
3. 简述影响锻件尺寸精度的主要因素及其控制方法。
4. 闭塞式锻造的原理是什么？
5. 多向模锻的原理是什么？
6. 等温模锻的含义是什么？它与常规锻造方法有什么不同？
7. 精压的特点是什么？根据金属流动情况，精压分为哪两类？
8. 分析精压平面时产生凸起的原因及预防措施。
9. 精压件图与模锻件图相同吗？如果不同，哪些地方不同？

第6章　高合金钢锻造

高合金钢是指钢中合金元素质量分数总量在 10％ 以上的合金钢。由于高合金钢含有大量合金元素,其组织和性能与碳素钢和低合金钢有很大的差异,锻造难度较大。

6.1　高速钢的锻造

高速钢是高速工具钢的简称,可制造钻头、丝锥、齿轮加工工具等刀具,也用来制造冷冲、冷挤压模具和热成形模具等。高速钢在 600 ℃ 左右时,仍保持 60HRC 的高硬度、高强度、高耐磨性和一定的冲击韧性,是一种良好的刀具刃部材料,常用的高速钢牌号及化学成分见表 6.1。根据钢中主要元素成分,高速钢可分成三类,即钨系高速钢、钼系高速钢和钨-钼系高速钢。它们的代表钢号相应为 W18Cr4V、Mo8Cr4VW 和 W6Mo5Cr4V2。其中,W18Cr4V 和 W6Mo5Cr4V2 应用最普遍,属于通用型高速钢。而高碳高钒、含钴高钒高钴和超硬高速钢属于特殊高性能高速钢,主要用于制造难加工材料所用的工具。

表 6.1　几种高速钢的化学成分(质量分数)　　　　　　　　　　　　　　％

钢的牌号	C	W	Cr	Mo	V	Co	Mn	Si	S	P
									不大于	
W18Cr4V	0.7～0.8	17.5～19.0	3.8～4.4	≤0.30	1.0～1.4	—	≤0.40	≤0.40	0.030	0.030
W18Cr4VCo5	0.7～0.8	17.5～19.0	3.75～4.50	0.4～1.00	0.8～1.2	4.25～5.75	0.1～0.4	≤0.40	0.030	0.030
W12Cr4V4Mo	1.2～1.4	11.5～13.0	3.8～4.4	0.7～1.2	3.8～4.4	—	≤0.40	≤0.40	0.030	0.030
W9Cr4V2	0.85～0.95	8.5～10	3.8～4.4	≤0.30	2.0～2.6	—	≤0.40	≤0.40	0.030	0.030
W9Cr4V	0.7～0.8	8.5～10	3.8～4.4	≤0.30	1.4～1.7	—	≤0.40	≤0.40	0.030	0.030
W6Mo5Cr4V2	0.8～0.9	5.75～6.75	3.8～4.4	4.75～5.75	1.8～2.2	—	≤0.40	≤0.40	0.030	0.030
W6Mo5Cr4V2Co8	0.8～0.9	5.5～6.5	3.75～4.50	4.5～5.5	1.75～2.25	7.75～8.75	0.15～0.40	≤0.45	0.030	0.030
W7Mo4Cr4V2Co5	1.05～1.15	6.25～7.00	3.75～4.50	3.25～4.25	1.75～2.25	4.75～5.75	0.20～0.60	≤0.50	0.030	0.030
W2Mo9Cr4VCo8	1.05～1.15	1.15～1.85	3.50～4.25	9.0～10.0	0.95～1.35	7.75～8.75	0.15～0.40	≤0.65	0.030	0.030

1. 高速钢的铸态组织及碳化物偏析

在普通型钨系和钨-钼系高速钢中,含有高钨、钼、铬和钒等元素,平衡态下高速钢由合金铁素体和合金碳化物组成。

在不平衡的冷却条件下,高速钢的铸态组织是由鱼骨状莱氏体(Ld)、中心黑色的 δ 共析以及白亮的 M＋γ′ 组成。

高速钢在凝固过程中通常产生三种碳化物,即一次碳化物、二次碳化物和三次碳化物。一次碳化物是共晶中的碳化物,二次碳化物是从奥氏体析出的碳化物,三次碳化物是共析转变中析出的碳化物。

一次共晶碳化物呈粗大的鱼骨状分布于晶界,存在于钢锭的中心部位,具有很大的脆性和极低的塑性。高速钢铸态组织中碳化物的分布是极不均匀的,这种不均匀分布通常称为碳化物偏析,钢锭越大,碳化物偏析越严重。二次碳化物大都是围绕晶界析出而形成网络状,也使钢的力学性能降低。三次共析碳化物的颗粒细小、分布均匀,使钢的力学性能提高。

2. 碳化物偏析对高速钢性能的影响

(1)工具的各向异性变形。由于高速钢中碳化物偏析,在热处理过程中和使用时因碳化物的分布方向不同而使工具产生不同方向的变形,如伸长、缩短、翘曲等。变形程度与碳化物偏析程度有关,且碳化物颗粒越粗变形就越严重。同时,淬火温度越高,冷却速度越快,变形会越严重。

(2)容易引起淬火裂纹。淬火时,不均匀碳化物的分布引起较高的应力集中而产生裂纹。这种应力集中是由于在加热时形成的奥氏体晶粒的不均匀性引起的。靠近碳化物颗粒处的是细晶粒,其他部位是粗晶粒。

(3)容易引起局部过热。钢中带状碳化物越严重,分布越不均匀,碳化物的颗粒越粗,则在加热时奥氏体组织越不均匀,在合金元素含量较低的区域,其组织很容易变粗,甚至出现过热。

(4)磨削加工后表面粗糙。淬火和回火之后,用同样的磨削方法加工的表面,具有尺寸较大且分布不均匀的碳化物,与碳化物颗粒尺寸较细、分布较均匀的高速钢相比较,其表面较粗糙。

(5)容易引起焊接缺陷。在刀具进行对焊时,由于较大的碳化物分布不均匀性,高温时会引起部分组织过热甚至熔化,在焊接区域内产生较多的网状碳化物或过热组织,导致最后淬火时,由于应力集中而使焊接部位断裂或产生裂纹。

改善碳化物不均匀性的措施有:①采用质量为 $200\sim300$ kg 的小型锭,使钢锭凝固快,减少结晶时宏观偏析,莱氏体共晶也细小;②采用扁锭加快凝固,锭的质量一般为 630 kg,减少集中偏析和使莱氏体共晶细小;③增大钢锭锻造比,反复镦粗和拔长;④大尺寸钢材可采用电渣重熔,钢液在水冷结晶器中径向结晶,莱氏体共晶细小。

在冶金部标准(YB12—77)中,碳化物偏析程度共分 10 级,一级代表具有细小均匀分布的碳化物结构,十级代表碳化物粗大、分布集中的铸造结构。高速钢锻造的主要目的就是破碎粗大的碳化物,并使之均匀分布,以达到锻件所要求的偏析级别。

3. 高速钢的锻造

高速钢的部分碳化物溶解温度很高,无法用热处理方法来改善,只有通过热轧或热锻的方法来破碎粗大的铸造莱氏体组织,并使之均匀分布。

(1)高速钢的加热。可根据较佳热塑性区选择出钢合适的锻造温度范围,确定合理的加热规范,采用正确的操作方法。

①选择锻造温度范围。高速钢在 $900\sim1\,200$ ℃具有较好的塑性和较低的变形抗力,尤其在 $1\,100$ ℃时塑性和韧性最好。温度高于 $1\,200$ ℃时,塑性和韧性显著下降。另外应注意,钢的终锻温度不宜过高,如 W18Cr4V 钢的终锻温度高于 $1\,000$ ℃时,则会引起晶粒粗大,形成萘状断口;终锻温度也不宜过低,W18Cr4V 钢的终锻温度一般不低于 900 ℃,

否则会因钢的变形抗力增大而难于锻造。

常用高速钢的锻造温度范围见表 6.2。

表 6.2　高速钢的锻造温度范围

钢的牌号	锻造温度范围/℃			
	钢锭		毛坯	
	始锻温度	终锻温度	始锻温度	终锻温度
W18Cr4V	1 150 ～ 1 180	975 ～ 1 000	1 150 ～ 1 180	900 ～ 920
W12Cr4V4Mo	1 170 ～ 1 190	900	1 130 ～ 1 150	850
W9Cr4V2	1 170 ～ 1 190	900	1 130 ～ 1 150	900
W9Cr4V	1 170 ～ 1 190	900	1 130 ～ 1 150	900
W6Mo5Cr4V2	1 100 ～ 1 150	900 ～ 950	1 090 ～ 1 130	900
W2Mo9Cr4VTi	1 150 ～ 1 170		1 130 ～ 1 150	
W6Mo5Cr4V2Ti	1 150 ～ 1 170		1 130 ～ 1 150	
W10Cr4V5Co5	1 170 ～ 1 180	980		
W6Mo5Cr5V4SiNb	1 120	850		

②确定合理的加热规范。高速钢在加热时，一是容易产生轴心区过热和过烧；二是导热性低。如图 6.1 所示为 W18Cr4V、Cr12 和 45 钢的热导率与温度的关系。由图 6.1 可见，低温时，高速钢的热导率比碳素钢的低得多；当温度升高到 900 ℃时，两者趋于接近；当温度超过 900 ℃以后，高速钢的热导率反而比碳素钢的高。所以，高速钢在 800 ℃以下应缓慢加热。为了避免钢锭直接装入高温炉内因加热速度太快引起断裂，钢锭应在低温下装炉。冷钢锭装炉的温度一般为 600 ℃；大型毛坯的装炉温度宜定为 650 ℃；小型毛坯的装炉温度可定为 750～800 ℃。

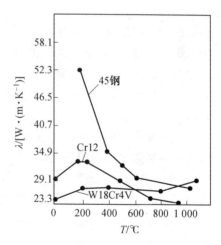

图 6.1　三种钢的热导率随温度变化的规律

高速钢一般采用两段加热制度，在预热阶段，炉温保持 800～900 ℃，预热时间一般按 1 min/mm 直径（或厚度）；在加热和均热阶段，保持较高炉温，加热时间按 0.5 min/mm 计算。这种加热规范能保证加热质量，但加热时间长、生产成本高。部分工厂的实践表明，对于直径小于 80 mm 的坯料，可采用快速加热，即坯料不经预热直接放入高温炉中加热，加热时间按 0.1～1 min/mm 计算。快速加热不仅生产效率高、燃料消耗少、生产成本低，而且由于加热时间短、组织较细小，沿晶界上的碳化物来不及聚集长大，从而减轻了在锻造过程中产生裂纹的危险。

高速钢锻前加热时还应注意以下问题：

a. 高速钢钢锭或大型毛坯的中心，一般都存在较严重的莱氏体共晶，加热时要注意控制加热温度，以防产生轴心过热或过烧。

b. 加热温度下的保温时间以钢锭或毛坯热透为原则，不宜过长，因为高速钢容易氧化和脱碳。为了减少氧化和脱碳，最好在中性炉气中加热。

c. 未经退火钢锭的热导率仅为纯铁的 1/5；经过退火的钢锭也仅为纯铁的 1/3。钢坯的导热性比钢锭提高约 1 倍，经过退火，导热性还可提高 15% ～ 20%。钢锭或钢坯经过退火，可消除内应力或减小热裂的危险性。所以，钢锭或钢坯加热前一般都要经过退火。

d. 由工厂经验可知，当锻件不能一火锻成时，则在第二火加热过程中不宜直接放入高温炉以较大的加热速度加热，因为锻件内部已有较大的内应力，再加上加热时较大的热应力，坯料有可能在第二次加热时开裂。

③加热设备的选择及加热操作。高速钢最适宜的加热设备是液体或气体燃料加热炉。因为这两种燃料不仅有长的火焰，而且在燃气中含有较少的对钢有害的气体（如硫和磷的燃烧生成物），同时，又具有高的温度，炉温的控制也较容易。在某些情况下，当这两种燃料的来源有困难时，对于小截面高速钢坯料的加热，也可采用烟煤反射炉。但是，由于这种加热炉的炉温不易控制，加热时应特别小心。根据工厂经验，用焦炭炉加热高速钢很难保证加热质量。

在加热设备的形式上，最好采用双室式加热炉。一个炉膛是高温炉膛，用以加热毛坯到规定的锻造温度；另一个炉膛可利用高温炉膛排出的高温火焰预热毛坯，以节省燃料和提高加热效率。

在改锻高速钢时，钢材或毛坯应首先放入低温部分，按生产进程逐渐转入高温区域。在高温区域只保持有一定数量的毛坯，避免毛坯在高温下停留时间过长。

钢材或毛坯在炉中互相间的距离不小于直径的 1/2，以保证钢材各部位受热均匀，有可能时钢材在加热过程中应常翻动。

（2）锻造。高速钢的改锻，一方面是为了获得所需形状和尺寸的毛坯或锻件；另一方面更重要的是破碎钢材中呈带状或网状分布的碳化物，并使之均匀分布，从而提高刀具或模具的内部质量和力学性能。变形量的大小和变形方法直接影响高速钢碳化物的细化和分布。

①变形程度。锻造时的变形程度直接影响高速钢锻件内部碳化物的细化程度和分布情况。生产实践表明，拔长比镦粗对改善碳化物分布的效果更显著。因此，对高速钢反复镦粗拔长时，建议只计算拔长的锻造比。反复镦粗拔长时总锻造比等于各次拔长的锻造比之和，即

$$K_{L总} = K_{L1} + K_{L2} + K_{L3} + \cdots + K_{Ln}$$

式中　　$K_{L1}, K_{L2}, K_{L3}, \cdots, K_{Ln}$ —— 各次拔长的锻造比。

生产经验表明 $K_{L总}$ 一般取 5 ～ 14，要完全消除高速钢钢锭中的网状莱氏体组织，锻造比应大于 13。

②锻造方法。合理选择锻造方法是改善高速钢碳化物偏析的重要环节。生产中常用

的锻造方法有以下几种。

a. 单向镦粗。单向镦粗就是只进行一次镦粗。当原材料的碳化物偏析级别与锻件要求的碳化物偏析级别接近时,可以采用此方法。它一般用于制作薄形刀具(盘状铣刀)和小型模具。毛坯的高径比一般应小于 3。这种方法操作简单,但是破碎碳化物的作用不大。

b. 单向拔长。对于细长杆类锻件,当原材料的碳化物偏析级别与锻件要求的偏析级别接近时,多采用单向拔长。单向拔长时,若锻造比过大,将形成带状碳化物,使横向力学性能下降,所以选用单向拔长的锻造比一般取 2~4 为好。

c. 轴向反复镦拔。这种方法的变形过程如图 6.2 所示。轴向反复镦拔是始终沿着轴线方向反复进行镦粗和拔长。轴向反复镦拔不会使毛坯中心部分的金属流到外层,能保证表层金属的碳化物比较细小,分布比较均匀。因此,这种方法适用于锻造刃口在毛坯圆周表面的刀具,特别是适合要求具有严格流线方向的工具,如拉刀、钻头和冷冲模等。

轴向反复镦拔的优点是锻造时容易记准方向,纤维方向不易弄错,操作较易掌握;毛坯边缘部分(1/2 半径至边缘)碳化物分布较细小、均匀,能保证刀具、模具工作部分具有良好的组织和力学性能。这种方法的缺点是对原材料低倍组织(如疏松等级)的要求较高,加热温度要求更均匀,否则毛坯端部易出现裂纹。毛坯中心部分的碳化物偏析改善不多,故毛坯中心和边缘的碳化物偏析程度相差很大。生产实践表明,反复镦拔 4~6 次即可达到上述效果。

d. 径向十字锻造。径向十字锻造是原坯料沿轴向镦粗后,再沿横截面中两个相互垂直方向进行反复镦拔,如图 6.3 所示。这种锻造方法的优点是利于破碎坯料中心部分的碳化物,端面产生裂纹的危险性减少。缺点是中心部分的金属外流到毛坯的表面,在圆周表面上可能出现碳化物分布不均匀。故这种方法不宜用来锻造刃口分布在四周表层的刀具,适用于锻造工作部位在中心的模具和工具,如凹模和端面铣刀等零件。

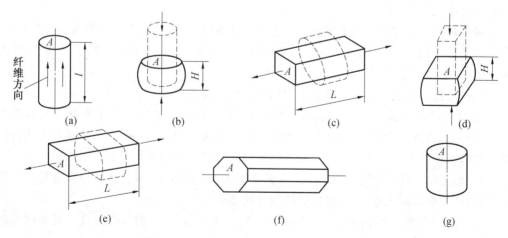

图 6.2 轴向反复镦拔的变形过程

H—镦粗后高度;L—镦拔后长度;l—毛坯长度

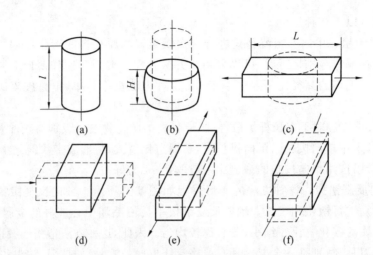

图 6.3　径向十字锻造的变形过程

H—镦粗后高度；L—镦拔后长度；l—毛坯长度

e. 综合锻造。综合锻造是在径向十字镦拔后，再按原材料纤维方向拔成锻坯或按原材料纤维方向横向拔成锻坯的锻造方法。前者的优点是锻坯的各个方向均被锤击，变形均匀，不易产生端头裂纹。不足之处是不易掌握和辨认材料的纤维方向。生产中常用这种改锻方法锻造拉刀、推刀、齿轮刀具和大的螺纹丝攻等的锻坯。后者较前者操作方便，且总的碳化物偏析级别比前者的级别低些。因此，较适合高速钢改锻工艺方法。

③镦拔次数的确定。镦拔次数主要根据锻件对碳化物偏析级别的要求与原材料碳化物偏析等级的差别确定。一般来说，两者级差越大，要求的镦拔次数越多。但还须考虑以下几种情况：在镦拔次数相等的条件下，原材料碳化物偏析严重者，改锻后碳化物偏析级别降低得多些；原来碳化物级别已经很低的原材料（一般是直径小的棒料），改锻后碳化物偏析改善不大。

确定镦拔所需次数可查有关手册。生产实践表明，锻造对改善碳化物偏析的作用，不仅取决于镦拔次数（即总的变形量），而且还取决于每次镦拔工序的单次拔长变形量，变形量越大，改善程度越大。

④锻造操作要点。高速钢锻造应遵循如下操作要点。

a. 必须严格控制在规定的锻造温度范围内进行锻造。锻造过程中发现有升温现象时，应减轻锤击力，或稍停一会待坯料温度略降后再进行锻造，否则，锻造升温可能引起过热、过烧，使锻件开裂。当坯料温度降至终锻温度时应立即回炉加热后再进行锻造。

b. 始锻和终锻时应轻击，在 950～1 050 ℃时应予以重击，因为这时钢具有较好的塑性，重击能使变形深入中心，对破碎碳化物作用显著。

c. 镦粗变形时不宜锤击过重，以免产生严重"鼓肚"而导致侧表面裂纹。必要时先将端部"铆锻"后再镦粗。

d. 锻造时应勤送进、勤翻料、勤倒棱，使坯料的温度和变形分布尽可能保持均匀，以免产生锻造裂纹。

e. 镦粗后进行拔长时，应夹持坯料与下砧接触的一端。拔长送进量要适宜，一般控制在$(0.6\sim0.8)h$(h 为沿锤击方向坯料的高度)。送进量过大易导致十字裂纹,过小则变形不易深入中心或易产生横向裂纹。

f. 锻造过程中如出现裂纹应及时铲除;砧面应平整光洁;砧面尖角应为 $R1.5\sim2.0$ mm 的圆角;锻造前,砧面应预热到 $150\sim250$ ℃。

g. 严格控制最后一火的终锻温度(一般应低于 930 ℃),并保证有足够的变形量。

(3)高速钢的锻后冷却与热处理。

①高速钢锻后冷却。高速钢锻件锻后冷却的重要性并不亚于加热和锻造过程。高速钢锻后在空气中冷却时,由于产生马氏体转变,增大了钢的硬度和脆性,产生表面裂纹的倾向性很大。为了保证锻件质量,较小的锻件(直径或厚度小于或等于 80 mm)锻后应置于白灰(或干砂)中冷却,一般在热灰中冷却到 100 ℃以下取出;较大的锻件(直径或厚度大于 80 mm)可以在炉温为 $720\sim750$ ℃的炉内随炉缓冷到 650 ℃,然后再放在热灰中冷却到 100 ℃以下取出。

②高速钢的锻后热处理。高速钢锻件冷却后应及时进行等温退火,因为即使是在热灰中冷却,锻件的硬度仍然很高,不能切削加工。等温退火的目的是消除锻后产生的内应力,降低硬度,为淬火做好组织上的准备。高速钢的等温退火规范是将锻件加热至 $870\sim890$ ℃,适当保温后冷却到 $730\sim750$ ℃,在此温度下保温 $1.5\sim2.0$ h,然后随炉冷却到 $300\sim400$ ℃后出炉空冷。

6.2 Cr12 型模具钢的锻造

1. Cr12 型高碳高铬模具钢的化学成分和用途

Cr12、Cr12Mo、Cr12V、Cr12W、Cr12MoV 等钢统称为 Cr12 型高碳高铬模具钢。其化学成分见表 6.3。

表 6.3 Cr12 型模具钢的化学成分(质量分数) %

钢号	C	W	Cr	Mo	V	Si	S	P
Cr12	2.00~2.30		11.5~13.0	≤0.35		≤0.40	≤0.03	≤0.03
Cr12Mo	1.45~1.70		11.0~12.5	0.40~0.60		≤0.40	≤0.03	≤0.03
Cr12MoV	1.45~1.70		11.0~12.5	0.40~0.60	0.15~0.30	≤0.40	≤0.03	≤0.03
Cr12V	1.40~1.60		11.0~12.5	≤0.35	0.25~0.40	≤0.40	≤0.03	≤0.03
Cr12W	2.0~2.30	0.60~0.90	11.0~12.5	≤0.35		≤0.40	≤0.03	≤0.03

由表 6.3 可知,这类钢含有较高的碳(1.45%～2.30%)和约 12%的铬,此外还含有少量的钼和钒,属于高碳高铬莱氏体钢。Cr12 型钢的铸态组织与高速钢铸态组织相似,在结晶过程中形成大量的共晶网状碳化物(其中碳化物含量为 20%左右,共晶温度约为 1 150 ℃),这些碳化物都很硬、很脆,虽经开坯轧制,碳化物有一定程度的破碎,但碳化物沿轧制方向呈带状、网状、块状、堆集状分布,偏析程度随钢材直径增大而严重。

Cr12 型钢具有较高的淬透性、淬硬性、强韧性、耐磨性,比一般低合金工具钢高 3~4

倍和淬火体积变形小等特点,因此被广泛用来制造截面大、形状复杂、经受冲击力大、要求耐磨性高的冷作模具,如硅钢片冲模、螺纹滚丝模、拉丝模等。

2. Cr12 型模具钢的改锻

对轧制的 Cr12 型模具钢进行改锻不仅可以得到所需形状和尺寸、节约钢材,更主要的是提高组织致密性,压实气孔和疏松,焊合发裂,形成合理的纤维组织,击碎共晶碳化物,提高钢材的强度、塑性和韧性,尤其能使横向性能大幅度提高。

Cr12 型模具钢合金元素含量高,导热性低(仅为碳钢的 1/3)、塑性差、变形热效应大、组织缺陷较多,如初晶粗大、晶界脆弱和偏析严重等,锻造温度范围窄,仅 200 ℃ 左右,因而锻造难度较大。

锻坯加热采用低温装炉,缓慢加热,两级预热(一级预热 500～550 ℃,保温 2～3 h;二级预热 800～900 ℃,保温 1～2 h),然后升温至加热温度,按 1.5～2.0 min/mm 计算保温时间。在加热过程中钢坯由低温区逐渐向高温区推进,需勤翻、勤调头,充分保温,使坯料各处温度均匀。

坯料加热保温后出炉锻造,采用两轻一重双十字形镦拔滚边锻造法,锻造比以 2～3 为宜。在始锻温度时应轻锤慢打,勤翻动,减少变形量,防止心部因产生热效应发生组织过热;中间温度 980～1 020 ℃ 为单一奥氏体状态,塑性好,是锻造最佳时机,可重锤快打,加大变形量,也是击碎共晶碳化物、加大坯料中心部位金属流动、改善心部组织的良好时机;接近终锻温度,约 950 ℃,塑性较低,变形抗力大,应轻锤慢打,以防锻裂。如图 6.4 所示为典型的锻造方模块时用的双十字镦拔。经四镦四拔后碳化物偏析级别不大于 3 级,呈细小均匀分布,纤维组织围绕型腔轴线分布,可达到优质锻坯技术条件。

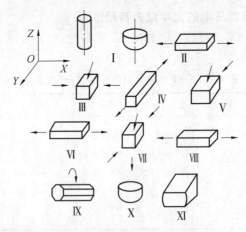

图 6.4 Cr12 型钢方模块双十字镦拔示意图

3. Cr12 型模具钢锻坯的纤维方向

碳化物分布的方向性,引起力学性能的异向性和热处理变形的不均匀性。因此,Cr12 型模具钢锻坯的纤维方向应根据模具工作部位受力情况及精度要求具体选定。

(1)实现 Cr12 型高铬模具钢微变形淬火的流线分布,有三种基本方式。

①纤维方向平行于型腔的短轴,如图 6.5 中 2 所示。

②纤维方向垂直于型腔端面或呈辐条状放射分布,如图 6.5 中 5 所示。

③无定向分布,此种纤维分布不仅使各方向淬火变形量接近一致,便于控制,而且塑性、韧性和耐磨性亦达到较高水平,如图6.5中3和6所示。

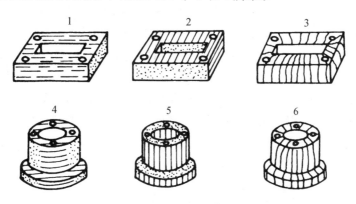

图6.5 模具中流线分布图

(2)重载锻坯的纤维方向,应满足下列三个条件。

①承受最大拉应力的方向与纤维方向相平行,最大切应力方向与纤维方向垂直。

②型腔的纤维流线连续不断(沿工作部分轮廓)。

③钢材表面部分配置在型腔表面处,避免钢材两端成为型腔。

成批消耗的重载模具毛坯的纤维方向的选择,应根据失效分析加以确定。通常要求纤维方向与拉应力方向平行。

4. Cr12型模具钢锻造操作要点

Cr12型模具钢除了按高速钢的锻造操作要点外,还应注意以下事项。

(1)Cr12型模具钢由于沿晶界和晶内存在大量坚硬的碳化物,锻造时热效应比较显著,加之其共晶温度低,因此,比高速钢更容易产生在锻造过程中的过热和过烧现象。因此,锻造操作中发现有温升现象时,应及时减轻锤击力量或稍停一会儿,待坯料逐渐转变至正常锻造温度后,再增大锤击力。

(2)Cr12型模具钢常常由于表面质量差,镦粗时侧表面易出现裂纹,为此,均应先进行"铆镦",使毛坯两端粗大而中间凹入,当毛坯高度大约接近直径(或边长)的1.5倍时,进行垂直镦粗,直至侧面基本平直(高径比小于1.5的毛坯不需要"铆镦")。

(3)Cr12型钢冲孔时极易产生裂纹,建议一般不冲孔,尤其是直径小于50 mm的孔。对于大孔,如果必须冲孔,冲头需预热至200~300 ℃。冲头锥度不能太大,双面冲孔时,冲完一面之后,应立刻加热,再冲另一面,因为与下砧接触的一面温度下降,继续冲孔时易产生裂纹。

(4)Cr12型钢模具单件锻造和数件一体锻造质量相差较多,较大截面的模具尽管在锻造上采取措施也很难达到小模具的质量水平,为保证质量应尽量采用单件锻造生产。

(5)毛坯下料宜采用冷锯切方法,因热剪切下料时,端部易残留毛刺,镦粗时端部易形成折叠,再进行拔长时,折叠处易产生开裂,而且热剪切下料的长度尺寸也不易准确。

Cr12型模具钢加热时间的确定、锻造过程中的工序尺寸、锻锤吨位的选择、冷却规范等均与高速钢相同。

5. Cr12 型模具钢锻件的退火

Cr12 型高铬模具钢经过改锻和锻后缓冷(坑冷、箱冷、炉冷等),毛坯内应力仍然很大,硬度较高(477～653HB)。为了消除锻造应力,降低硬度,同时使碳化物球化,以便给机械加工和最终热处理创造有利条件,锻后必须进行退火处理。

Cr12 型高铬模具钢的退火一般均采用等温退火工艺。其规范为:850～870 ℃保温3～4 h(此时为奥氏体和碳化物组织);然后于 720～740 ℃保温 6～8 h,完成珠光体型转变,此时得到索氏体基体上均匀分布着球状合金碳化物的组织。退火时为了使组织转变充分,并降低热应力,一般需随炉冷至 500 ℃后出炉。退火后的硬度可满足 207～255HB的要求。

Cr12 型高铬模具钢的等温退火工艺如图 6.6 所示。

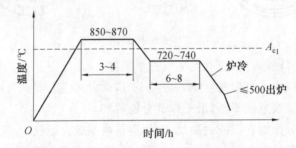

图 6.6 Cr12 型钢的等温退火工艺曲线

6.3 不锈钢的锻造

不锈钢中除了铁、铬、碳这三个基本元素外,还含有镍、锰、氮、铜、铌、钛、钨、钴以及硅、铝、硫、磷等元素,使钢的组织发生显著的变化。

1. 合金元素对不锈钢组织和性能的影响

(1)铬。钢中含有足够量的铬时,在钢表面形成一层很薄的氧化膜,阻止腐蚀介质对金属的侵蚀。在大气条件下,钢中含铬量大约超过 12% 时,基本上不会生锈。

(2)碳。碳和铬形成一系列的碳化物。不锈钢中的含碳量越高,形成的碳化铬就越多,金属基体中的含铬量就要相应地减少,钢耐腐蚀性能就要下降。若钢中含碳量减少,不锈钢的强度就要下降。一般不锈钢中含碳量要求低一些,只有在要求不锈钢具有较高的强度时,才提高钢中的含碳量,例如医疗刀具上应用的 40Cr13 不锈钢。

(3)钛和铌。钢中加入钛和铌,因钛或铌可与碳形成稳定的碳化物,减少碳与铬形成的碳化物,提高金属基体中的含铬量,增加抗腐蚀能力。

(4)镍。镍在不锈钢中的作用是在与铬配合后才发挥出来的,它使高铬钢的组织发生变化,从而使不锈钢的耐腐蚀性能、力学性能和工艺性能得到改善。

2. 不锈钢的分类

不锈钢根据加入的合金元素以及具有的组织,大致可分为以下四类。

(1)铁素体不锈钢。这类合金通常含铬 15%～30%,含碳量小于 0.12%,基体组织为铁素体。典型的牌号有 10Cr17、10Cr17Mo 等。

（2）奥氏体不锈钢。这类钢基本上是含镍为 6%～22%，含铬为 16%～25% 的三元合金，含碳量小于 0.2%，基体组织为奥氏体。典型的牌号有 12Cr18Ni9、17Cr18Ni9、14Cr23Ni18 等。

（3）马氏体钢。这类合金含铬为 12%～18%，含碳为 0.1%～1%，高温时为奥氏体，从高温经空冷转变为马氏体，典型的牌号有 20Cr13、30Cr13、40Cr13、95Cr18 等。

（4）沉淀硬化不锈钢。这类合金通常含有 10%～30% 的铬，同时含有一定量的镍和钼。通常还加入 Cu、Al、Ti 和 Nb 来形成沉淀硬化相。这类不锈钢最重要的性能是强度高、高温性能好，特别是其中间接发生马氏体转变的钢，由于 M_s 点在室温以下，它们在常温仍具有奥氏体组织，易于成形和焊接，然后再经 0 ℃ 以下温度处理（转变为马氏体）并时效强化。这类钢还有优异的耐腐蚀性。通常根据热处理（固溶处理）后室温组织，可分为半奥氏体型和马氏体型沉淀硬化不锈钢。

① 半奥氏体型。在退火状态下，基本上是奥氏体，但通过较简单的热处理或形变热处理就能转变成马氏体。通常在 480～650 ℃ 范围内进行沉淀硬化处理，在沉淀过程中，马氏体中的铝与某些镍化合，产生 NiAl 和 Ni_3Al 析出物，从而使合金显著强化。

② 马氏体型。这类钢经高温奥氏体区固溶处理后，冷却时发生马氏体转变，然后经 425～600 ℃ 时效，从过饱和的马氏体基体中析出弥散的金属间化合物而产生沉淀强化。

3. 不锈钢的锻造工艺特点

不锈钢由于含铬、镍元素最多，以致导热性能差、锻造温度范围窄、过热敏感性强、高温下变形抗力大、塑性低等，其锻造成形难度较大。

（1）铁素体不锈钢的锻造。铁素体不锈钢含铬量高、含碳量少，在加热和冷却过程中无同素异构转变，不能用热处理的方法细化晶粒。此外，这类钢具有再结晶温度低、再结晶速度快、晶粒极易粗化的特点。大约在 600 ℃ 时晶粒就开始长大，温度越高，晶粒长大越剧烈，从而使钢的塑性和韧性变差，耐腐蚀性能也降低。

① 加热。为了防止晶粒粗大，这类钢加热温度不能太高，保温时间不可太长。通常采用的始锻温度为 1 100～1 150 ℃。为了缩短坯料在高温时的保温时间，加热时应缓慢升温到 760 ℃，然后快速升温到始锻温度。锻造温度范围见表 6.4。

② 锻造。坯料需要采用切削加工去除表面缺陷，或采用风铲清理表面缺陷，不得使用砂轮，因为铁素体不锈钢导热性差，使用砂轮会因局部过热而引起裂纹。锻造时应保证足够的变形量，并使各部分变形均匀，以便使锻件获得细小均匀的晶粒。因此，最后一火的变形量不应低于 12%～20%，终锻温度不得高于 800 ℃。为了避免因温度过低产生加工硬化现象，终锻温度也不应低于 705 ℃。

③ 锻后冷却与热处理。铁素体不锈钢锻后采用空气中快速冷却的方法，因为在 400～525 ℃ 范围内停留时间过长，会出现 475 ℃ 脆性。为了消除冷却中产生的应力和锻造过程中残余应力，冷却后需进行再结晶退火。将锻件加热到 700～800 ℃，然后出炉并在空气中冷却。

表 6.4 不锈钢的锻造温度范围及加热、冷却方法

组织类型	钢的牌号	锻造温度范围/ ℃		加热方法	冷却方法
		始锻温度	终锻温度		
铁素体	10Cr17	1 050～1 100	750～800	缓慢加热至 850 ℃，迅速热至 1 050～1 100 ℃	正常空冷
马氏体—铁素体	12Cr13	1 180～1 200	≥850	缓慢加热至 800 ℃，然后快速热至锻造温度	灰冷或砂冷
	14Cr17Ni2	1 175	825		缓冷
马氏体	20Cr13	1 160～1 200	≥850	≤800 ℃装炉，850 ℃前缓慢加热	砂冷或及时退火
	30Cr13	1 160～1 200	≥850	≤800 ℃装炉，850 ℃前缓慢加热	缓冷并及时退火
	40Cr13	1 160～1 200	≥800	缓慢加热至 800 ℃，然后快速加热至锻造温度	灰冷或砂冷，并及时退火
	12Cr12Ni3MoV	1 030～1 070	≥850		灰冷或砂冷
	13Cr11Ni2W2MoV	1 180	850		灰冷或砂冷
	40Cr10Si2Mo	1 130～1 150	≥850		灰冷或砂冷
	95Cr18	1 170～1 190	≥950		炉冷
奥氏体	06Cr19Ni10	1 180	900		正常空冷
	17Cr18Ni9	1 160	900		
沉淀硬化不锈钢	30Cr13Ni7Si2	980～1 020	≥900		灰冷或砂冷
	05Cr17Ni4Cu4Nb	1 100	≥950	<600 ℃装炉	
	07Cr17Ni7Al	1 100	950	<600 ℃装炉	

④表面清理。不锈钢加热时同样会产生氧化皮，虽然氧化皮的厚度较小，但与基体金属的黏附力强且很坚硬，易使模具和刃具很快磨损。因此，在制坯和终锻之间，在切削加工之前，均须将氧化皮清除干净。常用的清理方法有酸洗和喷砂，以锻件先经酸洗再进行喷砂的方法效果最佳。若用滚筒清理去除氧化皮，则酸洗宜放在滚筒清理之后。

(2)奥氏体不锈钢的锻造。

①奥氏体不锈钢的组织特性。奥氏体不锈钢没有同素异构转变，在高温下，晶粒长大倾向严重，始锻温度主要受到晶粒长大的限制。粗大晶粒又不能用热处理的方法细化，只能用热锻才能达到细化的目的。

奥氏体不锈钢容易出现 α 相，从而大大地降低热状态下的塑性，锻造时容易开裂。

奥氏体不锈钢晶间腐蚀主要是晶界上析出连续网状富铬的 $Cr_{23}C_6$ 引起晶界周围基体

产生贫铬区,贫铬区成为微阳极而发生腐蚀。钢中碳含量越高,晶间腐蚀倾向越严重,所以加热时要严格避免渗碳。

②加热。在加热奥氏体钢时,炉中的气氛应是微氧化性,不可采用还原性气氛,以免产生增碳或贫铬,使晶间腐蚀抗力下降。

始锻温度不宜过高,以免高温时晶粒急剧长大,并析出脆性相,晶界上脆性相超过一定量时,就会降低耐腐蚀性能、蠕变性能和冲击韧性。因此,一般选用 1 150～1 180 ℃。铸锭过热的敏感性较钢坯小些,所以加热温度可以稍高一些,加热时间可以稍长,有助于碳化物溶入晶内。最后一火加热温度要低一些。

奥氏体钢在低温时导热性差应缓慢加热,到达高温区导热性好应迅速加热。

终锻温度不能过低,过低时变形抗力迅速增大,同时在 700～900 ℃因缓冷会析出 α 相,继续锻造将会产生裂纹,所以终锻温度通常为 850～900 ℃。

③锻造。严格控制锻造温度范围,使变形在规定的温度范围内进行。自由锻开坯时采用"轻—重—轻"的操作方法,即在 1 050 ℃以上轻击,1 050～950 ℃适当重击,950 ℃以下轻击,这是因为在过高温度下,金属易于过热,强度降低;在过低温度下,钢的塑性下降,重击容易引起开裂。操作中应注意温度均匀,变形均匀。

④锻后冷却和热处理。奥氏体不锈钢因无相变发生,锻后可正常空冷。奥氏体不锈钢在 815～480 ℃敏化温度范围内停留时间过长,会沿晶界析出 $Cr_{23}C_6$,大大降低耐腐蚀性能。但快冷后锻件内部会留下残余应力,故冷却后可加热到 900 ℃退火缓冷或加热到 1 010～1 120 ℃退火缓冷。退火时使大部分 $Cr_{23}C_6$ 溶解,而溶解了的 C 与 Ti 或 Nb 化合为比 $Cr_{23}C_6$ 稳定的 TiC 或 NbC,使 $Cr_{23}C_6$ 不在晶间析出。

(3)马氏体不锈钢的锻造。

①加热。马氏体不锈钢因含碳量较高,不可采用过分氧化的气氛,以免引起严重脱碳。马氏体不锈钢加热温度不能太高,因为高的温度使组织中出现铁素体,导致塑性下降,容易锻裂。

②锻造。因为这类钢可以用热处理方法来细化晶粒,改善力学性能,提高耐腐蚀能力。所以,对这类钢最后一火的变形程度无特殊要求。锻造时要避免金属变形速度过快导致裂纹与过热。

③锻后冷却和热处理。马氏体不锈钢对冷却速度特别敏感,即使空冷时,也要发生马氏体转变,造成较大的内应力,容易产生裂纹。因此,锻后应采用缓冷,一般是将锻件放在 200 ℃左右的炉膛中或石棉保温箱中冷却,或是转入 600 ℃炉中保温并随炉冷却。

马氏体不锈钢锻后应不迟于 12 h 内进行等温退火,以消除内应力,防止开裂,并降低硬度,便于切削加工。

6.4　高温合金锻造

高温合金是指在 600～1 100 ℃的高温氧化和燃气腐蚀条件下,承受复杂应力,并且能够长期可靠地工作的高温金属材料,广泛应用于航空发动机、火箭发动机、燃气轮机、能源和化工等工业,主要用于制造飞行器、发动机、涡轮、能源转换装置和发电燃气轮机等高温部件。

6.4.1 高温合金的分类

高温合金按基体元素可分为铁基、镍基和钴基高温合金;按制造工艺可分为变形高温合金、铸造高温合金和粉末高温合金;按强化形式可分为固溶、沉淀、氧化物弥散强化高温合金。我国于20世纪50年代开始研制高温合金,到目前我国的变形高温合金有40多个牌号。按照我国标准GB/T 14992—2005的规定,变形高温合金的牌号以汉语拼音字母"GH"后接四位阿拉伯数字来表示,例如:GH1131,GH2132等。"GH"后第一位数字表示分类号,其中1表示固溶强化型铁基合金;2表示时效沉淀强化型铁基合金;3表示固溶强化型镍基合金;4表示时效沉淀强化型镍基合金;5表示固溶强化型钴基合金;6表示时效沉淀强化型钴基合金。"GH"后第二、三、四位数字表示合金的编号。

钴基合金在国外得到了广泛应用,但在我国由于资源的限制,应用较少。目前,在变形高温合金中,铁基高温合金和镍基高温合金应用最为广泛。

铁基高温合金的成分特点是以铁为主,含有大量的镍、铬和其他元素,有时也称 Fe-Ni-Cr 合金。按其强化特点又可分为固溶强化型合金(例如,GH1140)、碳化物时效硬化型合金(例如,GH1040、GH2036)和金属间化合物时效硬化型合金(例如,GH2132、GH2135)等。铁基高温合金主要应用于涡轮盘、压气机盘、承力环、燃烧室和叶片等零件。

镍基高温合金以镍为主,还含有 $10\%\sim20\%$ 的 Cr,以形成镍铬基奥氏体基体,故又称为 Ni-Cr 合金。此外,部分合金还含有 $10\%\sim20\%$ 的 Co,以形成镍铬钴奥氏体基体,故又称为 Ni-Cr-Co 合金。根据其强化类型,可分为固溶强化型(例如,GH3030、GH3039、GH3044)和时效强化型(例如,GH4033、GH4037、GH4049)。GH4169 是一种 Ni-Cr-Fe 基合金,其含有 $4.75\%\sim5.55\%$ 的 Nb(居高温合金首位),以 γ 相为基体,通过沉淀析出 $\gamma''(Ni_3Nb)$ 和 $\gamma'[Ni_3(Al,Ti)]$ 相达到弥散强化,使合金具备足够的力学性能和结构稳定性。镍基合金主要用于制造涡轮叶片、燃烧室、涡轮盘、压气机盘和压气机叶片等零件。

6.4.2 可锻性

变形高温合金化程度高,强化相数量大,在高温下工艺塑性低,变形抗力大,比合金结构钢难锻。某些铁基高温合金如 GH2132、GH2036 等的锻造困难程度与奥氏体不锈钢相近,但是大多数的高温合金,特别是镍基合金比不锈钢难锻。如图 6.7 所示为合金结构钢、铁基合金 GH2036 和镍基合金 GH4037 的塑性曲线。由图 6.7 可以看出,铁基高温合金的工艺塑性比镍基高温合金的塑性高。在高温下冲击变形时,设备每次行程的允许变形量,对铁基合金为 $60\%\sim65\%$,对镍基合金为 $40\%\sim50\%$,而合金钢的变形量高达 80% 以上仍不出现脆性。如图 6.8 所示为变形速度对 GH4037 合金塑性的影响。由图 6.8可以看出,变形速度对合金的塑性有很大的影响,从落锤上冲击变形改变为压力机上静变形时,在 $1100\ ^{\circ}C$ GH4037 合金的变形量由 50% 提高到 75%,工艺塑性明显提高。对于合金结构钢,当由静变形改变为冲击变形时,其工艺塑性实际上并不降低。

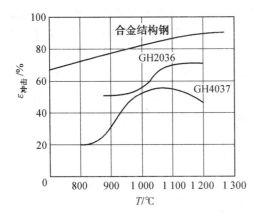

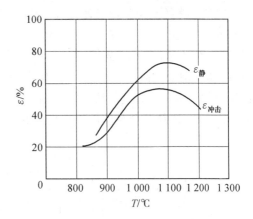

图 6.7　三种变形合金的工艺塑性曲线　　　　图 6.8　变形速度对 GH4037 合金塑性的影响

　　如图 6.9 所示为 GH2132 锻造压力与镦粗相对压缩量及温度的关系。为了便于比较,图中同时给出了 20 号钢的锻造压力曲线。由图 6.9 可以看出,20 号钢在 1 205 ℃、30％压缩变形时,仅需 65 MPa 的锻造压力,而在同样温度和同样变形压缩量下 GH2132 需要 172 MPa,表明 GH2132 比 20 号钢难锻的多,然而 GH2132 在高温合金中尚属最易锻造的一类合金。由图 6.9 还可以看出,温度对锻造压力有重要影响,当温度由 1 205 ℃ 降至 870 ℃ 时,GH2132 的锻造压力增大约 1.8 倍。另外,图 6.9 还表示出当 GH2132 的镦粗压缩量增加 1 倍时,其锻造压力约提高 15％,说明如果避免了模具激冷,铁基合金的锻造压力受压下量的影响程度较小。

　　如图 6.10 所示为 GH2132 所需锻造比能量与应变速率的关系。在 1 095 ℃ 锻造时,若应变速率增高 10 倍,则合金要求设备的能力提高约 25％。

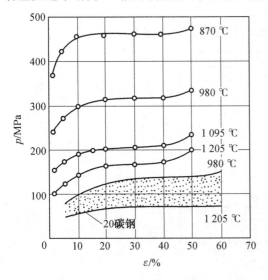

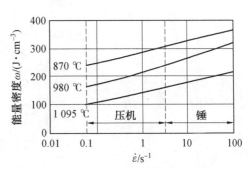

图 6.9　GH2132 锻造压力与镦粗相对压缩量及　　图 6.10　GH2132 所需锻造比能量与应变
　　　　温度的关系　　　　　　　　　　　　　　　　　速率的关系

镍基合金的高温强度及使用温度均高于铁基合金,所以几乎所有的镍基合金锻造都需要更大的压力。如图 6.11 所示,镍基合金 GH141 所要求的锻造能量几乎为铁基合金 GH2132 的 2 倍,为合金结构钢 40CrNiMo 的 3 倍,而 GH2132 所需能量比锻造 40CrNiMo 钢大约高出 50%。一般地说,锻造强度较高的镍基合金所要求的压力为 20 钢的 3 倍,为 06Cr19Ni10 不锈钢的 2 倍。由图 6.11 还可以看出,随着镦粗变形程度的增大,镍基合金比铁基合金的加工硬化程度大,因而需要付出更大的锻造能量。

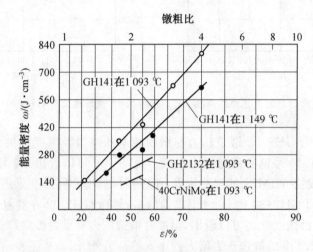

图 6.11　锻造所需比能量与锻造相对压下量的关系

如图 6.12 所示为镍基合金 GH4037 的流动应力曲线。由图 6.12 可看出,在落锤上较快速变形比在压力机上慢速变形所需流动应力提高 1 倍左右。在落锤上变形时 1 000 ℃ 以下都有很强烈的加工硬化,且当变形程度超过 20% 以后,硬化明显增大,而在压力机上变形时 900 ℃ 以上,流动应力曲线平缓,在 850 ℃ 和变形 20% 以后,硬化才明显增大。以上表明,镍基高温合金的加工硬化倾向大,原因是其再结晶温度高、再结晶速度缓慢所致。

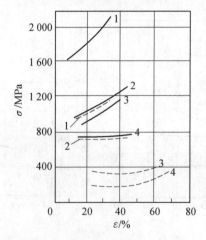

图 6.12　GH4037 应力—应变曲线

——落锤镦粗;┄┄压力机镦粗;

1—850 ℃;2—900 ℃;3—1 000 ℃;4—1 050 ℃

高温合金的相对可锻性分为 5 类,其中第 1 类可锻性最佳,第 5 类最差。具有 1 或 2 类可锻性的高温合金(如 GH2132、GH2036、GH4169 等)可以采用与一般合金钢相类似的工序进行锻造,而具有 3、4、5 类可锻性的合金(如 GH738、GH146、GH141 等)在锻造时则需要更多的火次、更多的锻击次数等。一般情况下,可根据强化元素铝、钛的总含量来判断高温合金可锻性的优劣,当总含量不小于 6% 时,可锻性将很差。

6.4.3 影响晶粒度的主要因素

1. 影响晶粒度的主要因素

高温合金的晶粒大小与均匀程度,对其性能影响很大。若晶粒粗大,特别是晶粒大小不均匀,将使合金的疲劳和持久性能均明显下降,而且使缺口持久性能更加敏感。另外,高温合金没有同素异构转变,不能通过相变重结晶来获得适当的晶粒度,因而主要靠严格控制锻造工艺来实现奥氏体晶粒的细化。

(1)变形温度对晶粒度的影响。锻造温度对晶粒度的影响,如图 6.13 所示。由图 6.13 可以看出,在 950 ℃、1 000 ℃、1 050 ℃温度下,临界变形的晶粒和超临界变形的晶粒,大小相差不多;在 1 100 ℃,特别是 1 200 ℃时,临界变形的晶粒度峰值比超临界变形的晶粒度要大 8 倍以上。显然,在此温度下锻造是不适宜的。

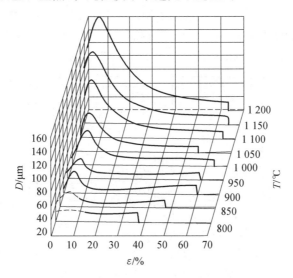

图 6.13 GH2132 合金的再结晶图

一般来说,最后一火的加热温度应略低于合金晶粒急剧长大的温度。例如,对于 GH2132 合金,应不超过 1 050 ℃,否则晶粒会急剧长大。对于大多数高温合金来说,这一温度大约在 1 100 ℃,而终锻温度则应高于其再结晶温度。如果终锻温度低于合金的再结晶温度,结果形成再结晶与未再结晶混合组织,随后热处理时便产生混晶现象。这是由于未再结晶的晶粒经回复阶段后再结晶核心少所引起的。

由于锻模对毛坯表面的激冷作用,以及锻件不同部位的厚薄不同,在模锻过程中,毛坯内部温度分布往往是不均匀的。当局部温度低于再结晶温度时,极易造成粗晶。

(2)变形程度对晶粒度的影响。变形程度过小,合金处于临界变形状态(图 6.13),锻件易出现粗晶。这是因为当变形很小时,并非所有的晶粒都发生变形,而发生变形的是那些与作用力成有利取向的晶粒。一些取向不利的晶粒,可能发生转动,随着变形程度增加,这些取向不利的晶粒才逐步发生变形。所以,在变形量很小时,只有在取向比较有利的晶粒中,才可能发生生核、长大的再结晶过程。其他取向比较一致的晶粒,在较高温度及晶界两侧畸变能差的推动下,通过晶界迁移而合并长大,结果形成粗晶。

模锻或自由锻造时,由于模具或砧块与坯料表面之间存在摩擦,坯料内部的变形总是不均匀的,临界变形也常常是不可避免的,临界变形区域的晶粒是否一定明显长大,还和第二相的钉扎阻碍作用等因素有关。

(3)冶炼方法和化学成分的影响。合金的冶炼方法和主要元素含量的多少(在合金成分允许范围内),对晶粒长大有明显影响。采用电弧单炼法,合金中杂质多,再结晶核心多,锻件的粗晶废品率低。真空冶炼的合金,纯洁度高,具有良好的使用性能,但由于夹杂少,晶粒不均匀及粗化倾向加大。但可在保证塑性的前提下,通过适当降低加热温度等工艺措施避免出现粗晶。例如,对真空冶炼的 GH4033 合金,加热温度分别降低 20 ℃和30 ℃,就不会出现粗晶。

合金中能形成碳化物和金属间化合物的元素(如碳、铝、钛等)越多时,则粗晶的废品率越低。含碳量越高,晶粒长大的倾向性越小(图 6.14)。但也不可含量过高,例如,对GH4033 合金,若含碳量处于标准要求的上限时,容易出现带状组织,而 Al、Ti 之和大于3.6%时,高温拉伸的塑性指标容易出现不合格情况。经验表明,GH4033 合金的碳含量控制在 0.04%~0.05%,而 Al、Ti 之和控制在 3.4%~3.55%之间对组织性能有利。

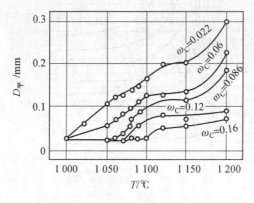

图 6.14　含碳量对晶粒长大的影响

2. 预防锻件产生粗晶的措施

高温合金锻件的粗晶,与原材料及锻造工艺过程中各个环节(包括加热、变形、模具、润滑、操作等)均有关系。减少或避免锻造锻件时产生粗晶的主要措施如下:

(1)采用适当的始锻温度和终锻温度,尤其要注意终锻温度应控制在再结晶温度以上。为了保证锻件各处温度均匀,工模具及夹钳应预热,锻造锻件操作应迅速,并使用玻璃润滑剂等以减少毛坯温度下降。

(2)每次变形量应大于合金的临界变形程度。为保证变形均匀,工模具表面粗糙度要低,并注意润滑,合理设计预制坯形状等。

（3）提高加热质量，炉内加热区的温差要小，以保证毛坯均匀热透。

（4）在标准热处理之前采用预处理。例如，采用锻后再结晶退火可以促进临界变形区位错运动，并使此区畸变能趋于均匀分布，以降低临界晶粒长大的驱动力。

（5）工艺编制要详细和正确，执行工艺要严格和准确。

6.4.4　锻造温度范围

由以上分析可知，高温合金的锻造温度范围的确定，不仅取决于高温合金的工艺塑性和变形抗力，而且还取决于高温合金的晶粒组织。

1. 始锻温度的确定

高温合金的锻造温度范围，可根据试验测定的合金塑性、变形抗力随温度变化的曲线以及再结晶图来确定。如图 6.15 所示为 GH2132 铁基合金的塑性图，由图 6.15 可见，在所有温度下慢速变形较快速变形的塑性极限高，变形抗力低。约在 1 100 ℃ 冲击值 α_k 急剧下降。这是因为晶界上的硼化物（M_3B_2）大量溶解，晶粒显著长大，晶界强度降低所致。因此，GH2132 合金的始锻温度不宜超过 1 100 ℃。根据图 6.13 的再结晶图，在 1 100 ℃时，临界变形的晶粒与超临界变形的晶粒，大小相差不是很大，故确定为始锻温度是合适的。

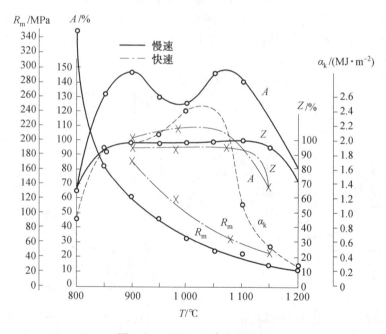

图 6.15　GH2132 合金塑性图

GH4133 合金的塑性图和再结晶图分别如图 6.16 和图 6.17 所示。塑性图表明，在 1 150 ℃以上各种塑性指标下降，特别是冲击值 α_k 急剧下降。由再结晶图可看出，1 150 ℃临界变形晶粒和超临界变形晶粒的大小比较均匀。因此，生产中可取 1 160 ℃为始锻温度。

GH4133 合金中的 γ' 相于 600 ℃开始析出，800 ℃为析出峰，900 ℃开始回溶，

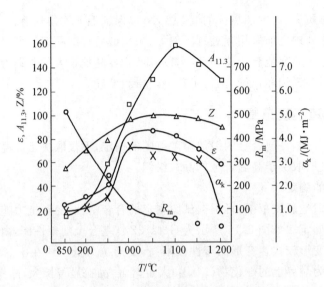

图 6.16　GH4133 合金塑性图

1 010 ℃完全溶解。其他相如 $Cr_{23}C_6$ 于 950 ℃开始溶解，1 010 ℃完全溶解，(Nb,Ti)C 相约 1 040 ℃完全溶解。由于各种强化相的充分溶解，致使合金在 1 170~1 200 ℃晶粒急剧长大(图 6.18)，塑性和强度明显下降(图 6.16)。由于高温合金热处理时无相变重结晶过程，这种以聚集方式长大的晶粒，若在锻造过程中没有完全打碎，便无法在随后热处理中得以细化。

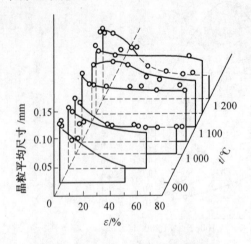

图 6.17　GH4133 合金再结晶图

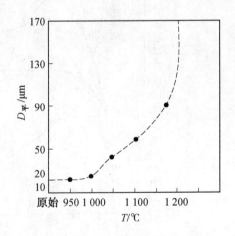

图 6.18　GH4133 合金晶粒长大倾向

2. 终锻温度的确定

终锻温度对高温合金锻件的组织、晶粒度和力学性能均有很大影响。高温合金的终锻温度主要受再结晶温度的限制。当终锻温度低于其再结晶开始温度时，除了使合金塑性下降、变形抗力增大之外，还会引起不均匀变形并获得不均匀的晶粒组织。合金的再结晶开始温度与变形量有关，几种常用高温合金的再结晶开始温度见表 6.5。铁基高温合金的终锻温度一般在 900~1 000 ℃范围内变动；镍基高温合金的再结晶温度更高，其终锻温度通常在 950~1 050 ℃范围内变动。

表 6.5 几种常用高温合金的再结晶开始温度

合金牌号	不同变形程度下的再结晶开始温度/ ℃			
	6%	10%	20%	40%
GH2132		1 000	900~950	850
GH2135		1 050	950	900
GH4033	>1 100	1 000	950	900
GH4037		1 100	1 000	950
GH4049		1 100	1 050	1 020

表 6.6 列出国产高温合金的锻造温度范围，以供锻造加热时参考。

表 6.6 高温合金锻造温度和加热规范

合 金 牌 号		锻造温度/ ℃		预热		加热	
		始锻	终锻	温度 ≤℃	保温时间 (min·mm⁻¹)	温度/ ℃	保温时间 (min·mm⁻¹)
铁基合金	GH13、GH27、GH161、GH136	1 100	900	750		1 130	
	GH14、GH1015、GH1016、GH1040	1 150	900	750		1 170	
	GH38、GH138	1 100	900	750		1 130	
	GH2018	1 140	900	750		1 160	
	GH19、GH34	1 150	850	800		1 170	
	GH1035、GH1131、GH1140	1 100	900	750		1 130	
	GH2036	1 180	980	800	0.6~0.8	1 200	0.4~0.8
	GH2135	1 120	950	750		1 140	
	GH78	1 100	900	750		1 130	
	GH95、GH2130	1 100	950	750		1 130	
	GH2132、GH2302	1 100	950	750		1 130	
	GH761	1 100	950	750		1 130	
	GH984	1 130	900	750		1 150	
	GH167、GH189、GH901	1 120	950	750		1 140	

续表 6.6

合 金 牌 号		锻造温度/ ℃		预热		加热	
		始 锻	终 锻	温度 ≤ ℃	保温时间 (min·mm⁻¹)	温度/ ℃	保温时间 (min·mm⁻¹)
镍基合金	GH17、GH3030、GH3039、GH3128	1 160	900	800		1 180	
	GH22、GH333	1 160	950	750		1 180	
	GH32、GH163、GH170	1 120	950	800		1 140	
	GH4033	1 150	980	800		1 170	
	GH4133、GH698	1 160	1 000	800		1 180	
	GH4037、GH4049、GH143、GH220	1 160	1 050	750		1 180	
	GH146	1 150	1 000	750	0.6～0.8	1 170	0.4～0.8
	GH4043、GH3044、GH50、GH151	1 180	1 050	800		1 200	
	GH80、GH141	1 140	1 000	750		1 160	
	GH118、GH710	1 110	1 000	750		1 130	
	GH145	1 160	850	750		1 180	
	GH4169	1 120	950	750		1 120	
	GH738	1 150	1 050	750		1 170	

6.4.5 锻造工艺

1. 下料

非真空熔炼的铸锭,锻造前要进行扒皮(车光),否则容易锻裂报废。真空熔炼和浇注的铸锭是否要扒皮,视铸锭的表面质量而定。对于棒材,也要检查表面上的裂纹、发纹、斑疤、折痕等缺陷。若缺陷较浅,采用车光或打磨清理表面缺陷。如果缺陷很深,就不能投入使用而予以报废。

对于直径小于 25 mm 的棒材可以用剪床进行下料,剪切的表面质量较好,但剪切刀片磨损很快。所以,目前普遍采用的是砂轮切割机下料,其下料特点是端面质量和尺寸精度均较高,设备简单,操作方便。砂轮切割机下料适用于直径小于 80 mm 的棒料,当要求较高时,可用车床在切割断面上车去 1～2 mm 的热影响区,其中可能隐藏有细小裂纹。当棒料直径大于 80 mm 时,需用车床或圆盘锯下料。通常,这些切割后的毛坯,还要进行超声波检验,以便查出其内部缺陷。

2. 加热

高温合金的锻造温度范围窄,为了获得最佳使用性能,必须精确控制锻造温度。因此,坯料锻前加热较多采用电炉,因其炉温波动不超过±10 ℃,坯料在其中污染的可能性小。当使用燃料炉时,燃料中的硫含量应小,尤其是加热镍基高温合金时更是如此,否则过多的硫将渗入坯料表面,形成 $Ni-Ni_3S_2$ 低熔点(约为 650 ℃)共晶体,并呈网状分布于晶界,因而使合金产生热脆。还要防止合金被炉渣沾污。所以,加热时的炉膛必须保持洁净。最好使用高温合金板垫在炉底防止合金与耐火材料接触而发生腐蚀合金的危险。

感应加热仅限于用来对顶锻的毛坯进行局部加热。

由于高温合金在低温区的导热性很差,而且高温合金的热膨胀系数大,所以当直径较大的坯料直接装入高温炉较快速加热时,常因表层金属热膨胀剧烈,在坯料中心产生很大的拉应力而导致坯料炸裂。为了防止加热开裂并缩短坯料在高温下的停留时间,以避免晶粒过分粗大和合金元素烧损,锻前毛坯加热应分成两个阶段:在预热阶段,保持 750～800 ℃炉温,保温时间按 0.6～0.8 min/mm 计算;在加热和均热阶段保持 1 100～1 180 ℃炉温,保温时间按 0.4～0.8 min/mm 计算。

坯料加热前,必须进行清理,去除污垢,不要沾上盐碱类物质,特别是碱性物质,避免因高温下受腐蚀而形成凹坑等表面缺陷。

铁基和镍基高温合金的加热规范见表 6.6。

3. 锻造

高温合金的普通锻造,可以在锤和锻造压力机上进行,和不锈钢锻造相比,高温合金锻造需要更大的功率和成形压力。为防止合金表面温度的迅速下降而导致塑性的降低,锻造所使用的工模具要预热。

自由锻操作时,操作工具如钳口、上下砧面等必须预热至 250 ℃以上。高温合金自由锻拔长时,对于低塑性合金,应在上下都是弧形砧或 V 形砧中锻造,以避免产生裂纹。如果高温合金坯料的塑性许可,最好按方—矩形—方的方案进行拔长,因为用平砧拔长矩形截面坯料,锻透性较好。自由锻镦粗时,应尽量使变形均匀,可采用在镦粗坯料两端面垫软碳钢片或润滑纸等措施。

模锻高温合金的模具要事先预热到 250～350 ℃,模锻用夹钳等工具也应预热至 150 ℃以上温度。为使变形均匀,模腔表面要光洁,一般加工到 Ra1.6 μm,并在每一次锻造之前进行模具润滑,润滑剂应不含硫。模腔表面常用油剂或水剂胶体石墨。最好是在坯料表面上涂一层玻璃润滑剂与上述普通润滑剂联合使用。玻璃润滑剂的成分为 56% 玻璃粉、3%～5% 黏土以及 5%～7% 水玻璃,其余为干净自来水。

4. 切边

对于切边时易变形的高温合金锻件,切边后必须加热校正,这样便容易造成局部粗大晶粒。对于有晶粒度要求的锻件,一般都以带毛边状态供应机加工车间。只有在切边后不进行校正的锻件,或者对于锻件的晶粒度没有要求时,才对锻件进行切边。小型锻件多用切边模热切边,而且是在终锻后立即热切,因为热切边力比冷切边力小,并且在热切边时锻件开裂的危险性最小。大型锻件的毛边用锯或用机械加工切除。

5. 冷却

高温合金锻后一般很少需要特殊的冷却工艺,若锻造过程中温度控制得好,锻件可在静止的空气中冷却。一些中小型锻件,可采用堆放空冷;镍基热强合金锻件及时放入高于合金再结晶温度 50～100 ℃的炉中保温 5～7 min,然后空冷。一些合金(例如,GH600)在缓冷时将发生强化相析出,如果在零件使用中发现过度强化并证明是不利的,那么这些合金应淬火或在空气中迅速冷却。

6. 清理

由于高温合金中含有较多的 Cr、Ni 元素,生成的氧化皮致密而坚固。氧化皮可用化学方法和机械方法进行清理,包括氢氟酸酸洗、碱-酸复合酸洗、酸洗和喷砂联合清理。目前广泛使用的方法是:先在碱液中"松皮",继之酸洗,最后喷砂。"松皮"处理的槽液成分是 NaOH(87％)及 NaNO₃(13％),槽液温度 450～470 ℃,处理时间 20～30 min。经过"松皮"处理的氧化皮变得疏松易除。喷砂作为化学方法的补充,有助于得到良好的锻件光洁表面。

6.4.6　锻件典型缺陷及其防止方法

高温合金锻件缺陷,除了因原材料冶金质量不良造成的非金属夹杂、异金属夹杂、带状组织、分层、碳化物堆积、点状偏析、残留缩孔和疏松、残留枝晶组织等缺陷外,还有由于锻造工艺不当造成的缺陷,主要有粗晶、裂纹、过热、过烧、合金元素贫化等。

1. 过热、过烧

高温合金过热后的组织特点是:高倍组织晶粒粗大,晶界加粗变直,晶内强化相溶解或合并,颗粒粗大,晶界析出条状或网状相。例如,GH901 合金在 1 300 ℃加热时晶界析出大量化合物。

高温合金过烧后的表面粗糙,有时呈橘皮状。低倍观察,过烧处晶粒粗大,局部有孔穴或小裂纹。高倍观察,晶界清晰,有析出物并存在局部重熔形成的三角共晶区。缺陷严重处的晶间有孔穴,晶内有复熔共晶球。裂纹沿晶扩展,并常有掉晶现象。

高温合金过热、过烧后使材料的工艺塑性严重下降,容易在锻造时产生裂纹或碎裂,并降低锻件使用性能。过热或过烧后的合金组织是不能由随后的固溶处理加以修复的,应避免加热时炉温偏高或加热时间过长。

2. 合金元素贫化

高温合金加热时,由于炉气中氧化性气体(如 O_2、CO_2、H_2O 等)和某些还原性气体(如 H_2)的作用,在锻件表层的碳、硼等合金元素易被烧损而贫化。碳、硼是碳化物(如 MC、M_6C 和 $M_{23}C_6$)和金属间化合物(如 M_3B_2)形成元素,贫化后将引起锻件表层晶粒粗化,并且室温拉伸塑性和冲击韧性下降,高温持久和振动疲劳明显降低。为了减少合金元素贫化,应避免高温长时间加热。含硼的高温合金锻件应有足够的加工余量,以保证切削加工时去掉脱硼、脱碳层。生产中,若加热温度偏高,保温时间较长,则要考虑硼、碳层的深度。

3. 粗晶

在锻件低倍试样上晶粒粗大,或某些部位的晶粒特别粗大,某些部位却较小,形成整个锻件内部晶粒大小不均匀,使锻件的持久性能、疲劳性能等明显下降。高温合金对晶粒粗大不均匀特别敏感。涡轮叶片、涡轮轮盘等重要锻件,对粗晶均有严格要求。

粗晶产生的主要原因有:加热温度过高或终锻温度低于再结晶温度;变形程度处于临界变形范围内或变形不均匀;原始晶粒度过大以及合金成分偏析等。关于高温合金锻件粗晶产生的原因及预防措施,在 6.4.3 节中已有较详细的介绍,这里不再重复叙述。

4. 锻造裂纹

高温合金塑性差,锻造时经常出现各种裂纹,尤其是铸锭,由于具有粗大的柱状晶,锻造时更易开裂。

产生裂纹的原因主要有以下方面。

(1)铅、铋、锡等有害杂质含量多,这些元素熔点低,且分布于晶界上,降低了合金的塑性。

(2)合金中某些元素(如硼、硅)含量过高,它们在合金中形成脆性化合物,并沿晶界分布,使合金的塑性降低。

(3)铸锭表面和内部的质量差,或棒材中存在某些冶金缺陷(例如,夹杂物、分层、残留缩孔、疏松、点状偏析、碳化物偏析等),锻造时引起开裂。

(4)在火焰炉中加热时,燃料和炉气中含硫量过高,硫与镍作用后形成低熔点共晶体,沿晶界分布,降低了合金的塑性。

(5)装炉温度过高,升温速度过快,尤其在加热铸锭和断面尺寸较大的坯料时,由于合金导热性差,温度应力大,易引起炸裂。

(6)加热温度过高,引起过热、过烧。

(7)锤击过猛或变形量太大。

(8)变形温度过低或表面温度下降过多,引起塑性严重下降。

(9)变形工艺不当,存在较大的拉应力和附加拉应力。例如,在带冠涡轮叶片的叶冠与叶身的转接处,因毛坯局部发生弯曲,在表层形成拉应力。

锻造裂纹最常见的有高温锻裂和低温锻裂两种。高温锻裂是由于加热温度过高、晶间结合力减弱而造成的,通常表现为沿晶脆性断裂;低温锻裂是由于变形温度偏低,合金变形抗力增大,塑性下降,出现加工硬化而造成的,通常表现为穿晶断裂。

为防止产生裂纹,应当采取以下措施。

(1)对原材料应按有关标准检查表面和内部质量。要严格控制有害元素的含量,某些元素(例如,硼)过多时,可适当降低锻造加热温度。

(2)铸锭和棒坯在加热锻造之前,需经扒皮或砂轮打磨清理。

(3)加热时应控制炉气成分、装炉温度和升温速度。

(4)保持锻造温度在表 6.6 所列锻造温度范围之内,并要控制变形速度和变形量。

(5)对于塑性很低的合金铸锭和中间坯,可采用软金属垫、包套镦粗等变形工艺。

(6)表面温度降低过多时,要将材料回炉重新加热再锻。

(7)改变坯料形状,使模锻时不出现严重的局部弯曲,尽量减小拉应力。

思考题与习题

1.高速钢常采用哪些锻造方法？比较其优缺点以及适用范围。

2.高速钢锻件的常见缺陷有哪些？分析产生这些缺陷的原因,提出防止方法。

3.高速钢锻造与 Cr12 型模具钢锻造有何异同？

4.不锈钢中为何含有铬和镍就能抗氧化和抗腐蚀？

5.不锈钢分为哪几类？

6.高镍不锈钢加热时应注意什么？

7.为何锻造不锈钢时,模具的寿命短？

8.马氏体不锈钢在冷却时易出现何种缺陷?

9.铁基高温合金和镍基高温合金主要含哪些合金元素?

10.如何评价铁基和镍基高温合金的可锻性?

11.影响高温合金锻件粗晶形成的因素有哪些? 预防粗晶的措施有哪些?

12.始锻温度过高容易导致锻件晶粒粗大,为什么终锻温度过低也会引起晶粒粗大?

13.高温合金加热时,为什么要控制炉气中的含硫量?

14.试述高温合金产生锻造裂纹的原因。

第7章　有色合金锻造

7.1　铝合金锻造

1. 可锻性

大多数变形铝合金都有较好的可锻性。低碳钢可以锻出的各种形状的锻件用铝合金都可以锻出来。铝合金锻件可以用自由锻、模锻、辊锻、辗压、旋压、环轧与挤压等方法来生产。如图 7.1 所示为几种变形铝合金与 1025 钢(25 号钢)的流动应力与总变形量的关系。由图 7.1 可以看出,铝合金的流动应力随成分的不同而有明显改变,在相同变形程度下各合金中流动应力的最高值约为最低值的 2 倍(即所需锻造载荷相差约一半)。一些低强度铝或铝合金,如 1100(相当于工业纯铝 1200)和 6061(6A02),其流动应力比碳钢低。而高强度铝合金尤其是 Al-Zn-Mg-Cu 系合金,如 7075(7A09),它们的流动应力显著高于碳钢。其他一些铝合金,如 2219(2A16),它们的流动应力和碳钢非常相似。作为一类合金,铝合金一般可以认为比碳钢和很多合金钢较难锻造,但与镍或钴基合金及钛合金相比,铝合金又较明显地易于锻造,特别是当采用等温模锻技术的情况下。

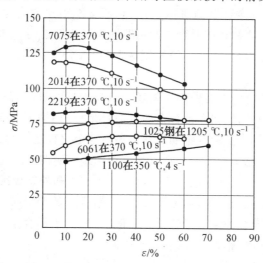

图 7.1　几种变形铝合金与 1025 钢(25 号钢)的流动应力与总变形量的关系

如图 7.2 所示为几种铝合金在其锻造温度范围内的可锻性。相对可锻性是基于 10 种合金在各自锻造温度范围内每吸收单位能量所产生的变形率,同时也考虑到了达到某种特定变形要求的难易程度和产生裂纹的倾向性。由图 7.2 可以看出,各种铝合金的可锻性随着温度的升高而增加,但温度对各种合金的影响程度有所不同。例如,高含硅量的 4032 合金的可锻性对温度变化很敏感,而高强度 Al-Zn-Mg-Cu 系 7075 等合金受温度影

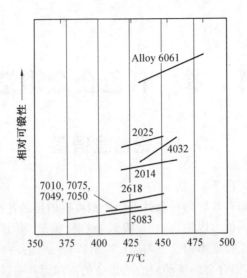

图 7.2　几种变形铝合金在其锻造温度温围内的可锻性

响在图中为最小。如图 7.2 所示的各种铝合金的可锻性相差很大,其根本原因在于:各种合金中合金元素的种类和含量不同,强化相的性质、数量及分布特点也大不相同,从而严重影响合金的塑性及对变形的抵抗能力。如图 7.2 所示的合金中属于我国常用的牌号有:7075(7A09)、7010(7A04)、2014(2A14)、2618(2A70)和 4032(4A11)等。

由图 7.2 还可以看出,铝合金的可锻性与合金系及其合金化程度密切相关。7XXX铝锌合金系和 5XXX 高镁合金的可锻性最差;6XXX 铝镁硅合金系的可锻性较好;而2XXX 铝铜合金系和 4XXX 铝硅合金系的可锻性介于两者之间。图 7.2 中未示出 1XXX纯铝和不可热处理强化铝合金(如 3XXX 铝锰系和 5XXX 铝镁合金系的部分合金),它们的可锻性都是较高的。

由图 7.2 所示的铝合金的可锻性比较还可以看出,高强度和高合金化的硬铝合金和超硬铝合金的可锻性最差;纯铝和低合金的可锻性最好;而锻铝合金的可锻性属于中等,其合金化也属于中等。可见,铝合金的可锻性还与合金化程度密切相关。

铝合金与其可锻性相关的另一个特点是流动性差。所谓流动性是指合金在外力作用下充填锻模型腔的能力。它主要取决于合金的变形抗力和外摩擦因数。变形抗力和外摩擦因数越小,流动性越好。在锻造温度下,高强度铝合金的变形抗力比钢的大,而且外摩擦因数也较大,所以铝合金的流动性较差。一般来讲,由于铝合金的流动性差,在金属流动量相同的情况下,比低碳钢多消耗约 30% 的能量。

2. 锻造温度范围

确定铝合金的锻造温度范围主要依据合金的塑性图、变形抗力图等。如图 7.3 所示为 3A21、2A50、7A04 三种铝合金的塑性。

由图 7.3 可见,高塑性的防锈铝合金 3A21 在 300～500 ℃温度范围内具有较高的塑性,且对变形速度不敏感,无论在压力机或锤上锻造,极限变形程度均可达到 80% 以上;对于中等塑性的锻铝合金 2A50,其塑性温度范围为 350～500 ℃,对变形速度较敏感,在锤上锻造时,它的极限变形程度为 60%～65%,而在压力机上锻造时,极限变形程度达到

80%；低塑性的超硬铝合金 7A04，对变形速度更加敏感，在锤上锻造时的塑性温度范围为 350～430 ℃，极限变形程度为 60%，在压力机上锻造时的塑性温度范围为 350～450 ℃，极限变形程度可以达到 65%～80%。

如图 7.4 所示为 3A21、2A50 和 7A04 三种铝合金的单位流动压力曲线。从图 7.4 可看出，3A21 在 300 ℃、2A50 在 350 ℃ 终锻时，随变形程度增大，合金的单位流动压力曲线保持水平，这说明加工硬化和再结晶软化互相抵消，因此，这两种合金按塑性图选定的终锻温度，可保证合金处于完全热变形状态。超硬铝 7A04 有所不同，在 350 ℃ 时单位流

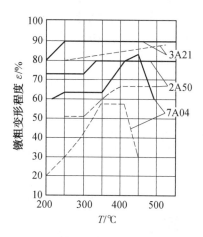

图 7.3　三种铝合金的塑性图

——静变形；－－－动变形

动压力曲线随变形程度增大而略有升高，这说明该合金在 350 ℃ 终锻时有加工硬化存在，即不能保证完全热变形。在 400 ℃ 时，当变形程度超过 30% 后，单位流动压力随变形程度增加而有所下降，这是因为变形热效应引起了局部软化。由此可见，在高温下结束锻造时，允许有较大的变形。

由图 7.4 还可以看出，单位流动压力的大小主要与合金的种类及锻造温度有关，受变形程度的影响较小。

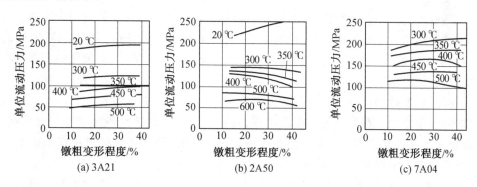

(a) 3A21　　　　　　(b) 2A50　　　　　　(c) 7A04

图 7.4　三种铝合金在不同温度下的单位流动压力曲线

随着锻造温度从 450～500 ℃ 降到 350 ℃，3A21 合金的变形抗力从 50 MPa 增大到 100 MPa，增大了 100%；2A50 的变形抗力从 70～80 MPa 增到 120～130 MPa，增大了 70%；7A04 的变形抗力从 100～120 MPa 增到 170～180 MPa，增大了 80%。这说明随着温度的下降，铝合金的变形抗力剧烈增加。所以，铝合金，特别是高强度铝合金，例如 7XXX 系合金，其合金元素含量多，再结晶温度高，因此其终锻温度不能太低，否则将引起严重的加工硬化现象或锻造开裂现象，这也是超硬铝的终锻温度比防锈铝的高，锻造温度范围窄的原因。

为了扩大锻造温度范围，方便锻造操作，大多数铝合金的终锻温度稍低于再结晶温度，使得铝合金锻造过程一般都属于不完全热变形。

　　表 7.1 列出常用变形铝合金的锻造温度范围及加热规范,表中数据说明,铝合金的锻造温度范围比较窄,一般都在 150 ℃ 左右,某些高强度铝合金的锻造温度范围甚至在 100 ℃ 范围内。锤上锻造温度一般比压力机上锻造温度低 20~30 ℃。为了保证锻造温度变化很小,铝合金锻造用模具必须经过很好的预热。

表 7.1　常用变形铝合金的锻造温度范围及加热规范

合金种类	合金牌号	锻造温度/ ℃		保温时间 /(min · mm⁻¹)
		始锻	终锻	
锻铝	6A02	480	380	1.5
	2A50、2B50、2A80	470	360	
	2A14	460	360	
硬铝	2A01、2A11	470	360	
	2A02、2A12	460	360	
超硬铝	7A04、7A09	450	380	3.0
防锈铝	5A03	470	380	1.5
	5A02、3A21	470	360	
	5A06	470	400	

3. 锻造工艺特点

　　(1)坯料准备。铝合金锻件用的坯料有铸锭、锻坯和挤压棒材。铸锭用于锻造自由锻件,由于铸锭组织中存在晶内偏析、区域偏析、局部偏析等,为了提高工艺塑性,锻造前须经均匀化退火。对于大型模锻件的坯料,当挤压棒材的尺寸不够时,必须先将铸锭用自由锻制成锻坯,使内部组织均匀后,才能作为模锻用坯。铝合金的中小型自由锻件、模锻件及环轧件等,一般都是以挤压棒材作为原材料。但挤压毛坯的各向异性大,对于纵向、横向、短横向力学性能都有要求的大型锻件,则需要对挤压棒材进行多向镦粗和拔长,以消除原棒材各向异性的影响。粗晶环是挤压棒材中常见的缺陷,挤压棒材用作模锻毛坯之前,要根据锻件力学性能要求,决定是否去掉粗晶环。

　　铝合金坯料常用的下料方法是用锯床、车床或铣床下料,较少用剪床下料。有时还要在车床上扒皮,以清除粗晶环或其他表面缺陷。

　　(2)加热。铝合金坯料可用各种加热设备进行锻前加热,我国多用电阻炉加热。没有电炉时,也可用煤气炉和油炉加热。在铝合金锻造过程高度自动化时,常用感应加热、电阻加热和流态粒子加热等。选用电阻炉加热时,炉内最好装有强迫炉气循环装置,以促使炉温均匀。当使用煤气炉或燃油炉时,燃料的含硫量要低,以免高温下硫渗入晶界,并且炉内火焰不允许直接喷射到坯料表面。国外认为铝合金坯料锻前加热以马弗炉为最佳,并且燃气半封闭式炉得到了较广泛的应用。

　　铝合金的锻造温度范围窄,因此,要求坯料加热到锻造温度的上限,若不注意控制温度,容易出现过热、过烧现象,所以必须准确测温、控温,炉温偏差最好控制在 ±5 ℃ 范围之内。

　　铝合金的导热性好,坯料不需预热,可直接在高温下装炉,但加热时间比一般碳素钢和低合金钢长,这是因为铝合金加热时必须保证内部强化相充分溶解,以便使合金组织均匀,塑性提高。对于直径小于 50 mm 的坯料,加热时间按每毫米直径或厚度 1.5 min 计算;直径大于 100 mm 的坯料,按每毫米直径或厚度 2 min 计算;直径在 50~100 mm 范围内的坯料,可按式(7.1)计算:

$$T=1+0.01d \tag{7.1}$$

式中　T——每毫米直径或厚度的加热时间,min;

　　　d——坯料的直径或厚度,mm。

　　合金元素含量高的坯料的加热时间较长,如 7A04 应比 6A02 合金的加热时间长。一般情况下,铝合金的加热时间为 1~2 h。因故障,模锻过程不得不中断时,坯料的加热时间可超过 4~6 h,若再长则建议将合金从炉中取出,以防过热和吸氢。

　　装炉前,铝合金坯料要去掉油污等脏物,以免炉内产生含硫和氢等有害气体。装炉时,坯料不得与加热元件接触,以免短路和碰坏加热元件,坯料和电阻丝保持 50~100 mm 的距离。最好在坯料和电阻丝之间加放钢板,以防止坯料过烧。坯料放置要离开炉门 250~300 mm 的距离,以保证加热均匀。加热到始锻温度后,对于挤压坯料或锻坯,是否需要保温,可根据合金的塑性来确定,而铸锭则必须保温。

　　(3)锻造。

　　①自由锻。自由锻方案的选择主要依据坯料的加工状态及锻件的力学性能要求来确定。可以采用的几种自由锻方案如图 7.5 所示。

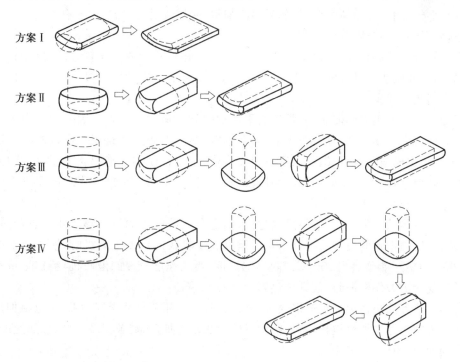

图 7.5　自由锻方案

方案Ⅰ、Ⅱ仅用于已具有大变形程度（$\varepsilon \geqslant 80\%$）的挤压毛坯,因其内部组织已比较均匀,采用简单的自由锻方案即可。

方案Ⅲ、Ⅳ用于铸锭,并采用足够大的变形程度,以彻底打碎合金中的硬脆相及树枝状铸造组织,以便获得均匀细小的再结晶组织;挤压变形程度小于80%的毛坯,必须采用方案Ⅲ或Ⅳ;当用直径150 mm以上挤压棒材来制造力学性能要求高的锻件时,也必须采用多向锻造方案Ⅲ或Ⅳ。

自由锻操作时应注意下列问题:

a.在锤上自由锻铝合金时,开始要轻击,每次锤击变形程度不超过$5\%\sim 8\%$,并逐步加大。

b.在水压机上锻造时,变形程度实际上不受限制。

c.上、下砧块工作表面要光滑,其棱角圆弧半径不小于10 mm。

d.锻前砧面及操作工具(如钳口)均需预热到$250\sim 300$ ℃。

e.锻造动作要准确迅速,拔长时应及时倒棱,以免棱角部分散热过快产生裂纹。

f.在锻造过程中,应定时在砧面上撒上耐热润滑剂,以免铝合金毛坯跟砧面黏着。

g.防止风扇和穿堂风直吹锻件。

②模锻。铝合金模锻件可在多种模锻设备上采用开式模锻和闭式模锻方法成形。一般来说,大型的复杂整体的硬铝合金模锻件应采用大型液压机进行生产,以保证其产品质量。而中、小型铝合金锻件,对变形速度及其均匀性的敏感度较小,可用机械压力机、螺旋压力机或模锻锤来进行锻造,以降低设备费用和提高生产率。

在锤上模锻时,开始锤击要轻,随后逐渐加重,从形成毛边时起,由于有利的三向压应力状态,变形程度不受限制。

由于铝合金的流动性差(比钢及钛合金差,比镁好),并对裂纹比较敏感,故不宜采用顶锻成形,另外锻造温度范围窄,故一般采用单型腔模锻。模锻之前多采用自由锻制坯,也可以采用辊锻和楔横轧制坯。

铝合金在压力机上模锻时,通常都要采用预锻和终锻两个工步。因为当压力机一次行程变形程度大于40%时,大量金属挤入飞边槽,型腔不能完全充满。形状复杂的模锻件,要进行多次模锻,多次模锻可以用一副终锻模,也可以使用毛坯形状逐步过渡到锻件形状的几副模具,预锻工步的计算与钢质模锻件相同。在两次模锻工序之间要进行中间切除毛边、酸洗和打磨。

为了减少热量损失,防止坯料降温过快,铝合金模锻所用的模具都需要预热,预热温度主要根据所用设备的类型而定。当用锻锤或速度较快的机械压力机时,模具通常要预热到200 ℃,最好能预热到250 ℃或更高的温度;当用速度较慢的液压机,特别是精密模锻或形状复杂的锻件模锻时,模具预热到$400\sim 450$ ℃。

模具预热方法包括用加热的钢块放在模具间烘烤、用喷灯或煤气喷嘴、用电阻加热器或工频感应加热器来加热模具等,其中较好的方法是电加热,调节温度方便、加热速度快、加热比较均匀。

③润滑。通常铝合金热模锻温度为$360\sim 480$ ℃,模具的预热温度在$250\sim 450$ ℃,因此选用的润滑剂要耐高温。国内模锻用润滑剂的基体有胶体石墨、二硫化钼、硬脂酸盐

（硬脂酸钠、硬脂酸钙）等。石墨具有优良的高温润滑性,常常作为铝合金锻件润滑剂的主要成分,也可在胶体悬浮液中添加一些有机的或无机的化合物,以获得更好的效果。润滑剂的载体又称溶剂,如水、矿物油等。根据载体的不同,石墨润滑剂分为水基石墨、油基石墨和石墨润滑脂三种类型。石墨＋机器油（比例为 1.5：1）可在 500～600 ℃下使用。然而,铝合金锻件上残留的石墨润滑剂难于去除,且在表面会形成污点、点蚀和腐蚀。所以,锤锻模也可用擦拭肥皂水的方法进行润滑。把铝坯料浸入 10％NaOH 水溶液中后,在其表面产生一种疏松的化学氧化涂层,可起到润滑剂的作用。

④冷却。锻后的铝合金锻件,一般在空气中冷却,为了及时切边也可在水中冷却。

⑤切边。除超硬铝、5A06 等合金之外,铝合金锻件都是在冷态下切边和冲孔的。7A04、5A06 等合金建议在 250～300 ℃下切除毛边,而且热切边通常在锻后立即完成而无须再加热。

对于批量大、尺寸小、形状复杂的模锻件,采用切边模切边。对于批量小的大型模锻件,通常是用带锯或机械加工切割毛边的。

应当注意,对于合金化程度高的铝合金,模锻后应及时切边,否则可能因时效而析出强化相,这时切边会在剪切处出现裂纹。

⑥清理。铝合金锻件一般在锻后立即对表面进行清理。按照下面的清理工艺,可以去除残留的润滑剂和氧化皮。

a.含 4％～8％（质量分数）NaOH 水溶液中,于 70 ℃下浸渍 0.5～5 min。

b.立即在 75 ℃或更高温度的热水下冲洗 0.5～5 min。

c.浸入 88 ℃、10％（质量分数）HNO$_3$ 的水溶液中,以去除黑色沉淀物。

d.在 60～70 ℃的热水中漂洗 3～5 min。

清理次数与锻件成形过程有关,有些锻件只是在最终检验前才需要清理。

⑦修伤。修伤是铝合金模锻工艺中的重要一环。铝合金在高温下较软、黏性大、流动性差,容易黏模并产生各种表面缺陷（折叠、毛刺、裂纹等）,在进行下一道工序前,必须打磨、修伤,将表面缺陷清除干净,否则在后续工序中缺陷将进一步扩大,甚至引起工件报废。

修伤用的工具有风动砂轮机、风动小铣刀、电动小铣刀及扁铲等。修伤前先经腐蚀清理缺陷部位,修伤处要圆滑过渡,其宽度应为深度的 5～10 倍。

（4）热处理。铝合金锻件的热处理和其他材料热处理相同,也分为再结晶退火（又称中间退火）、完全退火、淬火和时效等。目前逐步采用快速退火新工艺代替老的再结晶退火工艺,即将炉温提高到 600～700 ℃,以提高加热速度、缩短高温下的保温时间,使锻件的晶粒细小均匀。

对于热处理强化铝合金锻件,当要求将硬度降到最低,塑性提到最高,而再结晶退火达不到此要求时,应采用完全退火。

如图 7.6 所示为铝合金各种退火工艺温度随时间的变化。均匀化退火用于铸锭,低温退火（去应力退火）常用于冷变形强化的锻件。图 7.6 中 $T_\text{熔}$ 为合金的熔点;$T_\text{溶}$ 为第二相完全溶入基体的温度;$T_\text{再}$ 为合金的再结晶温度。

（5）锻件缺陷及清除方法。铝合金锻件易产生过烧、折叠、裂纹、穿流和粗晶等缺陷。

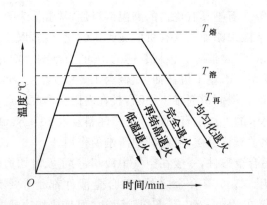

图 7.6 铝合金各种退火工艺温度随时间的变化

表 7.2 列出了铝合金模锻件常见缺陷及消除方法。

表 7.2 铝合金模锻件常见缺陷及消除方法

	原因	消除或预防方法
过烧	加热温度过高或炉子跑温、炉温不均	严格控制加热温度
表面裂纹	①原材料质量低,有严重疏松、氧化物夹渣、粗晶环等缺陷; ②终锻温度偏低; ③模锻制坯的形状不好,在终锻过程中表面出现了较大的拉应力	①加强检查,把有缺陷的原料挑选出来,或去除粗晶环; ②严格保持锻造温度; ③改变制坯的形状
分型面上裂纹	①毛边太薄; ②坯料尺寸过大; ③金属分配不合理,终锻时过多金属流入毛边槽; ④肋的根部圆角半径过小	①加大毛边厚度或采用无毛边模锻; ②精确下料; ③设计好预锻模膛; ④增大圆角半径
应力腐蚀开裂(7A04)	①内应力没有消除; ②切边后流线外露过多	①用退火、淬火或变形等方法消除表面拉应力; ②改变分模位置或改用无毛边模锻
穿流	①肋太薄,肋间距太大; ②腹板太薄; ③肋根部的内圆角半径偏小; ④毛坯体积过大	①加厚肋; ②加厚腹板或在腹板上开孔; ③增大圆角半径; ④确定合适的坯料尺寸

续表 7.2

原因	消除或预防方法
折叠 ①毛坯放置不正; ②模膛凸圆角半径偏小,引起金属回流; ③制坯不正确,直接用圆坯料在终锻模上成形	①改变放置位置; ②增大模膛凸圆角半径; ③增加一副预锻模或改变坯料形状和尺寸
粗晶 ①原毛坯有粗晶环; ②变形过大或过小; ③加热温度过高; ④变形不均匀,模具表面太粗糙,润滑剂不好	①切除粗晶环层; ②改小或增大变形量; ③降低加热温度; ④降低模具模膛表面粗糙度,改用性能好的润滑剂

7.2　镁合金锻造

1. 镁合金

镁和铝同属有色轻金属,外观呈银白色,其密度比铝小,仅为 1.7 g/cm³,镁的化学活性很强,在空气中也能形成有保护性的氧化膜,但这种膜很脆,不致密,远不如铝合金氧化膜坚实,所以镁的抗蚀性很差。纯镁的力学性能较低(变形状态下的抗拉强度为 200 MPa,屈服强度为 90 MPa,伸长率为 11.5%,断面收缩率为 12.5%),抗腐蚀能力也很低,因而不能直接作为结构材料使用。

在镁中加入铝、锌、锰、锆、铈等合金元素,创造了各种不同的镁合金。根据化学成分和工艺性能可将镁合金分为铸造镁合金和变形镁合金两大类。镁合金的主要优点是具有较高的比强度和比刚度,其强度一般为 198~294 MPa,弹性模量为 44 100 MPa,均较其他合金低,但由于其密度只有 1.8 g/cm³,故其比强度仍然与结构钢相近。同时,镁合金具有较好的减振能力和良好的切削加工性。因镁合金的抗蚀性差,使用时要采用氧化处理和涂漆保护等防护措施。镁合金在航空工业中主要用于制作各种框架、壁板、机匣、壳体和支架等零件。

2. 可锻性

镁合金在室温下塑性是很低的,当温度升高到 200 ℃以上时,塑性有很大的提高。静镦粗时镁的极限镦粗比与温度的关系曲线如图 7.7 所示,可见镁在 350~450 ℃温度范围内具有最高的塑性,适于在此温度范围内进行热变形。

如图 7.8 所示为 MB5 合金的塑性。MB5 属变形镁合金,其主要成分为 Al5.5%~7.0%,Mn0.15%~0.5%,Zn0.5%~1.5%,具有较高的强度和较低的工艺塑性。由塑性图可看出,MB5 合金对变形速度很敏感。当在压力机上加工时,在 250~400 ℃的温度范围内,允许压缩变形程度为 40%~60%,而在锻锤上加工时,在 325~375 ℃的较窄温度范围内,只允许有不大于 20%~30%的压缩变形。

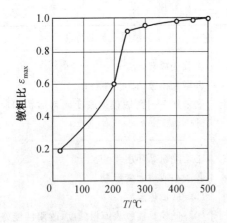

图 7.7　静镦粗时镁的极限镦粗比与温度的关系
　　　　曲线

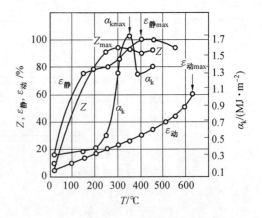

图 7.8　MB5 合金的塑性

如图 7.9 所示为 MB8 和 6A02 合金锻造压力随温度的变化情况,在各自的锻造温度下,MB8 合金比 6A02 合金具有较高的锻造压力,并且 MB8 镁合金的锻造压力对温度变化很敏感。几种材料在各自锻造温度下压缩 10% 时所需的锻造压力见表 7.3。由表 7.3 可看出,MB8 镁合金需要的锻造压力比低碳钢、合金结构钢及铝合金大,但比不锈钢小。与铝合金相比,镁合金充填深的直壁模腔较难,因此需要模具数量较多,生产成本较高。

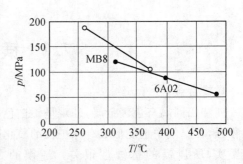

图 7.9　MB8 和 6A02 合金锻造压力随温度的变化情况

综上所述,镁合金的塑性与其化学成分密切相关。镁合金的塑性差、变形抗力大,并且对应变速率很敏感、锻造温度范围窄、黏性大、流动性差,所以镁合金的可锻性不如铝合金、铜合金和钛合金。

表 7.3　几种材料在各自锻造温度下压缩 10% 时所需的锻造压力

材料种类	锻造温度/℃	锻造压力/MPa
20 钢	1 260	55
40CrNiMo	1 260	55
6A02 铝合金	455	69
MB8 镁合金	370	110
06Cr19Ni10	1 203	152

3. 锻造工艺

(1)坯料准备。镁合金锻造用的原材料主要有两种:铸锭和挤压毛坯。镁合金铸锭一般用半连续浇铸方法铸出的铸锭,而挤压棒材是用铸锭挤压出来的。挤压前的铸锭要进行均匀化退火,以减轻铸锭中的枝晶组织和区域偏析,其次是增大挤压时的变形程度。

大多数情况下都采用挤压棒材,铸锭仅用于大型锻件。为提高可锻性,铸锭在锻造或挤压之前应进行高温均匀化退火,以改善其塑性。镁合金挤压棒材的特点是塑性好,但其力学性能的异向性较铝合金挤压棒材严重。为了减小挤压毛坯的力学性能异向性,可以通过十字锻造方法,以改善挤压毛坯中的晶体取向,从而达到各向力学性能均匀。

镁合金可用锯割下料或用车削下料,而不采用剪切下料,以防在剪断面形成裂纹。铸锭在锻前应进行表面机械加工,对坯料或棒料也应检查并消除表面缺陷,以防止在锻造过程中引起开裂。MB15 挤压棒材常带有粗晶环,锻前应进行扒皮。由于镁屑易燃,下料速度应缓慢,切削车床的切削速度一般不超过 7 m/s。进刀量则应为 1~1.5 mm。切削时通常不要求使用润滑剂和冷却液,以防镁屑燃烧和毛坯受到腐蚀。切屑要单独存放,工作场地要清洁,以防发生火灾和爆炸。

(2)锻前加热。镁合金可采用与铝合金相同的加热方式,一般是采用在箱式电阻炉中加热。镁合金有良好的导热性,任何尺寸的毛坯或铸锭均可不经预热而直接放入高温炉膛内加热。由于对镁合金进行塑性成形加工时,加热温度远低于合金的熔点,加热时不需要惰性气氛或还原气氛保护,但必须保证炉温均匀。若装有鼓风机等强制空气循环装置对均匀加热是极为有利的。同时,加热炉应有可靠的温度控制精度,以避免镁合金发生燃烧的危险。

由于镁合金中的原子扩散速度慢,强化相的溶解需要较长时间。为了获得均匀组织,保证在良好的塑性状态下锻造,故实际采用的加热时间还是较长的。加热时间可按每毫米坯料直径(或厚度)1.5~2 min 计算。镁合金属于低塑性合金,其锻造温度范围比铝合金窄。镁合金的锻造温度范围和保温时间见表 7.4。镁合金的加热温度和保温时间,不仅影响合金的工艺塑性,而且还影响锻件锻后的组织和力学性能,这是因为镁合金没有相变重结晶,多数镁合金是不能通过热处理强化的。如果加热温度过高,保温时间过长或加热次数过多,则再结晶越充分且晶粒尺寸增大,使镁合金的抗拉强度和屈服强度降低,即产生软化现象。这种晶粒长大及软化现象,不能靠随后的热处理来补救,所以必须严格控制锻造工艺。镁合金在不同温度下允许的最长保温时间见表 7.5。加热时间与装炉数量有关。电炉的正常装炉数量应保证毛坯都放在炉膛有效区内,毛坯之间有一定间隙,而且不重叠。箱式电阻炉常增设框架来增加装炉数量。坯料装炉前,应将炉子预热到规定的温度再装炉。这样可以缩短加热时间,避免晶粒长大。加热时间应从坯料装炉及炉子温度升高到规定温度时算起。

大多数情况下,镁合金锻件的力学性能取决于锻造中的应变硬化,故应特别重视每火加热所产生的软化和变形强化的综合效果。尤其最终锻造工序的加热温度应取下限,才能保证锻件性能。但若温度过低,将形成裂纹。

镁合金锻造的一个重要目标是细化晶粒。那些在锻造温度下晶粒迅速长大的合金(MB2、MB5、MB7),实际中可采用降低 15~20 ℃的温度进行锻造。对于那些具有很窄变形温度区间的锻件,常在最低允许温度下锻造,以得到应变硬化。MB15 等合金晶粒长大缓慢,因而没有太多的晶粒长大的危险。

镁合金毛坯装炉前应除去表面所涂的油膏和其他污物,以免在炉内产生硫、氢等有害气体。

表 7.4 镁合金的锻造温度范围和保温时间

合金牌号	锻造温度/℃		保温时间/(min·mm⁻¹)
	始锻	终锻	
MB1	480	320	1.5～2
MB2、MB3	435	350	1.5～2
MB5	370	325	1.5～2
MB7	370	320	1.5～2
MB8	470	350	1.5～2
MB11	360	300	1.5～2
MB14	470	330	1.5～2
MB15	420	320	1.5～2

注：镁合金锻前加热时的炉温与始锻温度相同,炉内温差不应超过±10 ℃。

表 7.5 镁合金在不同温度下允许的最长保温时间

合金牌号	温度/℃	保温时间/h	温度/℃	保温时间/h
MB5	400	5	450	3
MB8	400	4	420	2
MB14	400	3	420	2
MB15	400	6	450	3

(3)锻造。镁合金对变形速度十分敏感,随着变形速度的增加,镁合金的塑性显著下降。大多数镁合金(MB2、MB5、MB11、MB15)在锤上变形时,允许变形程度不超过30%,而在压力机上变形时,变形程度可达 60%～90%。MB7 不宜在锤上锻造,在压力机上的允许变形程度为 25%～30%。所以,液压机或低速机械压力机是镁合金自由锻和模锻的最常用设备。用这些设备,镁合金可以锻造成具有小的内外圆角半径(例如,1.5 mm、5 mm)及具有薄腹板(例如,3.5 mm)的锻件,脱模斜度可达 3°或更小。镁合金很少用锤及高速压力机进行锻造,因为在这样的设备上锻造若不采用很严格的工序,将会产生裂纹。MB1 和 MB8 等合金化程度低的合金对变形速度不大敏感,在锤上和压力机上都有较好的塑性成形加工性能,机器每次行程的允许变形程度都能达到 70%～80%。镁合金最适宜的加工方法是挤压、闭式模锻及型砧中自由锻造等。

镁合金与铝合金在锻造的各个方面有许多相似之处,例如,在锻件设计及模具设计方面,余量、公差和模锻斜度等,二者是相同的。因镁合金工艺塑性比铝合金低,所以某些参数也略有差异,例如,MB15 和 MB7 合金锻件的腹板厚度比相同条件下(锻件在分型面上的投影面积相等)的铝合金锻件要大一些。镁合金允许的最大肋间距,在相同的肋高条件下,较铝合金要小些。

镁合金的流动性差,只适用于单模膛模锻,对一些形状复杂尺寸较大的模锻件,可以采用自由锻造制坯,最后进行单模膛模锻。模具模膛表面粗糙度要低,精心抛光表面有助于锻造过程中金属的流动,并可防止锻件表面粗糙、划伤等缺陷。镁合金导热性好,遇到冷模具会产生激冷而造成裂纹。由于模锻时锻件与模具接触面积大、接触时间长,模具必须预热到比锻坯低得不太多的温度,模具预热温度一般为 250～300 ℃。环轧模具因与工件接触面积小、接触时间短,故对模具预热温度要求不严。

用于铝合金模锻的各种润滑剂均适用于镁合金。

镁合金锻件锻后通常在空气中冷却。镁合金容易产生切边裂纹,用切边模切除毛边时,适宜采用咬合式模具(凸、凹模都有尖形刃口的切边模),尽可能使凸、凹模间的间隙小或无间隙,切边温度应在 220～250 ℃之间,生产上可以直接利用锻后余热,或重新加热到 250 ℃切边。

(4)锻件的氧化处理。镁合金抗腐蚀能力很低,所以在锻造工艺中,如果工序之间的停留时间超过 2 周以上(七、八、九月不得超过 240 h),或者锻后不能及时进行机械加工的锻件,需要进行氧化处理,以防锻件表面锈蚀。被腐蚀过的锻件表面有斑疤或小黑点,深浅不一,用常规酸洗方法去不掉。如果进行锻造,容易在小黑点密集处开裂,裂纹沿着锈蚀点扩展到锻件内部,造成锻件报废。

氧化处理前需进行除油和酸洗。酸洗的目的是将锻件表面上的自然氧化物和其他杂质腐蚀掉,使基体金属表面露出,为氧化处理做好准备,同时可以更清晰地暴露锻件表面的折叠、裂纹、拉伤等缺陷,以便修伤,清除缺陷。

锻件在氧化液槽中氧化处理后,应立即在流动的洁净的室温冷水槽中清洗 0.5～2 min,再在低于 50 ℃的热水槽中清洗 0.5～2 min,然后用 50～70 ℃的热压缩空气或室温干燥的压缩空气将锻件吹干。

如果没有后续的锻造变形工序,或者不能及时进行机械加工,锻件氧化后需涂油包装封存。未经涂油的锻件,保存期不得超过一个月。

(5)热处理。镁合金锻件热处理与铝合金的基本相同,但由于合金性质不同,镁合金热处理的强化效果不如铝合金的好。镁合金能否通过热处理强化完全取决于合金元素的固溶度是否随温度变化。当合金元素的固溶度随温度变化时,镁合金可以进行强化处理。热处理不能强化的镁合金 MB1、MB8 和热处理强化作用不大的 MB2、MB3、MB5,只用软化退火来消除塑性成形加工过程中产生的加工硬化,提高其塑性,以便进行后续变形加工。

热处理不强化的镁合金,在软化退火时,发生再结晶和晶粒长大,所以温度不能太过高,时间不能太长。MB2、MB3、MB5 合金退火时不仅发生再结晶,还有过剩相在固溶体中的溶解和从固溶体中的析出过程。因此,变形镁合金软化退火的温度,必须高于再结晶温度,而低于过剩相强烈溶解的温度。但因软化退火时发生的再结晶过程进行得比较慢,所以退火时间需要长一点。

可热处理强化的 MB7 合金锻件,可采用固溶处理,需要时根据使用温度不同可进行固溶和人工时效处理。固溶处理是把合金加热到适当温度,经充分保温,使合金中某些组织生成物溶解到基体中形成均匀的固溶体,然后迅速冷却,成为过饱和固溶体。固溶处理又称为淬火,其目的是改善合金的塑性和韧性,并为进一步时效处理做好组织准备。时效处理是把过饱和固溶体或经冷加工变形后的合金置于室温或加热至某一温度,保温一段时间,使先前溶解于基体内的物质,均匀弥散地析出。经过固溶处理后 $Mg_{17}Al_{12}$ 相溶解到镁基体中,合金性能得到较大幅度提高。根据使用温度不同,MB15 合金锻件热变形后可以直接采用不同温度的人工时效处理,这种工艺简单,也可以获得相当高的时效强化效果。由于具有较低的扩散激活能,镁合金不能进行自然时效,除零件要求具有较高的塑性外,一般采用人工时效。

(6)锻件缺陷。镁合金锻件表面易出现点状腐蚀缺陷,腐蚀点呈暗灰色粉末状,经喷砂或酸洗处理成为凹坑或小孔洞。为防止点状腐蚀,锻造时不能采用含有盐类的润滑剂,锻后锻件应及时除油、酸洗并吹干。如需长期存放应进行氧化处理并油封。

中、低塑性的镁合金在镦粗时,坯料侧表面容易沿最大剪应力方向(与打击方向成 45°)产生开裂。由于这些合金的塑性对变形速度很敏感,所以宜在压力机上锻造,如果在锤上锻造,开始时应轻击,否则因锤击过重、变形量过大,容易引起剪切破坏。另外,变形温度不能过低,否则硬脆相(如 $Mg_{17}Al_{12}$)析出使合金的塑性更低。

镁合金塑性差,对拉应力特别敏感,切边时常会产生裂纹。

7.3 铜合金锻造

1. 铜及铜合金

我国生产的纯铜分为三类:纯铜、无氧铜和磷脱氧铜。在纯铜中添加各种合金元素得到铜合金,铜合金分为黄铜、青铜和白铜。

(1)纯铜。

纯铜是一种紫红色的金属,密度是 8.93 g/cm^3,熔点是 1 083 ℃,具有高的塑性,可冷、热压力加工成管、棒、线、板、带等各种形状的半成品。纯铜的牌号用汉语拼音字母"T"加顺序号表示。有 T1、T2、T3、T4 几种牌号,其纯度随顺序号的增加而降低。

(2)铜合金。

①黄铜。以锌作为主要添加元素的铜合金称为黄铜。黄铜又分为普通黄铜和特殊黄铜。

普通黄铜是铜锌二元合金。为了提高黄铜的耐蚀性、强度、硬度和切削性等,在铜-锌合金中加入少量的锡、铝、锰、铁、硅、镍、铅等元素,构成三元、四元甚至五元合金,即为特殊黄铜,如锡黄铜、铝黄铜、锰黄铜、铁黄铜、硅黄铜、镍黄铜和铅黄铜等。

黄铜的牌号用汉语拼音字母"H"表示,后面的数字表示铜的含量,其余是锌。如有其他合金元素,则应写上除锌外主要的合金元素符号及含量。

②青铜。除黄铜、白铜之外的铜合金统称为青铜,它是由锡、铝、铍、硅、锰等元素与铜组成的铜合金,分别命名为锡青铜、铝青铜、铍青铜、硅青铜、锰青铜等,并以"Q+主添元素符号+除铜以外的合金元素成分数字组"表示。青铜广泛用于机器制造业和飞机制造业中,用以制造受力、抗腐蚀零件,制造弹性元件和耐摩擦零件等。

③白铜。白铜是以镍为主要合金元素的铜合金。白铜的牌号用汉语拼音字母"B"表示,后面的数字表示镍的含量,其余是铜。如有其他合金元素时,则应注明合金元素符号及含量。白铜按用途可分为结构白铜和电工白铜。结构白铜(B10、B20、B30、BZn15-20等)的特点是具有高的力学性能、塑性加工性能和抗蚀性,焊接性也好,并且有耐热和耐寒

的性能,可制作高温和强腐蚀介质中的工作零件。电工白铜(BMn40-1.5、BMn3-12、BMn43-0.5 等)具有高电阻率、低电阻温度系数和高的热电势等特殊的热电性能,在电工仪器仪表制造中获得广泛应用。

(3)可锻性和锻造温度范围。

①纯铜的可锻性。纯铜具有良好的塑性成形加工能力,可进行冷、热锻造变形制备形状复杂的各种零件。如图 7.10 所示为纯铜的塑性。由图 7.10 可以看出,纯铜的强度随温度的升高而降低。但纯铜在 500~600 ℃范围内呈现"中温脆性",因此,锻造加工应该不在脆性区的温度下进行。

②黄铜的可锻性。含锌量对铸态黄铜力学性能的影响如图 7.11 所示。锌在铜中的 α 固溶体有两个有序固溶体,即 Cu_9Zn 和 Cu_3Zn。α 固溶体有良好的力学性能和冷热加工性能,是常用的合金成分范围。β 相为电子化合物,是以 CuZn 为基础的固溶体,具有体心立方结构,在 456~468 ℃以下为 β′有序相。高温无序的 β 相的塑性好,而有序的 β′相难以冷变形。故含 β′相的黄铜只能采用热加工成形。

由图 7.11 还可以看出,黄铜在 $w(Zn)$ <30%~32%时,随着含锌量的增加,塑性和强度都有所提高,当 $w(Zn)$ >32%,塑性开始下降;$w(Zn)$ =45%时,塑性显著降低,强度达到最大值。含锌量更高时,导致脆性增加,强度急剧下降。黄铜经变形和退火后,其性能与含锌量的关系与铸态相似。由于成分均匀和晶粒细化,其强度和塑性都比铸态时有所提高。为使黄铜具有良好的可锻性,锻造用黄铜含锌量应低于 32%。

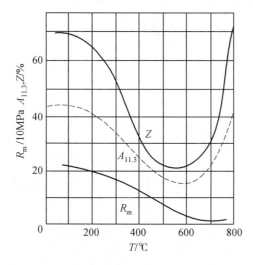

图 7.10 纯铜的塑性图

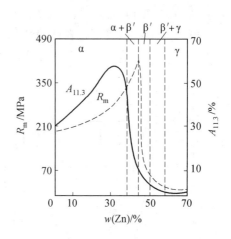

图 7.11 含锌量对铸态黄铜力学性能的影响

如图 7.12 所示为几种普通黄铜的塑性。由图可 7.12 知,H62、H80 和 H90 黄铜在 400~600 ℃存在中温脆性区,合金的塑性显著降低,很容易脆裂,其原因是合金中有铅、铋等杂质存在,它们在 α 固溶体中的溶解度小,与铜形成 Cu-Pb、Cu-Bi 低熔点的共晶体,呈网状分布于 α 固溶体晶界上,从而削弱了 α 晶粒之间的变形协调能力。在 200 ℃以下的低温区和 700~900 ℃的高温区,都有很高的塑性。当加热温度超过 900 ℃后,由于晶粒长大塑性将下降。

在高温区 α＋β 两相黄铜（H62）的塑性
高于 α 黄铜的塑性，其原因是当加热到
500 ℃ 以上时，两相黄铜发生 α→α＋β 转变，
在转变过程中，原先分布于晶界上的铅和铋
溶于 β 固溶体中，于是塑性提高。α 单相黄
铜不发生这种转变，故两相黄铜在高温下的
塑性反而比 α 单相黄铜的塑性高。

特殊黄铜中由于除锌以外的其他合金元
素对组织的影响，塑性没有普通黄铜的高。
有些特殊黄铜在高温下塑性特别低，例如，含
铅量较高的铅黄铜，塑性要比普通黄铜低得
多（图 7.13），不能承受大的变形，否则容易
开裂。另外，从图 7.13 中还可以看出，几种
铅黄铜的加热温度要低于普通黄铜，一般不
超过 800 ℃。

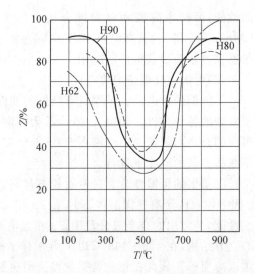

图 7.12 H62、H80、H90 黄铜的塑性图

③青铜的可锻性。青铜是铜和锡、铝、铍、硅、锰、铬、镉、锆和钛等元素组成的合金的
统称。在青铜中，根据成分可分为锡青铜和特殊青铜。特殊青铜根据主要添加的元素又
分别命名为铝青铜、铍青铜等。青铜的组织比黄铜复杂，它的塑性较低且随温度变化而
异。具有不同合金元素和含量的各种青铜，可锻性也各不相同。如图 7.14 所示为两种青
铜的塑性，由图 7.14 可以看出，QBe2 和 QSn7－0.2 青铜在高温下塑性差异很大。在
300～520 ℃，QBe2 铍青铜存在低塑性区；在 520～650 ℃，QSn7－0.2 锡青铜具有低塑性
区。QSn7－0.2 锡青铜锻造温度范围为 700～780 ℃，其锻造温度范围很窄。

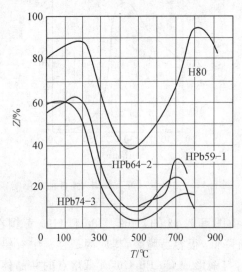

图 7.13 几种铅黄铜的塑性图

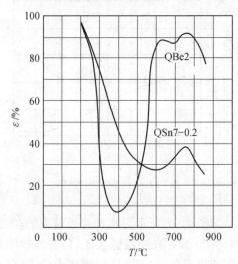

图 7.14 QBe2 和 QSn7－0.2 的塑性图

如图 7.15 和图 7.16 所示分别为 QAl5 和 QAl9-4 铝青铜的塑性图，由图可知，QAl5 和 QAl9-4 铝青铜在 200～600 ℃温度范围内均具有低塑性区，不宜进行塑性变形。含铝量低的 QAl5 比含铝量高的 QAl9-4 的室温塑性高，故 QAl5 可在冷态下进行变形，QAl9-4 则不宜冷变形。QAl5 在 700～900 ℃高温下比室温具有更好的塑性，可进行大变形热加工。QAl9-4 在高温下为 α+β 双相合金，具有良好的塑性，可经受热加工。因此，生产中必须根据各种青铜的工艺特性，确定合理的锻造工艺参数。

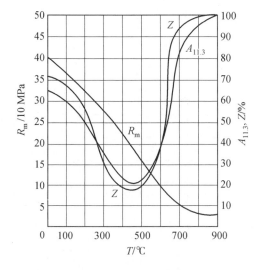

图 7.15 QAl5 铝青铜塑性图

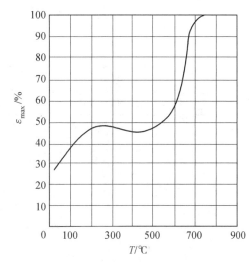

图 7.16 QAl9-4 铝青铜塑性图

④锻造温度范围。各种铜合金的锻造温度范围见表 7.6。由表 7.6 可知，铜合金的始锻温度较纯铜低，锻造温度范围比碳钢窄得多，所有铜合金的锻造温度范围都不超过 100～200 ℃，其中铅黄铜 HPb59-1 合金的锻造温度范围尚不足 100 ℃，当加热温度超过 α+β→β 转变温度（约为 700 ℃），β 晶粒急剧长大，使塑性下降；当变形温度低于 650 ℃时，变形抗力迅速增大，并可能进入中温脆性区，所以锻造时工序要少，操作要快。

对铜合金锻造，终锻温度控制要比碳素结构钢严格，坯料温度降低到 650 ℃左右时，应立即停止锻造，否则锻造时容易开裂。铜合金的终锻温度也不宜过高，否则锻后晶粒会长大，且铜合金晶粒长大后也不能像碳素钢那样能用热处理的方法来细化。同一种合金，因应力状态、变形程度、变形速度等变形条件不同，变形温度应有所不同。

因此选用锻造温度时应根据变形量的大小和具体的变形条件来确定。

表 7.6 各种铜合金锻造温度范围及加热规范

合金种类	合金牌号	锻造温度/℃		保温时间/ (min·mm⁻¹)
		始锻	终锻	
黄铜	HPb59-1	720	650	0.6
	HPb60-1	810	650	
	H62、H68	810	650	
	H70	840	700	
	H80	860	700	
	H90	890	700	
	H96	920	750	
青铜	QAl9-2、QAl9-4	890	700	0.7
	QAl10-3-1.5	840	700	
	QAl10-4-4	890	750	
	QBe2.5	740	650	0.6
	QSi1-3	870	700	0.7
	QSi3-1	790	700	
	QCd1.0、QMn5	840	650	0.6
	QSn6.5-0.4、QSn7-0.2	790	700	0.7
紫铜	T1、T2、T3、T4、T5	900	650	0.6
白铜	B19	1 000	850	

2. 锻造工艺过程特点

（1）下料。铜合金锻件所用的坯料有铸锭和挤压棒材两种。铸锭作为大型锻件的坯料,在锻造前要进行均匀化退火,以改善塑性。铸锭表面若有裂纹、气泡等缺陷应打磨干净,或表面扒皮(车削)。挤压棒材适用于中小型模锻件或自由锻件,对于挤压棒材要进行退火。对铜合金棒材常用锯切和车床车削下料。

（2）加热。铜合金加热最好采用电阻炉加热,也可用火焰炉加热。在电阻炉内加热时热电偶控制炉温比较准确,而在火焰炉中炉温测量误差较大。在火焰炉中加热时,注意采用"文火"加热,避免温差过大。

铜合金的加热温度低于钢的加热温度,在火焰炉中加热最好采用低温烧嘴,炉中炉气成分最好控制为中性。但对于在高温下极易氧化并且氧化膜不致密的铜合金,如无氧铜、低锌黄铜、铝青铜、锡青铜和白铜等,一般应在还原性气氛中加热。含有氧的铜合金,如在含有 H_2、CO、CH_4 等还原性气氛中加热,则这些气体会向金属内扩散,与 Cu_2O 化合而生成不溶于铜的水蒸气和 CO_2,引起微小裂纹,使合金变脆,即所谓"氢病"。

当采用加热钢料的火焰加热炉加热铜合金时,为防止火舌引起局部过烧,应用薄钢板覆盖,铜坯料应放在钢质盆形容器中加热,锻后及时取出钢盆,再加热钢料,以防止局部熔化的铜液渗入钢料晶界，锻造时容易在表面层产生网状裂纹。铜坯料放入盆形容器中加热的作用是既可避免铜氧化皮污染炉膛，也可防止特殊情况下铜熔化污染炉膛。放料和取料时把钢盆勾出即可。

若炉膛被铜轻度污染，可往炉内撒食盐，$Cu_2O+2NaCl \Longrightarrow Na_2O+2CuCl$，生成的氯化亚铜极易挥发，之后再将锻造飞边等废钢放入炉内烧 2～3 h，最后进行扒底清渣，可除去残留的铜或氧化铜。

铜合金具有很高的导热性，其导热性随温度的升高而增大。在加热过程中，尽管不少铜合金发生相变，但强化相的溶解速度快，所以铜合金坯料加热时间较短。另外，铜合金的过热倾向性大，加热时间过长，容易引起晶粒长大，使塑性降低。因此，铜合金坯料可直接在高温下装炉，以较快的加热速度加热到规定的温度。对于火焰炉，炉温可比铜合金的加热温度高出 100 ℃，对于电阻炉可以高出 50 ℃。铜合金在加热时的均热时间也不宜过长（保温时间按 0.6～0.7 min/mm 计算，见表 7.6），但应不少于 20 min，以热透为原则。

（3）自由锻。由于铜合金锻造温度范围窄，故锻造时所用工具，如上下砧、夹钳、冲头、漏盘、芯棒、摔子等均须预热到 200～300 ℃；操作时动作要轻、快；坯料应经常翻转，以免某一方面因接触下砧过久而带走热量，使温度迅速降低。

锤击坯料要轻而快，一次锤击的变形量不宜过大，以免坯料开裂。当铜合金坯料经过一定程度的变形后，可适当加大变形量。坯料温度降至 650 ℃左右时，应立即停止锻造，将毛坯重新加热。因为大多数铜合金在终锻温度（650 ℃左右）以下塑性急剧降低，很快进入脆性区（表 7.7）。因此，在 600 ℃以下变形或作辅助操作时，会产生脆裂现象。但铜合金的终锻温度也不可过高，终锻温度过高又会引起晶粒粗大，降低锻件质量。

表 7.7 部分铜合金的脆性区范围

合金牌号	脆性区温度范围/ ℃	合金牌号	脆性区温度范围/ ℃
H96	650～750	QAl5	300～600
H80、H90	350～600	QAl9-2	200～600
H62	300～600	QAl10-3-1.5	200～400
H70	300～700	QBe2	200～500
HPb59-1	250～600	纯铜	400～700

由于黄铜对内应力比较敏感，若不消除会在使用时开裂，这就要求锻件上各处的变形温度和变形量比较一致，使内应力降至最低。因此，对于要分段锻造的长轴类锻件，为了在同一火中使各段的变形温度相差不致太大，以得到较均匀的力学性能，操作时要经常反复调头锻造。

铜合金冲孔前，冲头必须预热到足够的温度。如果用冷冲头冲孔，容易使孔周围金属温度急剧下降至脆性区，而使孔的边缘产生裂纹，用冲头扩孔时，每次扩孔量不宜过大。

由于铜合金比较软，坯料拔长时压出的台阶棱角比钢料拔长时尖锐，若压下量过大，在下一次锤击时容易在台阶处形成折叠。所以拔长时送进量与压下量之比应比钢料拔长时稍大。从这个角度看，锻造铜合金时锤击也尽可能轻快一些，并应在锤砧的边缘倒出大圆角。

铜合金锻造时易形成折叠,而清理这些缺陷将会造成较多的金属损耗,所以铜合金自由锻件的加工余量和计算用料应比钢质锻件适当放大。

(4)模锻。铜合金的高温流动应力小、流动性好、导热性好,所以非常适合挤压成形或模锻。例如,带枝芽的长轴类锻件,并不需要像钢锻件那样,采用拔长→滚压→预锻→终锻的成形工步,而往往采用稍小于杆部直径的棒料,竖立放入可分凹模中,在摩擦压力机上一次镦挤成形。对于带头部的长杆件,并不需要像钢锻件那样,采用顶镦头部的方法,而往往采用截面与头部相当的毛坯,将杆部挤压出来。

铜合金模锻件及锻模的设计原则上与钢锻件相同,只是铜合金的收缩率一般取1.3%～1.5%;由于铜合金的摩擦系数小,故模锻斜度一般取3°;模腔表面的粗糙度 Ra 为 0.8～0.2 μm;模具应预热至 150～300 ℃;由于铜合金锻造温度范围窄,导热性好,故一般不宜采用多模腔模锻;形状复杂的锻件,可以用自由锻制坯再模锻成形或在压力机上直接挤压成形。铜合金的高温流动应力小、流动性好,也较少采用预锻模腔。

铜合金锻造时易形成折叠,所以模锻前的制坯工序在转角处的圆角半径应制得比钢坯大一点。

(5)冷却和切边。铜合金锻造后通常在空气中冷却。铜合金锻件一般在室温下切边,只有在下列情况下才进行热切边:

①在室温下塑性很低的铜合金锻件,如含铝量较高的 QAl9-4、QAl10-3-1.5 等铝青铜,在冷切边时会在切边处撕裂锻件;

②大尺寸的锻件采用热切边,热切边温度通常在 420 ℃左右。

铜合金模锻的模具润滑通常采用胶体石墨与水或油的混合液。挤压成形时采用两种润滑剂:一种是豆油磷脂＋滑石粉＋38 号汽缸油＋石墨粉(微量);另一种是 95%机油＋5%石墨粉。冷挤压铜合金时采用的润滑剂有:工业豆油、菜油、蓖麻油和粉状硬脂酸锌。

(6)清理和热处理。铜合金锻件锻后清理方法主要是酸洗,小型锻件有时也采用吹砂清理。

黄铜锻件的热处理方法有低温去应力退火和再结晶退火两种。低温去应力退火主要应用于冷变形制品。低温退火的方法是在 260～300 ℃的温度下,保温 1～2 h,然后空冷。再结晶退火则是黄铜件热处理的主要方式,黄铜的再结晶温度约在 300～400 ℃之间,常用的退火温度为 600～700 ℃。

对于 α 黄铜,因退火过程中不发生相变,所以退火后的冷却方式对合金性能影响不大,可以在空气中或水中冷却。

对于(α+β)黄铜,因退火加热时发生 α→β 相变,冷却时又发生 β→α 相变,冷却越快,析出的 α 相越细,合金的硬度有所提高。若要求改善合金切削性能,可用较快的冷却速度;若要求合金有较好的塑性,则应缓慢冷却。

青铜的锻后热处理方式也是退火,但对于热处理强化(淬火、时效)的铍青铜及硅镍青铜等合金,一般不进行退火处理。

(7)锻件典型缺陷。除了充不满、几何尺寸不合格等缺陷外,铜合金件还会出现一些特殊缺陷。这些缺陷的种类、形成原因及防止方法分述如下。

①残余缩孔与分层。青铜锻件中存在的残余缩孔缺陷是由于原材料缩尾未彻底切除所造成的。避免锻件中出现残余缩孔的唯一办法，是对原材料的冶金质量提出严格要求，并建立必要的检验制度。锻件中不允许有残余缩孔存在。

分层是由于铸锭或毛坯中心有偏析、疏松等冶金缺陷，锻造时变形量太小引起的缺陷。其主要预防方法就是增大变形量，使锻件内部各变形区域均有较大的变形量（$\varepsilon >$ 15%）。

②过热、过烧。对于 $\alpha +\beta$ 铜合金（包括 H62、HPb59-1、QAl9-4 等），如果加热温度超过 $(\alpha +\beta)/\beta$ 转变温度后，此时由于失去了 α 相对 β 相晶界迁移的机械阻碍作用，因而晶界迁移速度很快，β 晶粒迅速长大，使合金塑性降低，锻造中容易开裂，并常在锻件表面出现橘皮状表面（蛤蟆皮状表面）。过热的 $(\alpha +\beta)$ 黄铜等快冷时，要出现魏氏组织。为避免过热，这类合金的加热温度不宜超过 β 转变温度，即在 $(\alpha +\beta)$ 两相区锻造为宜。根据试验，HPb59-1 加热温度控制在 β 转变温度（710～730 ℃）以下，可避免此类缺陷。

铜合金的加热温度若远远超过始锻温度，则会发生过烧。铜合金过烧的特点是表面极为粗糙，甚至开裂，无金属光泽，断口氧化严重。

③应力裂纹。由于坯料加热温度过高，因而晶粒粗大，晶间联系削弱。锻后水中冷却，在锻件内形成较大的内应力，而退火又不充分，内应力未能完全消除，致使在存放过程中自行沿晶开裂。

适当降低始锻温度、改善锻后冷却条件并及时退火能防止应力裂纹的出现。

④锻造裂纹。铜合金锻造温度过低，特别在脆性区温度范围内锻造时，坯料塑性急剧下降，容易产生开裂（在低温锻裂）。避免此类缺陷的方法是：坯料的终锻温度不应低于表7.6 列出的数值。

为了保证坯料的最低温度不低于其终锻温度，模具的预热温度要合适。

7.4 钛合金锻造

1. 钛及钛合金

钛及钛合金是第二次世界大战以后发展起来的一种重要的金属结构材料，钛合金的熔点高（1 668 ℃±5 ℃）、密度小（4.505 g/cm³）、强度高，因而耐热性高、比强度高。如图7.17 所示，虽然 TC11 钛合金比强度随温度升高而下降，但其比强度高的特性仍可保持到 550～600 ℃。与高强合金相比，相同强度水平降低质量 40% 以上。钛在室温下就能很快生成一层具有极好保护性能的钝化层（TiO_2），具有优良的耐腐蚀性能。因此，钛合金是世界各国大力发展的轻金属材料，被广泛用于航空、航天、导弹、化工、电子、汽车制造、造船、海洋开发、海水淡化、食品机械、医疗器械等领域。钛及钛合金的塑性较好，可进行锻造、切削和焊接加工。

钛存在两种同素异构晶型 α 及 β。钛在 882.5 ℃ 以下为稳定的 α 晶型，具有密排六方结构；在 882.5～1 668 ℃（熔点）为 β 晶型，具有体心立方结构。纯钛的塑性高，强度比较低，熔点比铝、铜高得多。完全的纯钛是不存在的，含有铁、硅、氮、氢、氧、铝、钼等杂质。

纯钛塑性高、强度较低，因而限制了其在工业中的应用。在钛中添加不同的合金元素,可在室温下稳定某种晶型,从而可得到各种不同牌号的钛合金。

按退火后的组织,钛合金可以分为三大类:①α合金及近 α 合金;②(α+β)合金;③β合金及近 β 合金。钛合金状态如图 7.18 所示。

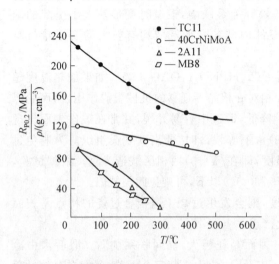

图 7.17 温度对钛合金、钢、铝合金、镁合金的
比强度的影响

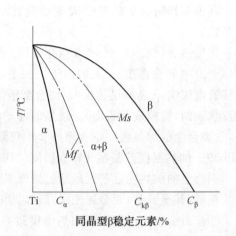

图 7.18 钛合金状态图

国家标准用 TA 代替 α 合金;TB 代表 β 合金;TC 代表(α+β)合金。例如,TA1 为工业纯钛;TB1 为 β 钛合金;TC4 为(α+β)钛合金。新试制的合金多直接沿用美国标准,用合金元素及含量来表示。例如,Ti-1023 合金是以钛为基,含 10%钒、2%铁和 3%铝的合金。

2. 可锻性和锻造温度范围

(1)可锻性。钛合金在高于相转变温度 T_β 时,合金中的密排六方晶格结构的 α 相均将转变为具有体心立方晶格结构的 β 相。在低温下,密排六方晶格中的滑移系数目有限,塑性变形困难,当温度升高时,密排六方晶格中的滑移系增多,所以钛及钛合金的可锻性随温度的升高而提高。当温度超过 T_β 后(T_β 是 β 相界温度),进入单相 β 相区,因体心立方晶格的滑移系数目进一步增多,可锻性随之大大提高。

如图 7.19 所示为钛合金的塑性。由图 7.19 可知,温度在 900 ℃以上,钛合金的塑性迅速提高;在 1 000~1 200 ℃,各类钛合金的塑性均达到最高值,其允许变形程度达到 80%以上,而且铸态钛合金的塑性提高到接近锻件的塑性。如图 7.20 所示为三种钛合金与铬镍钼合金结构钢的变形抗力随温度变化,由图 7.20 可看出,在锻造温度下,钛合金的变形抗力比合金结构钢大得多,而且随着温度的下降,变形抗力急剧增大。因此,锻造钛合金时应在最短的时间内将出炉后的热坯料运送到设备上,在坯料降温最少的情况下结束锻造。

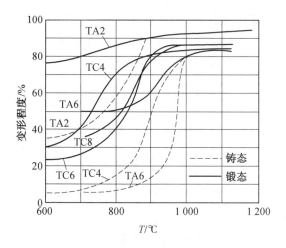

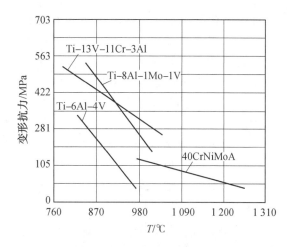

图 7.19　钛合金的塑性图　　　　图 7.20　几种钛合金与 40CrNiMo 合金结构钢的变形抗力对比

钛合金比铝合金和合金结构钢难锻造一些,这不仅仅是由于钛合金中含有密排六方晶格的 α 相,而且还由于钛合金对变形速度敏感,金属与工具之间的摩擦因数比较大等原因。

(2)锻造温度范围。从上述分析可知,提高钛合金的锻造温度可以改善可锻性。但是,为了保证钛合金具有良好的显微组织和力学性能,锻造温度的提高是有一定限制的。

锻造温度对(α+β)钛合金的室温性能和 β 晶粒尺寸的影响如图 7.21 所示。(α+β)钛合金一般都在(α+β)两相区内锻造,即常规锻造,因为此时该合金的可锻性良好,且锻后能获得极好的室温塑性和等轴组织(α$_{等}$+β$_{转}$),如图 7.22 为 TC11 钛合金经过常规锻造后的高倍组织。如果在 β 转变温度以上进行锻造,将导致锻件晶粒长大,塑性下降,即引起 β 脆性。

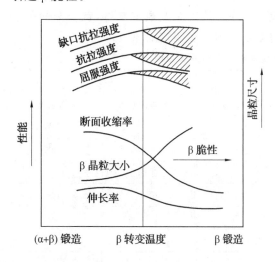

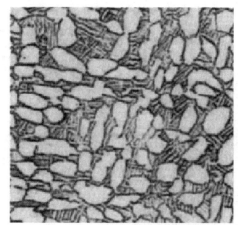

图 7.21　锻造温度对(α+β)钛合金的室温性能和 β 晶粒尺寸的影响　　　图 7.22　TC11 合金常规锻造的组织

锻造温度对 α 钛合金的室温性能和晶粒尺寸的影响与对(α+β)钛合金的影响相类

似，如图 7.23 所示。因此，对于 α 钛合金，为了避免 β 脆性，也应在 β 转变温度以下进行锻造。如果在 α 相区内锻造，那么坯料表面会出现表面裂纹，而且要求较高的锻造压力。

据有关资料介绍，α 与（α＋β）钛合金的（α＋β）锻的始锻温度以在 T_β 以下 14～28 ℃为宜，β 锻的始锻温度采用 $T_\beta + 42$ ℃。

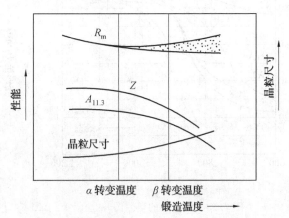

图 7.23　锻造温度对 α 钛合金的室温性能和
晶粒尺寸的影响

由于工业 β 钛合金是介稳定的 β 钛合金，因此，加热时合金中也发生同素异晶转变。如果加热温度超过 β 转变温度，也有发生 β 脆性的倾向。但由于 β 钛合金的合金化程度高，β 转变温度（700～800 ℃）比较低，如限制在 β 转变温度以下进行锻造，变形抗力可能太大而形成表面裂纹；另一方面，这类合金由于合金化程度高，晶粒长大倾向不如 α 钛合金和（α＋β）钛合金，因此它的始锻温度应选择在 β 转变温度以上，但也不能定得过高，否则也会出现 β 脆性。

钛合金的终锻温度不宜过低。变形温度降低时变形抗力急剧增加，塑性下降，加之钛合金黏模严重，若锤击力过大，容易导致锻件开裂。

钛及钛合金开坯锻造时，一般始锻温度都在 T_β 以上 150～250 ℃，以有效改善热加工塑性及大幅度降低锻造压力。在随后锻造过程中，始锻温度较开坯锻造逐步降低，直至 β 转变温度以下，锻后还要经过热处理，锻材的组织、性能可以通过优化热加工工艺参数来保证。

钛合金的 β 转变温度及锻造温度范围见表 7.8。从表 7.8 数据来看，钛合金的锻造温度范围窄，大多数合金不超过 150 ℃，这也是造成锻造较困难的原因之一。

表 7.8　钛合金的 β 转变温度及锻造温度范围　　　　　　　　　　　　　　℃

合金	T_β	铸锭		锻坯	
		开坯温度	终锻温度	始锻温度	终锻温度
TA2、TA3	890～920	1 050	750	950	650
TA7	930～970	1 180	900	1 100	850
TB2	730～70	1 100	可冷加工		
Ti—1023	790～820	950	750	850	700
TC1	920～930	980	750	900	700
TC3	940～990	1 050	850	920	800
TC4	980～1 010	1 150	850	980	800
TC5	930～980	1 150	750	950	800

续表 7.8

℃

合金	T_β	铸锭		锻坯	
		开坯温度	终锻温度	始锻温度	终锻温度
TC6	960~1 000	1 150	850	950	800
TC8	970~1 000	1 150	900	970	850
TC9	970~1 000	1 150	900	970	850
TC10	930~960	1 150	900	930	850
TC11	980~1 020	1 200	900	980	850

3. 坯料准备

钛合金的坯料有锭料、锻坯和挤压棒材。首先要清除原材料表面的缺陷,需要车削剥皮或用无心磨磨去一层。钛合金坯料可以用锯床、车床、阳极切割机床、冲剪机、砂轮切割机或在锻锤或水压机上进行切割。冲剪机上热切下料的生产效率最高,坯料加热温度一般为 650~850 ℃。在车床上下料,可提高坯料端面平整度。

4. 加热

钛合金加热的第一个特点是:与铜、铝、铁和镍相比,钛的热导率低,热导率随温度的提高而增加;钛合金加热的第二个特点是:当提高温度时它们会与空气发生强烈的反应。

氧是稳定 α 相元素,可提高 α→β 相变温度。氧在 α 相中的溶解度高达 14.5%(质量分数),形成间隙固溶体,起强化作用而不利于塑性。氮与氧类似,是强稳定 α 相元素,溶解度达 6.5%~7.4%(质量分数),形成间隙固溶体,强烈提高强度而降低塑性。

钛合金在具有还原性气氛的油炉中加热时,吸氢特别强烈,氢能在加热过程中扩散到合金内部,使合金的塑性降低。因此,钛合金最好在电阻炉中加热,当必须在火焰加热炉中加热时,为避免引起氢脆,应采用微氧化性气氛,并要防止火舌直接喷射到坯料表面上。为避免钛合金和炉底耐火材料发生作用,炉底可垫上不锈钢板。

为了使自由锻件和模锻件获得均匀的细晶组织和高的力学性能,加热时,必须保证坯料在高温下的停留时间最短。因此,为解决加热过程中钛合金的热导率低和高温下与空气反应强烈的问题,通常采用分段加热。在第一阶段,把坯料缓慢加热到 650~700 ℃,然后快速加热到所要求的温度。因为钛在 700 ℃ 以下吸气较少,分段加热氧在金属中总的渗透效果比一般加热时小得多。

对于重要的钛合金锻件,或小余量的精密锻件,坯料上应涂一层玻璃润滑剂保护涂层,然后在普通箱式电阻炉中加热。玻璃润滑剂不仅可避免坯料表面形成氧化皮,还可减小 α 层厚度,并能在变形过程中起到润滑作用。

5. 锻造

(1)自由锻。钛合金自由锻工艺,一般可分为两类:一类是普通的镦粗或拔长工序;另一类是反复镦拔工序,即交替进行 2~3 次镦粗和拔长。

钛合金铸锭到成品棒材通常分为开坯、多向反复镦拔和第二次多向反复镦拔三个阶段完成。

用直径大于 150 mm 的挤压棒材,锻造力学性能要求严格的锻件时,为保证锻件具有较高、较均匀的力学性能,应用反复镦拔工艺进行锻造。

由于钛的导热率低,在自由锻设备上镦粗或拔长坯料时,若工具预热温度过低,设备的打击速度低(例如,水压机上非等温镦粗),变形程度又较大,往往在纵剖面或横截面上形成 X 形剪切带。这是因为工具温度低,坯料与工具接触造成金属坯料表层激冷,变形过程中,金属产生的变形热又来不及向四周热传导,从表层到中心形成较大的温度梯度,结果金属形成强烈流动的应变带。变形程度越大,剪切带越明显,最后在符号相反的拉应力作用下形成裂纹。因此,在自由锻造钛合金时,打击速度应快些,尽量缩短毛坯与工具的接触时间并尽可能预热工具到较高的温度,同时还要适当控制一次行程内的变形程度。

锻造时,棱角冷却最快,因此拔长时必须多次转动毛坯,并调节锤击力,以免产生锐角。锤上锻造,开始阶段要轻打,每次锻打的变形程度不超过 5%,随后可以逐步加大变形量。

(2)模锻。由于钛合金的锻造温度范围窄,应尽量减缓坯料表面的温度下降,因此,锻造用的工具和模具必须预热。在锤上模锻和压力机上模锻时,由于变形速度较快,工具和模具应预热到 250～350 ℃;在水压机上模锻时,因变形速度慢,工具和模具应预热到 350～400 ℃。

钛合金模锻时黏模现象严重,必须使用润滑剂。模腔常用的润滑剂有胶状石墨与水的混合物、重油或机油与石墨的混合物、石墨与水基或油基二硫化钼混合物,也可用玻璃类润滑剂涂覆在坯料表面,这样不仅在模锻时起到了润滑作用,而且在加热过程中坯料免受有害气体的污染。

模锻通常是用来制造外形和尺寸接近成品,随后只进行热处理和切削加工的最后毛坯。锻造温度和变形程度是决定合金组织、性能的基本因素。钛合金的热处理与钢的热处理不同,对合金的组织不起决定性作用。因此,钛合金模锻的最后工步的工艺规程具有特别重要的作用。

为了使钛合金模锻件能同时获得较高的强度和塑性,必须使毛坯的整体变形量不低于 30%,变形温度不超过 T_β,并且应力求温度和变形程度在整个毛坯中尽可能分布均匀。

钛合金锻造时,由于变形热效应,坯料温升超过相变点温度,导致局部粗晶和性能下降,影响锻件最终质量,所以,为防止钛合金锻造时坯料温升,要控制好每锤的变形量,可采用多次小变形方法。可是,这时必须增加加热火次,以补偿毛坯与较冷的模具接触所损失的热量。

压力机(液压机等)的工作速度较锻锤大大降低,能减小合金的变形抗力和变形热效应。在液压机上模锻钛合金时,毛坯的单位锻造压力比锤上模锻约低 30%,从而可延长模具的寿命。热效应的降低还减小金属过热和温升超过 T_β 的危险。

由于钛合金的滑移性能较差,与模具的摩擦力较大以及毛坯的接触表面冷却太快,因而比钢难充满深而窄的模腔,所以需要采用尽可能大的圆角半径并使用润滑剂。锻模上的毛边桥部高度较钢大,一般大 2 mm 左右。

形状简单的模锻件在锻锤上开式单模腔模锻时,开始要轻击,随后逐渐加重,形成毛边后,应力状态有利于变形,变形程度就不受限制了。形状比较复杂的模锻件采用多模腔的模具是不适宜的,因为在每道变形工步之后,必须清除坯料表面的缺陷。

形状比较复杂的模锻件模锻用的坯料形状接近模锻件的形状,一般都用自由锻来制坯。

形状复杂的低塑性钛合金锻件在压力机上模锻时,应该分两道工序,即预锻工序和终锻工序。两道工序可以用一套模具,也可以用两套。在两道工序之间,应进行中间切边、酸洗并清除表面缺陷。

(3)切边。当批量不大时,可用带锯或铣床切除毛边;当批量大时,钛合金锻件的毛边一般用切边模热切,切边温度为 600~800 ℃。切边后马上校正时,切边温度取高些(800 ℃)。

(4)校正。与铝合金不同,钛合金不宜进行冷校形,因其屈服强度及弹性系数高,从而产生很大的回弹,因此钛合金锻件的校形主要靠蠕变校形和热校形,前者更普遍。蠕变校形需要简单或复杂的夹具、模具。模具中进行热校形的主要设备是热模锻压力机,有时也可采用锻锤进行。

(5)锻件清理。钛合金锻造成形和热处理后,锻件表面不仅会形成氧化皮(鳞皮)及 α 壳层,而且还附着玻璃、石墨等润滑剂,在后续加工之前需要去除。

喷丸、喷砂等机械方法是清除钛合金锻件上的氧化皮和润滑剂的有效方法,用于喷砂的砂子应是高质量、经过清洗、不含铁的硅砂。喷砂后要酸洗以去除 α 壳层。

碱性熔融盐处理是另一种清除钛合金表面的氧化皮和润滑剂的有效方法,即在加有硝酸钠或亚硝酸钠的氢氧化钠溶液中进行清理,且也随之酸洗去除 α 壳层。

去除鳞皮下的 α 壳层的酸洗工艺如下:

①用喷砂或碱盐进行整体清理。

②若采用碱清洗则应在清洁的流动水中充分清洗。

③在硝酸－氢氟酸水溶液中酸洗 5~10 min。溶液含体积分数为 15％~40％ HNO_3、体积分数为 1％~5％HF,操作温度为 25~60 ℃。硝酸与氢氟酸的比例约为 2：1 的化学溶液可达到 0.025 mm/min 的清除效果,而吸氢最少。

④在清水中彻底清洗锻件。

⑤用热水清洗以加速干燥,清洗结束让其干燥。

清洗后,如氢含量超出规定的量,可用真空退火去除。

6. 热处理

为了获得最佳的力学性能,钛合金锻件需要进行适当的热处理。常用的热处理方式是各类退火及淬火时效。钛合金由于过于活泼,所以不能进行长期扩散退火。钛合金的退火工序有低温退火、再结晶退火、等温退火、双重退火和真空退火等。

退火应用于各种钛合金,而且是 α 型合金和含少量 β 相的近 α 型合金的唯一热处理形式,因这两类合金不具备热处理强化能力。

淬火及淬火时效用于合金化程度较高的(α＋β)型以及近 β 型合金。但是,单一的淬火较少采用,它只是一种提高某些合金塑性的热处理工序,一般在半成品或零件的加工中间阶段进行。淬火时效属于一种强化热处理,可显著提高合金的强度。

(1)退火。

①低温退火。这种退火主要用于部分消除变形后或机械加工后存在的残余应力,钛合金退火温度见表 7.9,时间从 30 min 到 2 h 不等,退火后,置于空气中冷却。

表 7.9　钛合金退火温度　　　　　　　　　　　　　　　　　　℃

合金	低温退火	再结晶退火
TA6	550～650	750～800
TC7	550～650	850～950
TC2	550～650	700～750
TC3	550～650	750～800
TC4	600～650	700～800
TC6	550～650	800～850
TC8	550～650	—
TC9	550～650	—

②再结晶退火。为了更好地消除变形后存在的残余应力、调整组织,再结晶退火的温度见表 7.9,退火温度介于再结晶开始温度和相变温度临界点之间。再结晶退火的时间与毛坯截面的大小有关。截面最大厚度为 6 mm 的锻件,需 25 min;截面最大厚度为 50 mm 的锻件,需 60 min;截面最大厚度超过 50 mm 的锻件,由实验来确定。退火后,零件置于空气中冷却。

③双重退火。双重退火主要用于(α+β)两相合金,它包括高温和低温两次退火处理,退火后均采用空冷。双重退火后合金组织更加均匀和接近平衡状态,可以保证在高温及长期应力作用下组织及性能的稳定。

④等温退火。等温退火主要用于在高温下工作的(α+β)两相合金。目的在于稳定合金的组织和性能,这种退火不仅可以消除变形过程中产生的应力,而且还改变了合金的相组成。等温退火与双重退火的差别是在高温(低于同素异构转变温度 20～160 ℃)退火阶段之后,不是采用空冷,而是将锻件移入温度低于同素异构转变温度 300～450 ℃的炉内(低温阶段)保温一段时间,随后出炉空冷,即所谓的转炉冷却。

等温退火与双重退火规范见表 7.10。

表 7.10　双重退火与等温退火规范

合金	退火温度/ ℃		低温处理阶段时间/h
	高温处理阶段	低温处理阶段	
TC3	800	750 或 500	0.5
TC6	870～920	等温退火 600～650	等温退火 2
		双重退火 550～600	双重退火 2～5
TC8	920～950	590	1
TC9	950～980	530	6

⑤真空退火。钛合金真空退火的主要目的是使其表面层的含氢量降低到安全浓度。真空退火温度一般要高于650 ℃，使氧化膜完全溶解，使氢从金属中逸出。但是，真空退火温度也不应过高，一般不超过950 ℃。其原因是：过高的温度使合金元素会从合金的表面层迅速蒸发。由于合金元素在表面层内的减少，可能会使在表面层内合金元素的含量低于技术条件规定的范围。真空退火的时间与退火件厚度有关，理论计算认为退火时间的增加与退火件厚度的平方成正比。真空炉内的压力应低于133×10^{-3} Pa。

（2）淬火时效。

淬火时效是钛合金热处理强化的主要方式，故也称为强化热处理。淬火是将钛合金零件加热到β相温度、保温后急冷（在水中冷却），从而获得介稳定的β相和马氏体α′和α″。时效的作用是使介稳定的β相分解，时效后合金在空气中冷却。

α钛合金不能进行淬火、时效处理。（α+β）相钛合金的淬透性差，如TC4为25 mm、TC6为40 mm，故只适合小尺寸零件。β型合金TB1和TB2的淬透性较高，可达150～200 mm，一般尺寸的零件在空冷的条件下也可获得单相β组织。

部分牌号的钛合金锻件或零件的淬火、时效规范见表7.11。

表7.11 部分牌号的钛合金锻件或零件的淬火、时效规范

合金	淬火温度/ ℃	时效温度/ ℃	时效时间/h
TB1	800	450+560	24+0.25
TB2	800	500	8
TC3	820～920	480～560	4～8
TC4	850～950	480～560	4～8
TC6	860～920	500～620	1～6
TC8	920～940	500～600	1～6
TC9、TC11	900～950	500～600	2～6
TC10	850～900	500～600	4～12

为了使（α+β）钛合金在淬火、时效后具有满意的综合性能（强度和塑性），合金在强化热处理前，最好具有等轴的或网篮状的组织。如果在原始晶界上有针状组织，则在强化处理后，将得到较低的塑性。所以，（α+β）型合金淬火前的加热温度不应超过该合金的同素异晶转变温度T_β。淬火前的加热时间因锻件的截面厚度而异，一般为10～60 min。

7. 钛合金锻件缺陷

钛合金由于锻造时工艺不当，原材料质量控制不严会产生各种缺陷。常见的缺陷有过热、局部粗晶、亮条、空洞、裂纹等。

（1）过热。

α和（α+β）钛合金，尤其是（α+β）钛合金，如锻造前的加热温度过高，超过了合金的β转变温度，致使锻件的晶粒粗大，呈等轴状。显微组织中α相沿粗大的原始β晶粒的晶界及晶内呈平行的粗条状析出，即形成魏氏组织（图7.24），造成塑性大大下降。这种缺陷产生的原因是：锻造前坯料在高温电阻炉内加热时，由于装炉量过多，部分坯料过分靠近电阻丝或碳化硅棒；或是炉子跑温；或是坯料出炉后锤击过重过快，因变形热效应使锻件

温度超过了 β 转变温度。

为了防止发生过热,应严格控制加热时的炉温,定期测定炉膛各区温度;规定装料位置;装料量不可过多。采用高温电阻炉加热时,炉膛两侧要设置挡板,避免坯料与碳化硅棒之间距离太近而引起过热。对入厂的各炉号材料进行 β 转变温度复查。锻造时,开始应轻击,以防因导热系数低而造成局部温升。

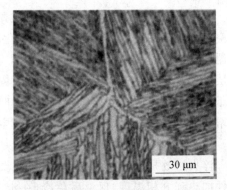

图 7.24　TC11 钛合金魏氏组织

（2）局部粗晶。

由于钛合金的导热性差,在锤上或压力机上模锻时,坯料表层与模具接触过程中温度降低很多,加上坯料表面与模具之间摩擦的影响,造成坯料中间部分的变形量大,发生动态再结晶,从而使得组织细化,而其表面变形量小,变形量小的区域仍保留着原棒材的粗晶组织,形成局部粗晶。

为了避免局部粗晶,应采用预锻工序,使终锻时变形均匀;改善润滑,以减小坯料与模具间的摩擦;预热模具,以减少坯料表面温度下降。

（3）亮条。

钛合金低倍组织中常常出现肉眼可见的一条条具有异样光亮带的条带称为亮条。亮条大多沿锻件纵向分布,其长度不等。一般认为亮条是由于合金元素偏析和加工过程中的变形热效应造成的。亮条的存在使材料的塑性和韧性下降。

（4）内部裂纹、空洞。

此类缺陷的成因主要是由于铸锭内的冶金缺陷,如氧化物等夹杂未锻打破碎、棒材挤压时流入润滑剂以及未锻焊的空洞等。

（5）表面裂纹。

表面裂纹的深度有时达 $0.15\sim0.8$ mm,其形成的原因有以下几点:锻前加热温度过高、时间过长,形成较深的脆性 α 层;终锻温度过低;锤击过重;毛坯原有缺陷未清除;锻造时,毛坯局部降温过多。

消除此类缺陷的措施:

①以尽可能短的时间将坯料加热到始锻温度,或在惰性气体(氩或氦)中加热,以减薄 α 氧化层。

②终锻温度不得低于允许的数值,开始锻打时锤击要轻,以后逐渐加重锤击,同时,消除表面缺陷,并涂玻璃润滑剂加以保护。

③以尽量高的温度预热模具。

（6）个别部位未充满。

锻件上深而窄的部位不易充满,主要是钛合金的塑性差,流动性不好,或是被硬化的玻璃涂料的细小颗粒或润滑剂的燃烧产物所堵塞。解决的办法通常是加大圆角半径,提高模具预热温度以改善金属流动性,在最后充填部位开设排气孔,并减少润滑剂用量。

（7）压折、皱纹和缩孔。

这类缺陷形成的原因主要是:坯料在锻模模膛中摆放不正确;工步计算错误;模膛结

构设计不合理;造成金属主要沿一个方向流动,金属补给不足。

常用的解决办法有以下几种:

①将坯料仔细摆放于模膛中。

②修正中间坯料的形状和尺寸,或是增加工步。

③坯料容易流动的部位,其对应的模具模膛部位减少润滑剂或除掉润滑剂。

④在对应坯料缩孔处的模具上加储料仓,预制坯料时,在此处留足金属,或是采用可造成阻力的锥形模膛。

8. 钛合金 β 锻造

($\alpha+\beta$)钛合金通常都是在 β 转变温度以下锻造的,称为($\alpha+\beta$)锻造或常规锻造。常规锻造一般得到的是等轴组织($\alpha_{等}+\beta_{转}$),其钛合金锻件具有高的塑性和室温强度,但是高温性能和断裂韧性不好。常规锻造由于研究较深入,操作简单易行,且成本较低,因此应用广泛。由于常规锻造温度较低,合金的可锻性没有充分发挥,很难锻出形状复杂的锻件。在 β 转变温度以上锻造的方法称为 β 锻造。在实际生产中为发挥 β 锻造的特点,铸锭开坯时采用 β 锻造,随后在 β 转变温度以下结束锻造。

β 锻造和($\alpha+\beta$)锻造相比有以下的优点:工艺塑性好,大大降低了变形抗力,在同样的设备上可以锻出接近零件形状的锻件,机械加工费用和材料消耗低;β 锻造的锻件的伸长率与断面收缩率较低,断裂韧性较高,蠕变性能大大提高;由于变形抗力低,用较小吨位的锻造设备就可以生产比较大的锻件。

当采用 β 模锻工艺时,应仔细控制工艺过程,以免塑性指标下降过多。若控制得当,伸长率只会下降 1%～2%,断面收缩率下降 5%～8%。

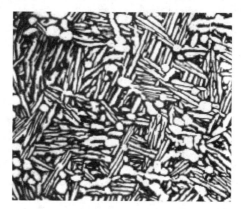

β 锻造后锻件室温塑性降低,高温性能提高是与锻后获得网篮组织(图 7.25)或魏氏组织(图 7.24),或这两种组织的混合组织有关。因为裂纹沿针状 α 相扩展的路径要比沿等轴 α 相扩展的路径长得多,因而吸收的能量也就越多。但是,在这种组织中裂纹萌生的时间较短,所以表现为塑性低而断裂韧性及抗蠕变性能高。

图 7.25 TC25 钛合金的网篮状组织

目前钛合金发展的趋势是合金化越来越复杂,β 转变温度也越来越低,常规锻造更加困难,发展 β 锻造将更有现实意义。

思考题与习题

1. 变形铝合金的可锻性有哪些特点? 塑性主要受哪些因素的影响?

2. 铝合金的导热性好,但加热时间比一般碳素钢和低合金钢长,这是为什么?

3. 在铝合金锻造中,各种锻造设备上模具预热温度是多少? 模具预热方法有哪些?

4.对铝合金热锻造用的润滑剂有何要求？常用的润滑剂有哪些？

5.与铝合金相比，镁合金的可锻性是怎样的？

6.在锻造过程中如何避免镁合金锻件产生裂纹缺陷？

7.试比较黄铜、青铜的体积成形性能。

8.铜合金锻造温度范围如何确定？

9.加热铜合金时需要注意哪些问题？如何避免"氢病"？

10.铜合金非常适合于挤压变形，这是为什么？

11.铜合金锻件典型缺陷有哪些？并提出预防措施。

12.按退火后（退火状态）得到的基本组织，钛合金可以分为哪几类？

13.钛合金的性能特点是怎样的？

14.钛合金的可锻性的特点是什么？

15.钛合金为什么一般不能冷变形？

16.为什么要严格控制钛合金的终锻温度？

17.钛合金模锻时，为什么最后工步应有均匀的变形量？

18.钛合金毛坯喷涂玻璃润滑剂，其作用是什么？在锻造时，最好再采用机油＋石墨均匀地洒入上下模腔内，这样做的目的是什么？

19.钛合金采用火焰加热时对炉气性质有何要求？

20.与锤上模锻相比较，在压力机（液压机等）上模锻钛合金时有哪些优点？

21.为什么要发展 β 锻造？

参考文献

[1]高锦张,陈文琳,贾俐俐. 塑性成形工艺与模具设计[M]. 2版.北京:机械工业出版社,2008.

[2]李春峰. 金属塑性成形工艺及模具设计[M].北京:高等教育出版社,2008.

[3]陈森灿.GLEEBLE材料热模拟试验机高温压缩试验的数据整理与修正[J].唐山工程技术学院学报,1993(4):40-48.

[4]模具设计与制造技术教育丛书编委会. 模具结构设计[M]. 北京:机械工业出版社,2005.

[5]中国机械工程学会锻压学会. 锻压手册(锻造)[M].北京:机械工业出版社,2002.

[6]吕炎. 锻模设计手册[M]. 2版.北京:机械工业出版社,2006.

[7]崔令江,韩飞. 塑性加工工艺学 [M]. 2版.北京:机械工业出版社,2013.

[8]夏巨谌. 金属塑性成形工艺及模具设计[M]. 北京:机械工业出版社,2008.

[9]张士宏. 塑性加工先进技术[M]. 北京:科学出版社,2012.

[10]吕炎. 精密塑性体积成形技术[M]. 北京:国防工业出版社,2003.

[11]伍太宾,彭树杰. 锻造成形工艺与模具[M]. 北京:北京大学出版社,2017.

[12]段少丽,刘俊杰. 锻造工艺对GH901高温合金涡轮轴锻件磨损性能的影响[J]. 热加工工艺,2017,46(21):109-112.

[13]刘静安,王文志,罗立新. 铝合金可锻性及热力学参数确定原则分析[J]. 铝加工,2011(5):22-29.

[14]邓明. 材料成形新技术及模具[M]. 北京:化学工业出版社,2005.

[15]郭鸿镇. 合金钢与有色合金锻造 [M]. 2版.西安:西北工业大学出版社,2009.

[16]张应龙. 锻造加工技术[M]. 北京:化学工业出版社,2008.

[17]杨拥彬,刘静安,韩鹏展. 几种中、小型铝合金模锻件压力机模锻技术研发[J]. 铝加工,2014,(2):31-34.

[18]李英龙,李体彬. 有色金属锻造与冲压技术[M]. 北京:化学工业出版社,2008.

[19]强文江,吴承建. 金属材料学[M]. 3版. 北京:冶金工业出版社,2016.

[20]丁林海,鲁世强,王克鲁,等. 粗片状魏氏组织TC11钛合金两相区本构关系研究[J]. 锻压技术,2008,33(3):155-158.

[21]王群骄. 有色金属热处理技术[M]. 北京:化学工业出版社,2008.

[22]樊国福. 航空发动机TC25热强钛合金β锻造盘环构件制造关键技术[J]. 航空制造技术,2015(17):62-65.

[23]崔令江. 材料成形技术基础[M]. 2版.北京:机械工业大学出版社,2003.

[24]齐克敏. 材料成形工艺学[M].北京:冶金工业出版社,2006.

[25]鄂大辛. 成形工艺与模具设计[M]. 北京:北京理工大学出版社,2007.

[26]姚泽坤. 锻造工艺学与模具设计[M].西安:西北工业大学出版社,2013.

[27]高军. 金属塑性成形工艺及模具设计[M]. 北京:国防工业出版社,2007.

［28］马修金.锻造工艺与模具设计［M］.北京:北京理工大学出版社,2007.

［29］高锦张.塑性成形工艺与模具设计［M］.3版.北京:机械工业出版社,2015.

［30］张国志.材料成形模具设计［M］.沈阳:东北大学出版社,2006.

［31］闫洪.锻造工艺与模具设计［M］.北京:机械工业出版社,2012.

［32］张智.钛合金锻造工艺及其锻件的应用［J］.热加工工艺,2010,39(23):34-37.

［33］赵迎红.微塑性成形技术及其力学行为特征［J］.塑性工程学报,2005,12(6):1-6.

［34］赖鹏.旋压成形设备设计关键技术研究及应用［D］.杭州:浙江大学,2014.

［35］马振平,张涛.滚珠旋压成形技术［M］.北京:冶金工业出版社,2011.

［36］曾祥.带内筋复杂薄壁件旋压成形研究进展［J］.精密成形工程,2019,11(5):21-31.

［37］夏巨谌.材料成形工艺［M］.北京:机械工业出版社,2005.

［38］谢建新.材料加工新技术工艺［M］.北京:冶金工业出版社,2004.

［39］赵莉萍.金属材料学［M］.北京:北京大学出版社,2012.

［40］陈振华.变形镁合金［M］.北京:化学工业出版社,2005.